中文版推荐语

自 2016 年 EXIN DevOps Master 认证全球发布到今天 DevOps Foundation 中文考试和教材本地化工作的结束，标志着国际 DevOps 认证考试体系进一步趋于完善。《DevOps 精要：业务视角》一书作为 DevOps Foundation 认证考试的核心教材，从业务和 IT 服务管理视角诠释了 DevOps 实践。作者在部分章节中将 ITIL 的流程如何在 DevOps 场景下实践进行了阐述。大家在选择 DevOps 认证考试的时候，常常有一个误区，认为 DevOps Master 是最高级，都希望考 Master 认证。其实 DevOps Foundation 虽然称之基础认证，但确实是面向企业高级业务管理者和 IT 管理者量身打造的认证。DevOps Master 虽然是高级认证，面向的则是具体参与 DevOps 实践的工程师。我相信该书可以让更多的业务管理和 IT 管理者进一步从业务视角了解 DevOps，从而为传统企业的 DevOps 转型乃至数字化转型赋能。

孙振鹏　EXIN 国际信息科学考试学会，DevOps Days 中国发起人

认识伟丹是 2015 年在平安的楼里。那时他们已经在 DevOps 方面开展了很多实践，静态代码扫描、持续集成、单元测试和自动化测试等等。之后的几年，因为负责招行 DevOps 推广的相关工作，在很多场合都有机会跟伟丹进行交流。2019 年有机会上了一门 DOF 的课，由伟丹主讲，核心教材就是他翻译的这本书。

本书从 DevOps 的起源和定义讲起，解释了与精益和敏捷的关系，同时基于一系列原则和实践展开详细的说明。DevOps 并非包治百病的良药，但是它有助于解决三个急迫并且复杂的三个问题：缩短市场响应的时间、减少技术债务以及消除信息科技的脆弱性。我们招行在很多方面的实践也印证了书中的观点。作为一本了解 DevOps 的入门书，推荐给大家。

陈展文　招行总行信息技术部 DevOps 推广负责人

软件正在吞噬世界。数字化对于企业家来说,已经不能再称之为有雄心目标,而是一个参与市场竞争的基本门槛。同样的,对于 IT 团队的经理们而言,DevOps 也是必须要学习和了解的内容,从中获取持续交付高质量软件的思路和方法。本书的内容深入浅出,也非常适合业务经理和产品经理,了解 DevOps 可以促进团队跨角色更加顺畅的合作。

李涛　百度效率云总经理

运维这项工作,您一直埋头做下去一定能成挑大梁的单位骨干,但很难成为单位价值重塑、业务创新的典范;运维这个职业,您一直埋头做下去一定能成为身经百战的运维英雄,但很难成为数字化时代前沿的转型专家;运维这种模式,您一直埋头做下去一定能成为运维大拿,但很难成为智能时代的 IT 大咖。

一百多年前,英国著名作家查尔斯·狄更斯在他的小说《双城记》开篇写过这样一段话:"这是最好的时代,这是最坏的时代,这是智慧的年代,这更是一个变革的时代。"

运维的同仁们,到抬头学习、抬头看路的时候了。让我们拥抱变化、拥抱 DevOps!在我看来,它不仅仅是一个新的 IT 人员的工作模式,从业务视角、管理视角去看,它更代表一种先进的生产方式、理念和文化,甚至可以借鉴在整个数字化转型组织中推广。

邓宏　北京趋势引领信息咨询有限公司创始人,NIISA 联盟副秘书长

近几年 DevOps 在中国从 0 到 1 发展非常迅速,很多人对 DevOps 有一些不正确的认识,本书正本清原,追踪了 DevOps 的历史渊源,介绍了 DevOps 与敏捷、精益的关系,并从管理的视角阐述了 DevOps 的基本原则和实践。尤其是最后的 DevOp 小测试,能够快速让团队自测 DevOps 应用程度。

王明兰　Agile2046 联合创始人,原华为企业级敏捷专家

伴随着商业的发展和技术的演进，DevOps 经过十余年的洗礼，它冲破了原来 Dev 和 Ops 的藩篱，拥有了更广泛的含义。它正成为一种"运动"、也终将成为企业的"基础设施"。同时，我们也能真切感受到"业务"与"技术"的剧烈碰撞。

清晰明了，言简意赅，这是本书的特色。更重要的是，它打开了一扇窗，帮助我们从业务视角审视 DevOps，无论是业务还是技术人员，都应该以此为出发点，去理解和践行 DevOps。

姚元庆　中国农业银行研发中心项目管理办公室

2000 年毕业后有十多年在 ICT 行业从事研发和售前的工作，那时候基于职能组织架构进行协作是常态，相互间的隔阂非常严重，产生了重重的矛盾和冲突。第一次听说 DevOps 时，我恰好转换到了研发数据中心进行运维管理工作，很可惜那时没有机会深入了解它。约六年年后再次接触 DevOps，则缘于敏捷项目管理相关认证培训及其落地咨询，而我的身份已经是职业培训讲师。

如果说敏捷项目管理成功地消除了业务方和研发团队间的距离感，那么 DevOps 则在敏捷和精益的基础上很好地集成了研发团队与运维团队的工作。这就使得三者能够以无缝协作的方式来高效应对市场上激烈而快速的变化，共同创造更大的价值！

从读者个人发展的角度来说，也许你关注业务，并拥有商业分析的相关认证（如 PBA）；也许你关注研发，并拥有项目管理的相关认证（如 PMP、PMI-ACP、PRINCE2）；也许你关注运维，并拥有运维管理的相关认证（如 ITIL）。而 DevOps 认证体系将会是三者合一的进阶利器。

如果你对此有所疑问的话，本书有你想知道的几乎所有答案。

罗继平　清晖项目管理资深培训讲师

我在项目管理和IT运维运维领域工作了将近有20年的时间，在这20多年的时间里我感触最深的：一是工作的思维方式，二是团队合作意识。如果只有思维方式没有团队合作意识，铸就的就是孤胆英雄，在现有的环境中，很难做到一个人独当一面了；而如果没有思维方式，只有合作意识，那么做事就会杂乱无章，项目也就容易失败；所以现在的社会需要的是哪方面人才呢？需要的是既有管理的思维又有团队意识的人。而DevOps可以说集这两者与一身，先从思维方式来说，DevOps用一种全新的思维来诠释着整个IT，打破部门之间的那堵墙，让整个价值链条更好的连接在一起为业务创造价值；其次，DevOps倡导的是"无指责文化"，这为不同部门的人在一起合作奠定了基础。DevOps的到来，为我们现在的工作带来了启迪，而本书基于业务的视角以通俗易懂的语言，告诉了大家什么是DevOps以及DevOps的价值，对于改进我们的管理方式来说是一本非常好的书籍！

问静园　PMP / ITIL / DevOps Foundation 授权讲师，挑战埃及授权教练

DevOps是一种实践性的文化和运动，对整个IT生态圈产生了革命性的影响。与此同时，越来越多的人希望进入到这场运动中。对于大多数人而言，如何能够对相关知识实现体系化的认知？如何能够对践行者的经验领悟并运用？

本书的作者有着丰富的企业实践经验和知识理论的同时，还拥有大量的培训教学经验。故此，结构化的知识体系和实践分享，让读者能够更加轻松的阅读，并引发进一步的思考。全书从"起源"开始对DevOps的诞生和发展娓娓道来；以"基础"和"原则"为框架，把完整的知识体系层次化和渐进式的展示在读者面前；将"关键实践"和"应用实践"为脉络，通过新旧对比总结了企业如何转型，并中肯的阐述转型中的陷阱和障碍。更加难能可贵的是EXIN为本书汉化所付出的努力。两位译者都是国内首屈一指的DevOps的组织者和践行者，并且都有着丰富的培训经验，使得中文版不单单是对原书的简单的翻译，多了译者深入的思考。

如果你想轻松进入DevOps这场运动中，如果你想在实践中不断地反思，如果你想将IT部门转型，本书将会成为你最好的朋友。

高磊　嘉为集团教学总监

英文版推荐语

我想近期我对 DevOps 多少有一些了解，但从这本书中我还是受益匪浅。我喜欢这种叙述的风格。书中的视角更像是现有的企业（"马"）如何转变到新的工作方式，而不是仅仅关注在开发技术上。如果我去写一本有关 DevOps 的书，这也会是我的选择。当然我不需要写了，因为 Oleg 已经出色完成了这件事情。太棒了！

罗伯·英格兰（Rob England）

这是一本精心写成的总结 IT 管理所关心的 DevOps 关键话题的书。书中内容不偏不倚，有很多睿智、实用的个人观察，作者很内行。我期望有问题时能够时不时求助于这本书，我毫不犹豫地把这本书推荐给大家。

马克·史末利（Mark Smalley）

很容易阅读，思维和结构缜密，提供了对 DevOps 历史的概览以及相关实践与技术。这本书进行了很棒的总结，揭示了组织面临的两难境地，给出了转型前行与决策制定上的一些很好的例子，同时也告诉大家有哪些潜在的阻碍和需要避免的陷阱。如果想要一个 DevOps 101，那就是它了！

保罗·威尔金森（Paul Wilkinson）

DEVOPS 精要
业务视角

DevOps – A Business Perspective

[俄] 奥列格·斯克伦尼科 著
林伟丹 姚 冬 译

清华大学出版社
北 京

内容简介

本书从基本面出发，通过结构化的方式，提纲挈领地阐述了 DevOps 的全貌，实事求是地阐述了如何以有效的方式将 DevOps 引入管理领域。书中讨论了 DevOps 的起源，DevOps 涌现和兴起的必然性，关键的先决条件及其在实践中的反映，实践本身及其背后所遵循的原则。

本书适合 IT 专业人士、IT 经理和 IT 管理层阅读，可以帮助他们从一开始就认清 DevOps 的来龙去脉、它的优势与不足以及如何才能高效地用好 DevOps。

北京市版权局著作权合同登记号　图字：01-2020-0287
本书中文简体翻译版由 Van Haren Publishing 授权给清华大学出版社出版发行。未经许可，不得以任何方式复制或抄袭本书的任何部分。
本书封面贴有清华大学出版社防伪标签，无标签者不得销售。
版权所有，侵权必究。举报：010-62782989，beiqinquan@tup.tsinghua.edu.cn。

图书在版编目(CIP)数据

DevOps 精要：业务视角/(俄罗斯)奥列格·斯克伦尼科著；林伟丹，姚冬译. —北京：清华大学出版社，2020.4（2023.3重印）
ISBN 978-7-302-54714-3

Ⅰ. ①D… Ⅱ. ①奥… ②林… ③姚… Ⅲ. ①软件工程 Ⅳ. ①TP311.5

中国版本图书馆 CIP 数据核字(2019)第 299102 号

责任编辑：文开琪
封面设计：李　坤
责任校对：周剑云
责任印制：杨　艳

出版发行：清华大学出版社
　　网　　址：http://www.tup.com.cn, http://www.wqbook.com
　　地　　址：北京清华大学学研大厦 A 座　　邮　编：100084
　　社 总 机：010-83470000　　邮　购：010-62786544
　　投稿与读者服务：010-62776969, c-service@tup.tsinghua.edu.cn
　　质量反馈：010-62772015, zhiliang@tup.tsinghua.edu.cn
印 装 者：三河市天利华印刷装订有限公司
经　　销：全国新华书店
开　　本：178mm×230mm　　印　张：21.75　　字　数：469 千字
版　　次：2020 年 4 月第 1 版　　印　次：2023 年 3 月第 3 次印刷
定　　价：88.00 元

产品编号：086013-01

推荐序一

吴穹博士
Agilean 首席咨询顾问

整个软件行业大概每十年会流行一个时髦词汇，1990 年是面向对象，2000 是 CMM，2010 年是敏捷，2020 年我们看到了 DevOps 成为了新的热点。而 DevOps 范围也在不断扩大，从一开始关注研发和运维的交互，逐渐扩大到关注整个组织的快速交付快速响应能力、关注组织文化，大有吞并敏捷的势头。其实敏捷中的许多技术实践和 DevOps 技术实践高度契合，理念文化也高度一致。因此，读者不必试图去搞清楚敏捷和 DevOps 的差别，而只是把 DevOps 看成对敏捷的继承与发展就可以。

这本书的目标就是让业务人员理解 DevOps 及其核心理念和实践，一起参与到组织的 DevOps 变革当中。因为只有打通了业务的 DevOps 才能发挥最大的价值，而 DevOps 建设所需要投入的时间和预算也需要业务人员的理解和支持。

我和这本书的译者林伟丹相识于平安科技，伟丹是我的甲方。我所在的 Agilean 公司作为平安科技的咨询合作伙伴，整个平安科技在组织级导入了完整的敏捷实践，后来这些敏捷实践又传播到平安的各个专业公司。2013 年我们就给平安科技介绍了 DevOps 理念，并开始探索 DevOps 中的持续集成、自动化测试的技术实践。伟丹几乎全程参与并主导了这一过程，因此，他对敏捷和 DevOps 都有非常深入的理解，尤其是：在复杂金融组织中如何落地这些实践？如何让业务人员理解到这些变革的价值？因此，我相信，他翻译这本书一定会是游刃有余的。

最后写一个最近对 DevOps 的个人体会。DevOps 形成热点的好处在于可以快速凝聚共识，便于引起高层重视。但是，坏处在于，过高的关注度可能会带来狂热和急功近利。这个悲剧在 CMM 中出现了，CMM 从一个衡量组织成熟度的模型，变成了一个花几十万就能买到的企业证书。我希望这个悲剧不要在 DevOps 身上重演，因为现在 DevOps 也出现所谓的"行业标准"了。所以，我希望这本书能帮助更多的业务人员深入了解 DevOps，了解它可以为企业带来的改变，而不是仅仅把它当成一个企业证书。

因此，《DevOps 精要：业务视角》这本书正当其时！

推荐序二

党受辉

腾讯 IEG 公共研发运营体系·蓝鲸产品中心总监

09 年至今，我陆续参与腾讯 IEG 的运维类、数据类、研发类基础平台建设以及"研发运营一体化"团队转型。偏重在实践中摸索，对于各类认证及指导书籍兴趣不大，尤其是一些偏重理论、过度神话、技术堆砌或者多人拼凑的书，只能坚持读到大纲及开头十几页。偶然机会拿到这本书，不到一百页，结构简单："起源、原则、实践、应用"。

"起源"部分把 DevOps、敏捷、精益之类名词的要点介绍清楚，并穿插了各自的发展轨迹，有点像看故事。"原则"部分从 DevOps 的核心"价值流"入手，不太枯燥的阐述了几个核心理念；"实践"部分是以旧新对照的方式阐述 DevOps 的好处与不同，很多词句对经历过 DevOps 运动的实战派来说感同身受；结尾的"应用"部分更是让我相信这是一位践行者的精心总结。不知不觉就看完了。

《DevOps 精要：业务视角》全书不黑不吹，对于 DevOps 并不适合所有公司、不一定成功、不能视作"项目"等等，也直言不讳，以"说人话"的方式勾勒出了 DevOps 的轮廓及核心知识点。

对于实践派来说，这本书可以将"实践"与"理论"对照总结，并以理论来指导后续的实践。

对于管理者来说，本书基于业务视角的阐述方式，便于领会如何从宏观层面指导团队。

对于初学者来说，作为入门科普书籍，具备一个关键优势："读得下去"。

值得推荐！

推 荐 序 三

张 乐

京东 DevOps 与研发效能专家

这应该是我第二次阅读《DevOps 精要：业务视角》这本书了。第一次是英文版即将出版的时候，因为本书是作为 EXIN DevOps Foundation 培训认证的指定教材，我作为国内少数几位 EXIN DevOps 全系列课程授权讲师自然不能错过。由于时间紧迫，当时只是带着较强目的性粗略翻了一下，印象是书写的很简约但观点表达很清晰。第二次是拿到了本书的中文翻译版，心想终于有时间详细品味一下书中的内容了。

本书非常值得一读，可以感受到作者和译者的用心。书中内容按结构化方式展开，逻辑和条理性很强。从 DevOps 起源讲到其应用价值，从作者心中对 DevOps 的定义讲到常见误区，从 DevOps 发展基础讲到关键原则，从 DevOps 关键实践讲到如何应用。这些内容的表述都非常实在，没有过度包装和过度神化，而是正本清源，讲述历程，能够直面问题，实事求是，质朴而真实。这本书读起来很轻松，既不是长篇大论的理论论证，也不是晦涩难读的技术点堆砌，更不是众多 DevOps 工具的介绍和使用说明。本书力求从基础的层面来覆盖 DevOps 的全貌，对希望建立起 DevOps 整体认知、掌握关键原则和实践的读者会很有帮助。

阅读本书也让我回想起近几年亲身经历的国内 DevOps 发展历程。2017 年，中国首届 DevOps Days 大会在北京召开，DevOps 之父 Patrick 也来到现场，这场席卷全球的运动终于以有点郑重的姿态在中国落地生根。2009 年，比利时根特举办的第一届 DevOps Days 大会标志了 DevOps 全球运动拉开序幕。2019 年，我有幸与其他国内 DevOps 组织者一起远赴欧洲，与全球组织者们一起参加了 DevOps 十周年庆典活动。活动上 Patrick 做了一场题为"DevOps beyond dev and ops"的精彩主题演讲。正如本书中所讲的，随着 DevOps 的快速发展，其内涵已经远远超出了其原始定义。回顾 DevOps 的起源，其关键思想正是来自于对真实管理和技术问题解决方案的探索，它的诞生并不是概念炒作，而是为了能够实际解决问题。DevOps 的真正价值在于，在企业端到端的价值流中（不仅仅是开发与运维），通过文化、组织与技术变革，更快、更高质量、持续地交付业务价值，从而使业务获得更大成功。

DevOps 是动态的、开放的、持续演进的，没有版权作者，没有统一标准，没有人或者组织能够独断决定它的发展或者对其使用做出限制。尽管作为一个风起云涌的新运动在其快速发展过程中会有各种商业力量的介入，有时候让我们觉得很迷惑，但是我们应该以其本源、发展历程和关键原理、背后的原则为基础，炼就一种洞察本质的能力，找到那些真正对我们有价值的信息，排除掉那些空洞的口号、浮夸的包装与价值甚微的对标。

我们不要走入货物崇拜的误区，也不要为了 DevOps 而 DevOps。我们应该把 DevOps 其视为一种达到目标的方式，而目标需要提前定义，目标决定了你的道路要往哪儿走。有了明确的目标，我们应该以价值流为核心，综合采纳书中提供的原则、方法和实践，系统化、循序渐进地朝着目标前进。根据变革的 J 型曲线，你很难一次性成功，在早期很可能会犯错，但是这没有关系，DevOps 倡导我们持续学习和实验，不断摸索、持续改进。当然也要注意，现有的 DevOps 实践也许并不是万能的，无法包治百病。在需要的时候，你甚至根据这些原理、原则创造出一些符合你所处环境的新的实践，最终能够解决实际问题、让组织和客户得到收益就是有价值的事情。

这是一个快速发展变化的时代，技术持续飞跃、业务日新月异，这也正是最需要 DevOps 的时代，实施 DevOps 的最好时间点就是现在！希望本书能够给你出发时所需的关键认知，我们一起持续实践，持续精进，一同推进 DevOps 在行业的发展，一同见证更好的自己。

推荐序四

许 峰

企业 DevOps 转型顾问

在 DevOps 培训和咨询的过程中，经常有初次接触 DevOps 的学员和客户让我推荐一些学习材料。虽然市面上 DevOps 的书籍很多，但能够深入浅出、系统性、结构化地把 DevOps 讲清楚的书籍其实并不多。《DevOps 精要：业务视角》中文版出版之后，会是我未来推荐给 DevOps 入门学习者榜单前三的重点书籍。

这本书既适合初次学习 DevOps 的人士，也适合有很多相关经验的读者。对于 DevOps 的入门学习者，相较同类书籍，本书对于 DevOps 核心内容的把握很准确，重点部分的着墨恰到好处，使本书阅读的流畅度非常高。入门者通过阅读这本书籍，会对 DevOps 最核心的一些概念、原则、实践、适用场景有非常清晰的认识。这样建立起来的基础对持续学习 DevOps 大有裨益。

对于有经验的读者，本书除了阐明核心的原则和实践外，还对一些容易模糊的地方给出了完整清晰的阐述，比如 DevOps 的源起、为什么要采纳 DevOps、常见误解、适用性及限制等。这些是大家经常讨论但不太有统一结论的地方。作者给出的阐述非常结构化，也很有说服力，非常值得学习借鉴。

本书的另一大特点是从业务视角及管理者视角阐述 DevOps。DevOps 的最终目的在于增加业务价值，而由于其中很多实践都跟具体的工程技术相关，使得很多企业领导者误以为 DevOps 只是技术部门内部的事情。实际上，如果企业的管理者无法很好地理解这一体系，那么实施成功的几率会低很多。本书的出现使得管理者有了一本真正属于自己战略的 DevOps 书籍。

同时，本书也是 EXIN DevOps Foundation（DOF）的核心教材。作为 EXIN DevOps 全系列的认证讲师，很高兴这本书的出版（以及相关的认证）建立起了一个完整的体系，使得所有对 DevOps 感兴趣的人群，不管你在企业中的具体工作职能为何，都能找到适合自己的知识体系。这也为企业整体数字化转型（涉及到所有相关职能）奠定了良好的知识基础。

最后，承蒙两位译者、DevOps 资深专家林伟丹及姚冬老师邀约，有幸能为本书的出版贡献一点力量。期待本书的出版对于推广 DevOps、澄清误区甚至激发讨论起到积极的作用。

推 荐 序 五

祝文彬

东方瑞通（北京）首席 ITSM 咨询顾问&讲师

2019 年 2 月，为了参加 EXIN DevOps Foundation 授权讲师的考试，我看了两遍《DevOps 精要：业务视角》这本书的英文版。因为有通过讲师分数线（比一般考生的分数线要高 10 个百分点）的压力，所以看的比较认真，收获不小（起码顺利通过了考试）。我关注 DevOps 已经有几年的时间，也考取了 EXIN DevOpsMaster 认证。在这个过程中，我也看了不少有关 DevOps 的书，如《凤凰项目》、《DevOps 实践指南》、《持续交付》和《Effective DevOps》等，但我觉得这本书应该是广大 DevOps 爱好者的首选入门级读物。

本书充分体现了"DevOps 的概念在持续演进中"这一客观、科学的理念，首次提出了"它可以应用到整个 IT 环境中（端到端的价值链）"和"DevOps 团队"的说法，这使得业务部门可以使用更多的现代信息技术来应对由于文化、组织和技术的变更而带来的挑战，为组织的数字化转型提供有力的支持。这本书的出现，还让我对目前 DevOps 的中文翻译"开发运维一体化"产生了怀疑，觉得它有点不合适了，也该演进一下了。至于 DevOps 的哪种中文翻译更合适，就留给本书的广大读者吧。

近十几年来，我主要做 ITIL 的培训和顾问咨询服务。据我了解，我们的 ITIL 学员 80%以上都是做 IT 运维的，这在当前环境下就显得有些被动。因为随着云计算的普及和自动化运维程度的提高，组织对 IT 运维人员的需求会越来越少。所以，我每次都苦口婆心地劝学员：要学点开发，起码得会用 Python 写点自动化运维的脚本吧；要了解 DevOps，不能被时代淘汰呀！

新型冠状肺炎疫情期间，我们的培训都转到了线上。为了让直播课程的学员得到更好的学习效果，我们每天会给学员留家庭作业，课程结束后还要给学员推荐一份后续要学习的书单。上周日刚结束了一个 ITIL 4 Foundation 直播的课程，我在给学员推荐的书单中就有《DevOps 精要：业务视角》的英文版，但由于我们大多数学员的英文水平并不好，所以读的效果也不会很好。现在好了，这本书的中文版出来了，这是我们广大 ITIL 学员的福音。感谢 EXIN 组织出版这本书，感谢这本书的两位译者（林伟丹和姚冬）。

2019 年 10 月底至 11 月初，我有幸参加了 EXIN 亚太区总经理孙振鹏先生组织的"DevOps Days 欧洲之旅"活动，在 DevOps Days 的发源地比利时根特市亲眼目睹了"DevOps Days 十周年"庆典活动，亲耳聆听了 DevOps 之父 Patrick 先生的精彩演讲。之后，我们又拜访了荷兰 ING 银行、荷兰皇家电信（KPN）和 Uber 荷兰公司（负责 Uber 全球的支付业务）这些 DevOps 落地的先锋企业，收获满满。但这次欧洲之旅让我收获最大的还是与本书的主要译者伟丹弟同住一个房间，亲自感受到了伟丹弟认真、严谨、勤奋、踏实的作风。所以，我很看好这本书的翻译质量。

《DevOps 精要：业务视角》——我值得推荐，你值得拥有！

译 者 序

DevOps 本质上是一场社区的、草根的文化运动，发源于 2009 年在比利时根特市举办的首届 DevOps Days 活动。它致力于通过对话、交流与分享来促进开发、运维及价值链上其他职能角色之间更好地协作，从而面向业务（一如本书标题中的"业务视角"）快速、持续地交付价值。

2018 年，为了促进这场十分有意义的运动在中国更加蓬勃、健康地发展，我们决定加入中国 DevOps Days 及社区的组织者队伍，投入业余时间与众多志愿者一起推广 DevOps 的文化与实践。2019 年 11 月底，比利时根特市的 DevOps Days 十周年大会现场，近距离感受到了 DevOps 教父 Patrick 本人的真挚、谦逊，感受到了全球各地组织者们的热情和用心，也感受到了这场席卷全球社区运动的初心、淳朴。

在 DevOps 实践应用以及来自包括商业化等多种力量的碰撞中，我们也看到了不少的误区，因而建议要抱以正确的态度：一是以开放的心态包容和接纳，允许"百家争鸣"；二是以持续的行动沟通、交流，确保"正本清源"。正如前文提到的 DevOps 的天然社区属性，决定其以下特质。

- 它不会是一套既成的"业界标准"，开发运维工作方式与协作机制是处在持续演进和变化中的，没有最好，只有更好。

- 它不会是一套 IT 工具驱动的"解决方案"，对于转型中的企业，更重要的是建立适应乌卡时代的新的认知和组织文化，升级底层操作系统。

- 它不会是一些见诸招聘市场的"厉害岗位"，DevOps 事关价值链流经的所有环节和人员，单枪匹马无济于事。

- 它也不会是一个敏捷等现有方法论的"替代版本"，DevOps 开放的社区属性与敏捷惺惺相惜，可以携手"在实践中探寻更好的提升 IT 效能的方法，身体力行的同时也帮助他人"。

从早期读者与 DevOps 实践者的视角，这本书有不少可圈可点的地方，下面举一下几个比较独特的价值点。

1. 本书的作者首度尝试对流行的 DevOps 概念下了一个定义，"DevOps 是敏捷软件开发与精益生产思想的一种演进，应用到 IT 端到端的价值链中，使得业务基于现代信息技术，通过文化、组织与技术变革而获得更大的成功。"这个定义至少从目前所能有的认知来讲，还是相当靠谱的，有助于为 DevOps 社区提供一个共同的认知基础，最大限度地减少分歧和误解。

2. 本书探询了实施 DevOps 的直接目的，除了缩短市场响应时间之外，还有减少技术债务和消除脆弱性，后面这两点的确十分重要：在敏捷项目管理"铁三角"中，明智的策略是固定时间、资源，坚守质量，基于价值协商范围，而 DevOps 正是为"坚守质量"提供了夯实的基础，通过质量前置与频繁、快速的反馈，避免技术债务的堆积，逐步消融历史欠债，来做到从源头内建质量；消除脆弱性则把"接受失败""拥抱失败"的理念进一步推进，成为"主动训练失败""内建失败模式"，让我们无惧于潜在的负面"黑天鹅"，拥有极致的"反脆弱"能力。

3. 本书除了提炼出 DevOps 的 5 个原则、10 个关键实践、与传统实践的 7 个关键区别之外，还正面回应了 DevOps 的适用性与限制、对 COTS 现成商业软件如何实施、架构演进、从何处开始等企业导入过程中的难题与困惑，提供了很多有价值的实施思路和忠告。

另一方面，从本书的行文中可以明显感受到，作者是一个非常理性、严谨、有着非常强的结构化思维的专家顾问，这造就了本书的独树一帜的风格：逻辑性很强，与此同时确实也缺失了一些读者所盼望的生动与风趣。此外，作者有着深厚的运维与服务管理的专业背景，而甚于敏捷开发的背景和经历，书中作者对于研发领域的某一些个人见解和判断，从敏捷实践者的视角看来，也许有可商榷之处。但瑕不掩瑜，对于期望快速了解 DevOps 究竟为何物的读者（尤其是企业的领导者），本书值得推荐。

由衷感谢张乐、许峰、孙振鹏、何勉和王明兰等业界大咖，在繁忙的工作中抽出宝贵的时间对本书的翻译初稿进行审校，提出了很多直接而中肯的修订意见；也感谢阅读过本书（包括电子版本）并提供了宝贵反馈的 DevOps 社区朋友们，正是有你们的投入和坚持，中国的 DevOps 运动才会有今天的蓬勃，也必将迎来更加璀璨的明天！

前　言

这是一本 IT 经理写给 IT 专业人士、IT 经理和 IT 管理层的书。这本书阐述 DevOps 时，并不是将 DevOps 作为一种与新的自动化工具、编程方法或技术相关联的现象来说明，而是面向投身于信息技术的管理者来探究 DevOps 在管理领域的话题。

有别于其他 DevOps 书籍，本书通过结构化的方式来进行叙述（或许您会觉得过于结构化），试图从一个基础基本面来完整覆盖 DevOps 全貌。这并不意味着这些叙述是停留于表面的，只是刚好足够用来创建对这个崭新领域的认知。"基本面"意味着构建以下的基础内容：DevOps 的起源；其涌现的必然性；关键的先决条件及其在实践中的反映；实践本身及其背后所遵循的原则。这些都是我将要在本书中探讨的。

尽管 DevOps 这个领域有着大量的文献，但在我自己学习研究 DevOps 的时候，还真的找不到一本像这样的书。我致力于对这个复杂却又有趣的话题提供一个清晰、结构化且精炼的总结。我敢说，这本书里没有一句多余的话，反过来说，所有必须要有的信息，也都在这里。

我必须对我的家庭和朋友表达我诚挚的谢意。他/她们并没有帮我写书，幸运的是，他/她们的生活与 DevOps 这样的事情没有多少交集。然而，在我写书过程中，从 2017 年 7 月直到 12 月，他/她们绝对受了不少罪，因为我就像人间蒸发了一样，疏于回应他/她们的讯息，有时我甚至要求他/她们在晚上要保持安静。

我也必须感谢我在 Cleverics 的同事。我和我所遇到过的最聪明的伙伴一起创立了现在的业务，这是我生命中最重要的一个决定。共同的目标与原则、自由的决策制定、对产出成果的责任以及当需要时随时可以支持我的伙伴们，没有这些，我不可能有时间以结构化方式来呈现我对 DevOps 的思路并将其提炼到本书之中。

最后，我想感谢我们的客户，他/她们给我们提供了新的、令人兴奋的待解决的问题，还有新的挑战。他/她们持续提出对新的培训、工作坊和沙盘模拟的需求，他/她们想要更多、更好的……他/她们简直由不得我们原地踏步，驱动我们持续向前。

目　录

01 ● 什么是 DevOps 1

1.1 起源 3
1.1.1 敏捷软件开发方法 3
1.1.2 管理基础设施即代码 7
1.1.3 这是必然的 11

1.2 定义 11

1.3 为什么要实施 DevOps？ 14
1.3.1 缩短市场响应时间 14
1.3.2 减少技术债务 19
1.3.3 消除脆弱性 20

1.4 历史起源 23

1.5 常见误解 25
1.5.1 DevOps 是敏捷的一部分 25
1.5.2 DevOps 是工具和自动化 28
1.5.3 DevOps 是一个新的职业 29

1.6 小结 29

02 ● 基础 31

2.1 精益生产 31
2.1.1 关键事实 31
2.1.2 挑战 34

2.2 敏捷 37
2.2.1 关键事实 37

2.2.2　挑战 38

03 ● 原则 41

   3.1　价值流 41
   3.2　部署流水线 45
   3.3　一切都应存储在版本控制系统中 49
   3.4　自动化配置管理 50
   3.5　完成的定义 51
   3.6　小结 52

04 ● 关键实践 53

   4.1　和传统实践的关键区别 53
       4.1.1　发布是日常活动 53
       4.1.2　发布是业务决定 55
       4.1.3　一切都是自动化的 56
       4.1.4　事件要立即解决 57
       4.1.5　缺陷是立即被修复的 58
       4.1.6　流程是持续更新的 59
       4.1.7　像初创公司一样行动 60
   4.2　非同寻常的团队 61
   4.3　工作可视化 64
   4.4　限制在制品（WIP） 68
   4.5　减小批次大小 72
   4.6　留意运维需求 74
   4.7　尽早检测并修正缺陷 76
   4.8　管理的而不是受控的改善和创新 77
   4.9　为创新提供资金 80
   4.10　任务优先级 83

4.11 持续识别、发掘并评估约束 85

　　　4.12 小结 86

05 应用实践 87

　　　5.1 DevOps 适用性及限制 87

　　　5.2 COTS 93

　　　5.3 架构演进 95

　　　5.4 DevOps 与 ITSM 99

　　　5.5 货物崇拜 103

　　　5.6 从当前所处位置启航，迭代推进 104

　　　5.7 以价值流为核心 107

　　　5.8 小结 108

06 结语 111

　　　附录 113

　　　附赠资源 119

第 1 章　什么是 DevOps

IT 管理方法不是一成不变的。如今，信息系统开发和运维所使用的方法明显区别于几十年前的。这些方法一直在演进，明天可能又会出现下一代基于新的知识、经验和技术的方法。大多数时候，管理方法会基于某些基本的原理和假定，打磨之前已有的模型并使之体系化，逐渐地演进。但是，时不时也会出现一些非连续的情况，个别领先组织在信息技术的有效与高效应用上，已经大步向前迈出了重要的步伐。

IT 管理从聚焦于 IT 系统，转变为聚焦于 IT 服务的管理，就是一个很好的例子。如图 1.1 所示，从 2000 年左右开始，对于管理的认识变化，使得领先者赢得了重要的竞争优势。这些涌现出来的管理实践，被先行者成功采纳之后，成为了所谓的最佳实践.有些最佳实践进一步演进为被业界广泛接受的做法，甚至对行业标准产生了影响。当然，也有些组织并没有在工作中应用这些最佳实践或标准，因为在那个时候，并非所有的经济领域都显著依赖于 IT。

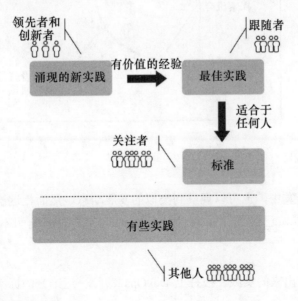

图 1.1　新实践的涌现与使用

我们以 IT 服务管理为例来看一看。在 20 世纪 80 年代，这样的想法开始出现：信息技术以服务的形式提供价值，并以流程的形式组织 IT 活动。有些欧洲公司成为先行者，他们发展出组织工作的新实践及解决管理问题的新方法。其中有些实践，例如服务台的引入、事件和问题的区分、IT 基础设施变更的受控过程等，在 2000～2001 年的 ITIL 等重要出版物（那时 ITIL 代表 IT 基础设施库）①中清晰地阐述出来，使得这些实践得以进入最佳实践之列，开始引入它们的不光是领先者组织，也包括追随者。最终，在 2002 年，BS 15000-1:2002 即 IT 服务管理的首个标准发布，这为那些寻求构建一个连贯的 IT 服务管理系统的组织而言，建立了一个可以遵循的具体标准。也就是说，实践、出版物和标准，都未曾停止过发展的脚步，如图 1.2 所示。

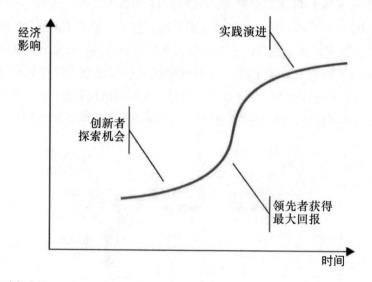

图 1.2 实践的发展

从敏捷软件开发中，也可以观察到类似的发展动态。然而，这次酝酿的革命所影响的范围，已经超出了软件开发本身，带来的影响面不亚于当年的 ITSM。

如今，新涌现出来的实践，被打上 DevOps（开发+运维）的标签。实际上，

---

① https://www.axelos.com/best-practice-solutions/itil

DevOps 的内涵，如同 ITIL 超出"库"的概念以及 COBIT 超出受控对象的含义一样，已经大大超出其原始的含义。[①]

这么说来，DevOps 的现象值得研究。要想理解 DevOps 的完整要义，需要结合相关的背景来了解其思想连同与之关联的运动。

1.1 起源

一般认为，DevOps 的出现源于两个因素：敏捷软件方法的广泛采用以及 IT 基础设施即程序代码的管理方式。我们分别来看一看。

1.1.1 敏捷软件开发方法

在 20 世纪末期，主流的软件开发方法是图 1.3 所示的所谓"瀑布模型"：顺序式执行预定义的阶段，每个阶段花很长时间，并以达成先前协商好的结果作为结束；很多时候，只有在前一个阶段已经完整且正式完工时，才能转移到下一个阶段。这个模型的另一个显著特征是，每个阶段所涉及的人员职能有专业化的分工：分析师、架构师、开发人员和测试人员等。

当开发的是功能可预先定义、对快速产品交付没有或很少有要求的大型信息系统时，这个模型能够确保我们创建高质量产品并进行有效与精细的成本控制。

然而，在 20 世纪 90 年代末期，随着互联网技术与 Web 编程的快速发展，瀑布模型的消极作用开始显现，影响到信息系统客户（内部或外部业务）与提供者（内部或外部软件开发者）之间的交互和理解。事实上，对业务客户

[①] 当 COBIT 5 在 2012 年发布的时候，其版权所有者曾指出，虽然 COBIT 一开始是"信息与相关技术的受控对象"的简称，但到现在，它就只是一个专有名称而已。作为始于 2003 年的 ITIL 的管理者，AXELOS Limited 也对 ITIL 做出了类似的评论。作为这场运动发起者的 DevOps 专家也承认这个名称本身的含义有限，呼吁使用他/她们所认为的更准确的名称，如 BizDevOps、DevSecOps 或者其他的。然而，是否有机会去更改这个名称，在现在看来，已经无足轻重了。

的市场机会不断涌现，这要求团队能够快速发布（最多在几个月之内）新产品到市场上。然而，从项目启动到第一个可运行原型的典型开发闭环，可能要花 6 到 18 个月时间；而在大型企业中，甚至需要 2 到 3 年。此外，随着很多在之前并不为人知晓但有潜在前景的市场机会涌现，客户的需求在开发过程中很可能会发生变化，这样一来，要有效应对市场机会而不延误截止日期，且同时还不降低产品质量，就变得极为困难，如图 1.4 所示。

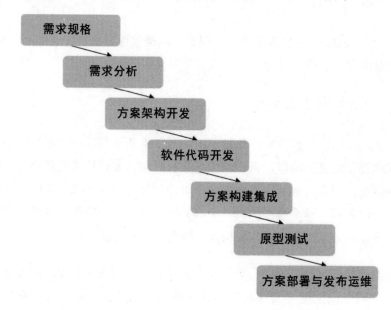

图 1.3　瀑布软件开发模型示例

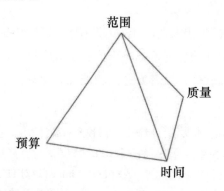

图 1.4　经典项目管理约束金字塔

因此，这就造成了客户与提供者之间的紧张关系，这种紧张关系存在于核心业务与软件开发者之间。创新性的开发方法是应对这个挑战的答案。Ken Schwaber（肯·施瓦伯）出版了几本关于 Scrum[①]的书。Kent Beck（肯特·贝克）出版了《极限编程》[②]。不过，这些新想法的应用效果差强人意，主要因为它只关注于软件开发周期的其中一个阶段——即实际开发阶段，而所遇到的问题往往涉及更大的范围。端到端的软件开发周期需要简化和加速。

2001 年，Schwaber（施瓦伯）、Beck（贝克）与其他 15 位专家联合发起一场聚会，共同讨论当前的问题并尝试找出解决方案。这次聚会的成果就是著名的《敏捷宣言》，用以弥补业务与软件开发之间的空白。敏捷宣言的其中一位作者罗伯特·马丁（Robert C. Martin）如此解释道[③]：

> "当使用正确的准则及正确的最简过程的时候，开发者与业务方之间的信任就能自然浮现并发展起来。业务方会开始信任开发者，而不再认为他/她们是慵懒、讨厌的生物，开发者也会开始关注业务，并意识到他/她们是理性与理智的人，而不是从其他星球来的物种。"

敏捷宣言[④]

我们一直在实践中探寻更好的软件开发方法，在身体力行的同时也帮助他人。

由此，我们建立了如下价值观：

| 个体和交互 | 优先于 | 流程和工具 |
| 可工作的软件 | 优先于 | 面面俱到的文档 |

---

① 其中有 Schwaber, K., *Agile Software Development with Scrum*, 2001, 英文版 ISBN: 978-0130676344
② Beck, K., *Extreme Programming Explained: Embrace Change*, 第 1 版出版于 1999 年，英文版 ISBN: 978-0201616415；第 2 版出版于 2004 年，英文版 ISBN: 978-0134052021
③ https://www.youtube.com/watch?v=hG4LH6P8Syk，也可以访问 https://www.aaron-gray.com/a-criticism-of-scrum/
④ http://agilemanifesto.org/iso/en/manifesto.html

| 客户协作 | 优先于 | 合同谈判 |
| 响应变化 | 优先于 | 遵循计划 |

也就是说，尽管右项有其价值，我们更重视左项的价值。

我们遵循以下原则。

1. 我们最重要的目标，是通过持续不断地及早交付有价值的软件使客户满意。

2. 欣然面对需求变化，即使在开发后期也一样。为了客户的竞争优势，敏捷过程掌控变化

3. 经常地交付可工作的软件，相隔几星期或一两个月，倾向于采取较短的周期。

4. 业务人员和开发人员必须相互合作，项目中的每一天都不例外。

5. 激发个体的斗志，以他们为核心搭建项目。提供所需的环境和支援，辅以信任，从而达成目标。

6. 不论团队内外，传递信息效果最好效率也最高的方式是面对面的交流。

7. 可工作的软件是进度的首要度量。

8. 敏捷过程倡导可持续开发。责任人、开发人员和用户要能够共同维持其步调稳定延续。

9. 坚持不懈地追求技术卓越和良好设计，敏捷能力由此增强。

10. 以简洁为本，它是极力减少不必要工作量的艺术。

11. 最好的架构、需求和设计出自自组织团队。

12. 团队定期地反思如何能提高成效，并依次调整自身的举止表现。

随后，编程人员和项目管理者社区发展并采纳了敏捷方法，极大地加速与重构了软件开发。

敏捷开发的关键元素有客户与开发者之间更紧密的交互、批量大小的降低、以短间隔（周期）交付的产品以及团队的有限规模。

使用敏捷方法，软件开发团队每隔 2 到 4 周发布一个新的可行产品。最终用

户可以更近距离地参与到开发过程当中，确保快速的反馈，并由此激发更快速的变更。

但是在许多公司，弃用瀑布模型转向敏捷开发的实际效果却小于预期。从这些公司中观察到的敏捷收益缺失，通常与瀑布的优势或者敏捷的劣势无关。事实上，问题的根源在于代码开发仅仅是一个很长的价值链中间的一环。

实际上，在开发之前还有不少的环节，比如致力于识别业务需求并对这些需求进行阐释、分析和排序等。

此外，在开发之后应用需要快速部署到生产环境，以便客户能收到向自己承诺的所有收益，并提供反馈给开发人员。然而，对于成立于 2010 年之前的 IT 组织，IT 基础设施几乎都是基于多年前采购的刚性、昂贵的硬件，它们获取 IT 预算很难，新采购的预算流程也相当长。

还有，在大量的组织中，基础设施处在相当脆弱的状态中。造成这种脆弱性的一个因素，是 IT 解决方案极其复杂，在基础设施中可能有成千上万个相互连接的组件。另一个因素可能是缺乏 IT 系统文档以及这些文档的迅速过时，人员的流失又持续加剧了知识的遗失。

在许多组织中，触碰 IT 基础设施是相当不安全的。变更对 IT 运维部门来说，是一个最大的"梦魇"，而不断到来的变更"洪流"，真的可能招致灾难性的后果。

这样一来，就降低了使用敏捷方法可能获得的积极收益，先进的软件开发方法由于 IT 运维侧的阻碍而停滞不前。

> 为了处理 IT 基础设施的脆弱性，有些组织使用规范化与自动化的变更管理流程，以规范变更流以及最小化与变更实施相关联的风险。

1.1.2　管理基础设施即代码

在基础设施即代码的管理方式涌现之前，有两种技术已经发展起来：虚拟化和云计算。

软件和硬件环境虚拟化的历史始于很久以前，可以追溯到 1964 年 IBM CP-40 操作系统[①]的发展。经过多年的持续发展，虚拟化技术取得了可观的进步。大型机上的首个可商业化应用的系统出现在 20 世纪 70 年代，那些基于 Intel x86 架构的更通用的机器所用的系统，出现在 20 世纪 80 年代[②]。图 1.5 显示了从 1964 年到 2008 年与虚拟化有关的关键事件数量，如果我们能看得更远，这个图上的数据在近年来并没有停歇。

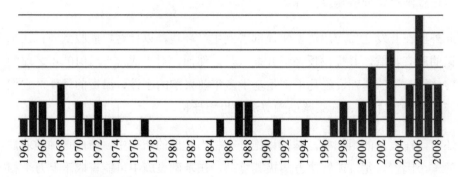

图 1.5 关键虚拟化事件的时间分布

虚拟化不仅使更有效地使用昂贵而强大的硬件成为可能，还在提供有用功能的可执行代码与背后的系统软件之间引入了一个额外的抽象层。这在分离"应用工程师"和"系统工程师"的能力与职责的方向上迈出了重要的一步，也为这些概念建立了更广泛的认知。

云计算技术的发展更快。到了 20 世纪 90 年代中期，电信公司给它们的客户提供了广域网（WAN）服务，通过直接布线将每个客户的相关端点连接起来。但是，随着专用虚拟网络技术（VPN，虚拟专用网）的涌现，通过同一个数据传输信道来发送不同客户的数据包，并提供必要层级的安全性、私密性与服务质量，都成为可能。在那个时候，云服务供应商开始使用云的符号

---

① https://en.wikipedia.org/wiki/IBM_CP-40
② 注意一个有趣的地方，根据 Jez Humble 所述，在那些年有一段时期内，IBM 避免推荐虚拟化产品给客户，因为这会影响到硬件的销售

来标识客户专用网络和共享网络之间的边界及各自职责的分离。

有了长距离传输数据的新能力,客户开始使用这种技术,不仅是在远程系统之间交换信息,也可以在多个网络结点之间分布计算负载。随后,让这个交互过程变得简单与廉价的技术也出现了。小型的去服务供应商迈出了最初的步伐,但真正重大的变化出现在 2006 年,在这一年亚马逊推出了 ECC(可伸缩的计算云)。很快,在 2008 年,微软发布了它的服务 Azure,谷歌也推出了 Google App Engine,之后升级为 Google Cloud Platform。当然,这些并不是出租云计算能力仅有的例子,但它们最有影响力。

虚拟化与云技术已经显著改变了计算领域的格局。商业提供者提供的资源已经成为负担得起且可靠的选择,同时也保证了必要级别的安全性。客户对云的态度及应用,也从"有人正在某个地方控制着我的硬件",转变为"我远程管理着我的基础设施"。

> 美国国家标准与技术协会识别了云计算的 5 个本质特征[①]。
> 1. **按需自服务**。消费者可以视需要单方面配置计算能力,如服务器时间和网络存储,这通过自动化的方式实现,无需与各个服务供应商进行人工的交互。
> 2. **宽泛的网络接入**。通过网络提供能力,并通过可促进异构瘦/胖客户平台使用的标准机制来接入。
> 3. **资源的池化**。供应商的计算资源被池化,使用多租户模式服务于多个客户,基于客户需求来动态分配或重分配不同的物理或虚拟资源。
> 4. **快速的伸缩性**。能力可以被可伸缩地配置和释放,有些情况下可自动进行,以快速匹配需求而向外或向内扩展。对消费者而言,可配置的能力通常看起来是无限的,并且可以在任何时间以任何数量进行分配。
> 5. **可度量的服务**。云系统利用适合相应服务类型的某种抽象度的度量功能,自动控制及优化资源使用。

---

① http://nvlpubs.nist.gov/nistpubs/Legacy/SP/nistspecialpublication800-145.pdf

远程管理基础设施意味着什么？让我们回忆 UNIX 系统的关键范式之一：系统所有必要的动作，都应该能够通过命令行（所以使用脚本）来访问。图形化的用户界面很美，但它不是必需的。

现在，我们结合虚拟的云技术和命令行界面来处理所有任务。结果是，IT 专业人士能够使用文本命令创建其所需要的 IT 基础设施组件，包括服务器、存储系统、网络组件以及它们之间的所有接口、设置和配置。自动化程度得以大幅提升，因而变更实施的速度也大幅提升。之前，基于内部硬件来部署一个 IT 基础设施，需要以下流程。

- 申请与审批预算（几周或几个月）。
- 等待下一个采购周期（几个月）。
- 给供应商下订单及支付（几天）。
- 等待交付（几周或几个月）。
- 接收、安装、配置及准备使用（几天或几周）。

今天，创建类似的 IT 基础设施，可能只需要走两个流程：

- 运行一个脚本，等它执行完毕（几分钟，很少会是几小时）；
- 在月末与云提供商结账。

也就是说，只需要程序代码，就可以创建出所需的基础设施。不光只是创建，还可以把基础设施视同代码进行管理：进行版本控制、变更追踪、调试、重用之前版本等。在第 3 章中，我们会再次展开讨论。

结束这部分之前，我们也承认，有些相对老旧的技术已经获得了第二次生命。例如，操作系统层面的虚拟化，在 20 世纪 80 年代的许多 UNIX 系统上就已经做到了。然而严格来说，这项技术的商业化成功，即通常被称为容器化的技术，到 21 世纪前 10 年的后半段才出现，这与前面描述的事件相吻合。当初的 chroot 机制在功能和能力上颇受制约，而如今在容器之间隔离文件系统、分配磁盘空间、限制可用 RAM/处理器时间或 I/O 带宽等，都已然成为可能。

1.1.3 这是必然的

> "有人说这是必然的，当你听到有人这样说时，很可能有大批企业正在为实现它而努力。"
>
> ——理查德·斯托曼（Richard Stallman）[1]，2008 年云计算大会[2]

通过对 DevOps 起源的回溯，我们可以得出以下的结论。

首先，由于与业务客户交互的新方式的涌现以及敏捷开发技术的充分应用，对新的 IT 管理方法的需求变得愈加迫切。

其次，随着新的基础设施管理技术的涌现，用不一样的方式来组织 IT 工作，也成为了可能。

用现实的视角来看待前面理查德·斯托曼（R. Stallman）的话（虽然看起来他对云计算似乎有些误解），我们可以断定，迟早会出现某种类似 DevOps 的东西。

1.2 定义

只有那些非常自信或极不称职的人以及公认的大师，才会在不下定义或不依赖于一个被广泛接受定义的情况下严肃讨论一种现象。不幸的是，对 DevOps 来说，这件事情远没有这么简单。

有些专家试图按照他们的理解创造一些自己的东西。其他一些人则主张，因为 DevOps 更像是一个现象、一场运动、一个想法，而不是一门学科或一种

---

[1] 自由软件基金会创始人，GNU 操作系统创建者
[2] https://www.theguardian.com/technology/2008/sep/29/cloud.computing.richard.stallman

方法论，因而当下不可能给它下一个定义。还有人说，每个人都可以有自己的 DevOps，还提供一个著名的盲人摸象的比喻，说什么有人说它最像一棵树，有人说它像一块毯子，第 3 个人说它像一条蛇，等等。

为了研究这个话题，我阅读了大量的书籍和在线出版物，与俄罗斯以及欧洲其他国家参与 DevOps 运动的不同人员进行交流，参加各种专业培训，并通过了几个国际认证考试。在我看来，不可能定义 DevOps 这件事在某种程度上被夸大了。当然，有这么多的人，这么多的观点，而且当遇到咨询顾问时，这件事变得更难琢磨，因为 2 个顾问会至少提出 3 个观点。然而，凭借系统性的思维、IT 的专业学位以及在 IT 管理领域的咨询经验，我发现还是有机会以一种清晰和结构化的方式来探讨这个话题。目前，我总结出如下的定义，虽然不敢说这是业界通行的或者是终极真理：

> "DevOps 是对敏捷软件开发与精益生产思想的演进，应用于 IT 端到端的价值链中，使得业务基于现代信息技术，并通过文化、组织与技术变革来获得更大的成功。"

在这个定义中，有 4 个重点需要强调。

首先需要指出，DevOps 并没有取代敏捷及精益实践，而更像是吸收了两者。我跟同事、客户和培训学员进行了很多交流，发现不熟悉敏捷开发的人在 DevOps 中找到了很多新奇与有趣的东西。有相关培训和经验的人，则为 DevOps 与精益、Scrum 和看板等其他实践之间的很多重叠而感到诧异。在我看来，把这个现象称作"重叠"也不尽准确，DevOps 更多地是从敏捷开发和精益生产中借用及扩展了思路，这方面的话题会在第 2 章中展开讨论。

其次，DevOps 的本质在于这样一个事实，即 IT 部门与业务部门所考虑的不仅是软件开发，而是整个价值链。价值链始于业务干系人产生的新想法，经过开发、测试和部署，最后到运维。这个方法有助于在端到端价值链中分析、识别及消除瓶颈。它建立的反馈回路，不仅是从价值链的末端回到始端，也包括每个步骤之间乃至每个步骤之中产生的反馈。DevOps 对系统性方法、基于约束工作、实现反馈等要素给予极大的关注，这些会在后文中详细描述。

接下来，强调应用 DevOps 所获得的预期价值也很重要，这体现了信息技术带来的更大回报。通常的看法是，信息技术使得组织可以获得更多的收益（通过创造新机会或者消除现有约束）、降低风险并优化资源。如果应用得当，DevOps 可以处理好这 3 个方面。这并不是说组织没有 DevOps 就不能以传统方式从信息技术中获益。然而，DevOps 提供了更大的价值，体现为加速新产品及产品补丁上市、更快响应客户需求、改善 IT 系统可用性与可持续性、更高效使用有限资源等。这些话题会在 1.3 节中展开讨论。

最后，在定义的末尾明确地指出了如图 1.6 所示的 3 个基本要素：文化、组织和技术手段。事实上，这就是关于流程、人和技术的经典准则。DevOps 领先者及其追随者的经验都表明，这几个要素依然至关重要。

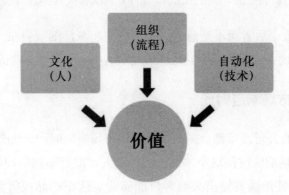

图 1.6　三个基本要素

这里把 DevOps 的定义分解成几个组成部分，以方便强调其中的关键点。

DevOps 包含以下四个部分。

1. 敏捷软件开发与精益生产思想的一种演进。
2. 应用到 IT 端到端的价值链中。
3. 使得业务基于现代信息技术。
4. 通过文化、组织与技术变革而获得更大的成功。

1.3 为什么要实施 DevOps？

> "听着，如果星星都亮了，那就意味着有人需要它。"
>
> ——马雅科夫斯基（V. Mayakovsky）[①]，1914

一些管理框架，就像通过作者（也许是一个专家甚至一个"大师"）的想象涌现出来的产品，是某种理论研究。它们的适用性（或者不适用性），由试图在工作与管理中应用这个新方法的拥护者和追随者来证明。

其他一些方法，则诞生于对紧迫需求的反应。它们的创建，不是出于英国皇家的命令，也不是出于一群专门聘请的顾问。这些方法由实践者开发出来，他们尝试寻找消除具体困难或约束的方法，或者让有限可用资源的使用更加高效，或者创造出新的业务、新的商机和新的工具以解决具体且真实的问题。

DevOps 更接近于后者而不是前者。关于它的起源，细节会在 1.4 节中进行讨论。现在，让我们聚焦于不同组织应用 DevOps 所试图解决的主要问题。

1.3.1 缩短市场响应时间

应用 DevOps 的公司通常都会提出显著缩短市场响应时间（time to market）的诉求。对市场响应时间这个术语，不同的人可能有不同的理解。一种常见的理解是从业务想法被提出来到客户能够购买这个产品或得到这个想法被实现之后的新服务所历经的时间。这样一来，计算（或者评估）市场响应时间就涉及相当大的时间跨度。对相关的 IT 部门，这个时间跨度包含以下环节。

- 针对一种或若干种业务想法构建、起草方案并进行论证。
- 评估和选择一个业务想法来实施。

[①] Mayakovsky Vladimir, *Listen! Early Poems*, Maria Enzenberger 译, City Lights Books, 英文版发行于 1991 年，ISBN: 978-0872862555

- 规划实施所需要的行动，并获取资金。
- 准备人员和业务流程。
- 同时还有规范化需求、开发原型、初始化测试、开发完整特性的 IT 系统、全面的测试、发布和部署。
- 与此同时：进行市场活动、准备市场营销、准备销售渠道和工具。
- 发布新的产品或服务。

以上流程带来了很多现实的挑战。首先，它可能需要花好几年的时间，然而业务方可能希望缩短到数月。产生这种紧迫性的业务理由是显而易见的：在新产品开发期间，市场可能会发生很大的变化而导致产品本身不再有用，或者竞争对手会更早发布一个类似的产品、拿走"蛋糕"并成为市场领导者。以有吸引力和竞争力的价格及早进入市场，有助于在新的商机面前赢得压倒性的优势，这又会给领导者带来进一步改变市场格局、根据己方所需来主动调整的机会。这是一个只有少数企业才能拥有的优势，但所有人都对此虎视眈眈。此外，我们不应该忘记持续上升的变化率。这个理论的一个最好例证，是 Ray Kurzweil（雷·柯兹威尔）[①]1999 年发表的加速收益准则。根据这个准则，一个演进的系统的总变化率（包括但不限于新技术）趋向于以指数级别增长。在实践中，这意味着技术（包括信息）的创新突破会更加频繁地发生。那些加快变化步伐的公司成为了领导者，那些保持快速步伐的公司得到了场内竞争的机会。而那些不能快速变化的公司，还能说些什么呢……

上述流程带来的第二个困难，是如何在这些独立步骤之间清晰地进行协调和同步，尤其在那些并行实施的步骤之间。在这一点上，许多公司落入了一个典型的陷阱：如果没有就绪的最终产品，就没有东西可以做广告和销售，但当产品生产出来后再去进行市场活动，只会导致销售延迟，进而财务回款延迟。这个陷阱进一步拉长了实际的市场响应时间，并且需要更细化地去协调每一个人的工作。

---

① http://www.kurzweilai.net/the-law-of-accelerating-returns

传统 IT 部门的这种做法增加了市场响应时间，而这很少被充分认识到。事实上，对于很多组织，在 1.5 到 2 年的整体的市场响应周期中，IT 部分占的时间超过 50%，甚至可以到 70%。

> "要成为一个电影编剧很难。你很难赶得上以闪电般速度变化的情况……首先得写剧本，然后进行排练，随后提交到发行办公室，这样才会出现在屏幕上。在这个时候，一些新的和与彼时更相关的变化，不期而至……"
>
> 编剧……不同的热门影视作品的编剧也面临着一模一样的境地。他/她们需要在还喝着早晨咖啡和读着新闻报纸时，马上着手写。到了中午，这部戏剧准备就绪进行彩排，到了晚上它就将对公众开演。只有在这种不可避免的情形下工作，他们才能抓住时机。"
>
> 来源：*The Theatre*，Moscow daily theatre newspaper[①]，1917 年 8 月

对"市场响应时间"的另一个理解，虽然不是那么常见，但也值得留意。创造数字化产品的充满活力的公司，习惯于快速行动。相对于严谨、详细的计划，他们更推崇可安全失败的实验。"想法"这个词，被"假设"所取代。这时，流程可能是下面这样的。

- 创建假设，设计验证方案。
- 在实践中实施假设。
- 评估结果，A/B 测试，与目标对比。
- 基于分析进行调整，回到第一步或第二步。

在这里，很容易看到一个循环，这个循环的预期时长是几周。这样快速的步伐是必需的，因为 DevOps 这场运动的本质，就是持续的探寻。在一开始，最终状态是完全不可知的，因而通往最终状态的路径也不可知。制定长期的计划变得没有意义，公司只能看到下一个近似的步骤；或者更准确地说，试

---

① https://project1917.ru/groups/teatr

图猜测合适的下一步。有一个大家熟悉的隐喻可以阐释这个理论：将业务的生存与发展类比为探索一条流淌着金币的河流，如图 1.7 所示。一旦进入这条河流发现了商机和新机会，公司就还需要继续探索变化中的河床。传统的流程、监管和现有的产品可能会增加公司的惰性，如果置之不理，则可能会一无所获。

不难猜测，IT 部门对于上述循环的延缓起到了很大的作用。实际上，在数字化产品的创造上，IT 承担了关键的角色，因而在假设实施阶段发生的延迟，最有可能来自于花好几人月而不是预期几周的"迟缓的"IT 部门。

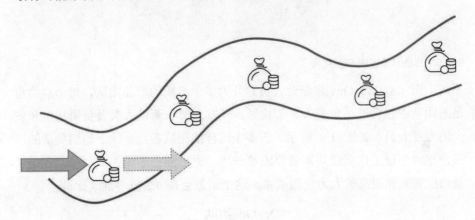

图 1.7　金币河流

为了缩短市场响应时间，DevOps 提供了多种技术，例如降低批量大小、减少移交次数、持续识别与消除损耗等。在第 4 章中，会更详细地讲解这些方法。现在有一点值得注意，期望应用 DevOps 技术来加速 IT 部门的工作，同时又降低 IT 的成本，这样的想法是幼稚的。在很多时候，由于 IT 人员数量的增加，信息技术的成本会自然攀升。实际上，图 1.8 中 IT 部门的传统组织方式将职能单元分开，每个职能单元处理特定领域下的所有任务，比如业务分析、开发与测试、支持及其他。与此同时，在每个职能单元内确保了必要的相互可替代性，数量很大的具有同样资质和能力的专业人员使得工作负载的均匀分配成为可能。

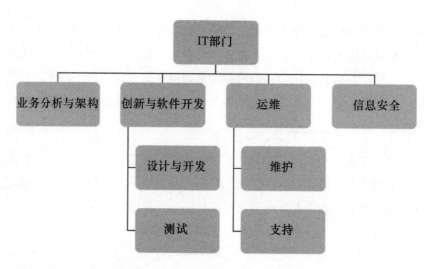

图 1.8　传统 IT 部门的职能结构

不同于图 1.8，DevOps 将专业人员划分为多个专职的产品团队，每个自给自足的团队中包含产品负责人、架构师、开发人员、测试人员及负责运维和安全的专业人员。如图 1.9 所示，很多个这样的团队各自专注于他们负责的产品，这时保证工作负载均衡就要困难一些，也可能会造成人员利用率不足以及由此带来的更高的人力资源成本，这个话题会在 4.2 节中继续探讨。

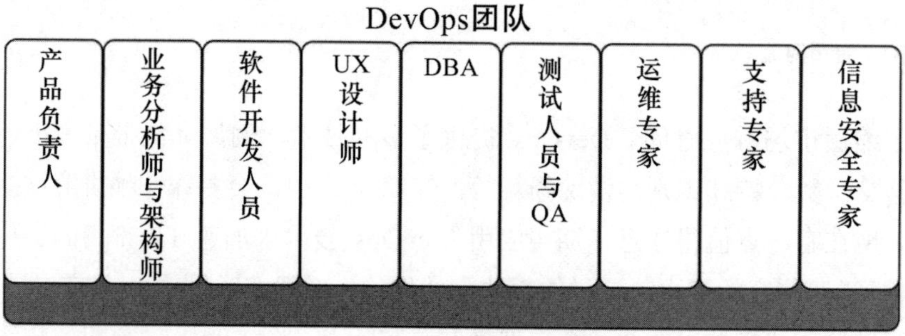

图 1.9　DevOps 团队示例

可以这样说，传统 IT 部门遵循"为成本而优化（optimize for cost）"的模式，而 DevOps 组织遵循"为速度而优化（optimize for speed）"的模式，这两种模式的目标一般是截然不同的。还要注意，DevOps 也提供了限制成本增长的工具和技术，例如自动化所有例行的运维工作或团队内部专业人员可替换。此外，有些 DevOps 专家直接指出，优化速度在很多时候是致力于业务价值（能够赚更多的钱），这弥补了 IT 上升的成本。这时，IT 部门就可以被视为一个真正的业务伙伴而非成本中心。

1.3.2 减少技术债务

技术债务的概念由 Ward Cunningham（沃德•柯宁汉）在 1992 年[①]提出。当程序员选择一个非最优的方式来解决问题以缩短开发时间时，技术债务就应运而生。Cunningham（柯宁汉）注意到这是一个自然的过程，而问题在于非最优解决方案的累积导致了开发产出的逐步恶化，结果必然是产品质量下滑。随着时间的推移，开发团队将不得不投入更多的资源来修复前期决定所带来的后果，也就是说，需要重构现有的代码而无法开发新的功能。这个与财务债务概念的类比是很贴切的：加速产出，公司就可能"陷入债务"，甚至可能将所有的收入都花在债务偿还上，公司不应该允许这种情况的发生。

Martin Fowler（马丁•福勒）进一步发展了技术债务的思想，提出了图 1.10 所示债务出现原因的分类[②]。

	粗心的	谨慎的
蓄意的	"我们没有时间设计"	"我们必须现在交付并获得结果"
无意的	"分层是什么意思？"	"现在才知道我们其实该如何完成"

图 1.10 Martin Fowler 的技术债务矩阵

他的观点总体上延续了沃德•柯宁汉（Ward Cunningham）的想法：在一个被恰当组织的开发团队中，增加技术债务也许是获取短期收益的一个有意识的行动，但重要的是，要关注债务的偿还。

当前，技术债务的概念通常被用作更广泛的含义。随着运维问题的膨胀，传统 IT 部门各个层面的问题层出不穷：通过重启设备来修复错误；安装没有

---

① http://wiki.c2.com/?WardExplainsDebtMetaphor
② https://martinfowler.com/bliki/TechnicalDebtQuadrant.html

经过合理测试的软件补丁；没有仔细规划就实施 IT 基础设施变更；人工打补丁或修改服务器配置而没有文档记录，这些只是累积的技术债务一些例子，而且，在一个按部就班的 IT 部门中，没有人会去"偿还"它们。有些 IT 组织甚至都没有在工作计划中体现降低这些负债的工作或项目，而有些组织则抱有"只要有时间处理，什么事情都会井井有条"的幻觉。当然了，我们都知道，一个现代 IT 部门不会出现这样闲的美好时光。

此外，可以说，ITIL 提供的某些众所周知的实践，当应用不当或者被孤立应用时，也会导致技术债务的增长。例如，ITIL 事件管理流程本身，并没有发现与消除失败原因的意图。它的目标是尽快恢复 IT 系统（或 IT 服务，其区别在这里并不重要），而通常会使用变通方案和临时补丁。在这种方式下，几乎可以肯定这个失败会再次发生，因而还需要投入新的 IT 成本来再次进行消除。ITIL 的作者假定问题管理流程会与事件管理流程一同工作，致力于识别与消除事件的根因，以在最大程度上实际减少技术债务。然而，我们注意到，在大多数现代 IT 部门中，都或多或少有一些事件管理的实践，但对散落的问题管理流程的有效追踪则极为困难。

DevOps 密切关注如何减少技术债务（或者说是管理技术债务）。这里有两个常用的实践。首先，持续重构程序代码，将运维中获得的经验吸纳进来，同时规划相应的工作来消除之前出现的瓶颈，把这些工作与创造新功能同等对待。其次，DevOps 强烈推荐应用"尽可能频繁地直面问题"的实践，以防出现这样一种情况：每个人都知道问题的"就在那儿"，却没有人着手去处理。

1.3.3 消除脆弱性

如同 1.1.1 节所提到的，大多数组织的 IT 基础设施都处在非常脆弱的状态，是因为有以下多个因素。

- 技术解决方案是多年以来逐步地、基于不同组件基础之上构建的。
- 使用大型的第三方系统，针对公司目标进行大量的定制。
- 使用内部开发的遗留系统，而关键的程序员和团队已经离职。

- 大量的系统以非常繁杂的方式相互耦合在一起，并且与外部数据源及消费者集成。
- 由于快速实施的需要以及预算的限制，解决方案的质量经常做不到最优。
- 维护与支持工作增加了许多临时变通方案（"拐杖"），只是考虑到让系统能继续运行（撑）下去。
- 程序代码、架构、基础设施、技术解决方案乃至合同责任的文档，非常不尽如人意。

Gene Kim（吉恩·金）、Jez Humble（韩捷）、Patrick Debois（帕特里克·迪波斯）和 John Willis（约翰·约尔斯）[1]注意到，具有讽刺意味的是，组织中最重要并且带来最多业务收益的系统，往往是最脆弱的系统。由于与这些系统直接相关的业务中断的高风险、对宕机的零容忍以及新的变更和改进的持续涌入，想要降低这些系统的脆弱性是极其困难的。

但是，继续在这样一个不稳定的基础设施上工作，对 IT 管理者的职业生涯也是个威胁。此外，除了长期迫在眉睫的麻烦，运维也存在诸多困难。进行任何一次变更都有风险，因此需要有适当的工具来缓解这些风险，需要对每个变更进行长时间和彻底的评估、计划、协商与审批、开发、测试以及最终的实施。这些事情显著拖慢了变更实施的速度，并且对 IT 组织的创新能力造成了很大的负面影响。

DevOps 提出以最激进的方式改变 IT 系统的脆弱性，即完全消除它。在传统范式里，新代码在被测试证明可工作之前，是不可运维的。相比之下，DevOps 中代码与系统作为一个整体，在任何时间都是完全可运行的，如果下一个变更破坏了它们的性能，就会立即回滚，以使系统持续有效地工作。

在《反脆弱：从不确定性中获益》[2]一书中，纳西姆·塔勒布（Nassim

---

[1] Kim, G., J. Humble, P. Debois, J. Willis, 中文版《DevOps 实践指南》，英文版于 2016 年发行，ISBN: 978-1942788003

[2] Taleb, N., *Antifragile: Things That Gain from Disorder*, 英文版于 2012 年发行，ISBN: 978-1400067824

Taleb）讨论了复杂系统的特征，并引入了如下分类：脆弱系统、弹性系统和反脆弱系统。这个分类有助于选择适当的工作方法。对脆弱系统，首要的是保证稳定性，它们需要尽可能少地发生变更，变更应该在实施的事前和事后进行仔细检查。弹性系统的设计，是基于它们固有的复杂性和脆弱性，设计容忍失败和灾难恢复的机制，这样就不用太担心失败可能造成的负面影响。反脆弱系统可以从功能障碍和混乱中持续演进，这更接近于完美的状态。其实，混乱其实就是这个时代下公司信息技术领域日常的真实写照。

DevOps 与反脆弱相关的一个最棒的实践，是在生产环境中有意引入混乱与不稳定性。这类技术实践拥有不同的称呼：游戏日（Game Day）、乱世猴子（Chaos Monkey）和猿猴军团（Simian Army），但本质上是一样的。使用专门开发的软件，随机地在事前未知的时间点，破坏 IT 系统、服务器、数据传输与存储系统等的正常运行。目标 IT 系统必须独立而快捷地做出响应，以侦测到错误根源并恢复正常运行。理想情况下，最终用户对发生的事情毫无感知，当然，数据也没有丢失。这类技术可以在传统 IT 部门进行尝试，但对许多公司而言，这可能会导致彻底的业务中断。

至此，我们检视了 DevOps 着力处理的三个主要任务：缩短市场响应时间、减少技术债务与消除脆弱性。如果它们之中的任何一个能够得以实现，都能为业务带来明显的优势，而三个合在一起，就代表了驱动变革的强大力量。我们检视了每个任务，最后都简要描述了相关的 DevOps 实践。现在我们应该注意到，这些实践的孤立应用，是不足以解决被揭示的问题的。我们需要显著改变 IT 组织的文化，不仅是使用的工具、方法和技术演进，更重要的是每一个 IT 员工对公司工作中关键要素的态度发生转变，如客户的角色、信息技术创造的价值、对已知缺点的容忍以及对持续改进的需要。盲目应用 DevOps 的想法，例如"让我们构建流水线，因为没有它就没有 DevOps"，可能会导致一种被称为"货物崇拜"（Cargo Cult）的现象。这个理论我们会在 5.5 节中展开讨论。

说到这里，我们先暂时从这些重要的事情中退后一步，回忆一下 DevOps 是如何起源的。

1.4 历史起源

对一个主题的务实考虑，似乎并不需要沉浸到它的历史当中去，比如谁在什么时候遇见了谁，说了些什么话，提出了什么想法，这些真的重要吗？

如果只是把 DevOps 当作一系列的技术手段，那么就只需要在组织中 "实施" 就行了，确实可以跳过这一章。但是，看起来任何一家公司成功转型 DevOps，都直接依赖于人。需要改变工作实践的，也是人。人们在没有采纳新的价值观和理解"为什么？""为什么是现在？"等问题的答案前，往往不会采取任何行动。因此，让我们花一点时间来回顾这个历程。以下描述的所有事件背后，都有一些具体的关键人物及其过去与现在的影响。

正如 1.1.1 节所讨论的，到 21 世纪前 10 年的后半段，在软件开发领域，敏捷、Scrum 和极限编程等多种方法被广泛采用。把这些方法延伸到运维领域，多半只是个时间问题。有记载的最早尝试之一，是 2006 年 Marcel Wegermann（玛赛尔·魏格曼）发表了一篇文章，论述了如何将敏捷开发原则应用到系统管理工作上[①]。他提出三点建议：把孤立的系统目录一起放到版本控制系统中；让系统管理员采用结对工作；召开运维回顾活动。

2008 年，在多伦多定期举办的敏捷论坛上，有两件重要的事件同时发生了。Andrew Shafer（安德鲁·沙弗）建议在日程里新增一个 "敏捷基础设施" 专题。随后，Patrick Debois（帕特里克·迪波斯）发表题为 "敏捷基础设施与运维：你的基础设施有多敏捷？" 的演讲[②]。他们在许多方面有着共同的兴趣，当时 Shafer 刚刚从开发转到运维，而 Debois 正同时做开发与支持工作，观察到在两边团队完全不同的工作方式（从 2007 年开始，他参与了一个大型的数据中心迁移项目）。根据 Patrick 的回忆，当时这个演讲并没有在听众中造成多大的反响。据论坛的其他参与者说，这个演讲的听众人

---

① Davis, J. and K. Daniels, *Effective DevOps: Building a Culture of Collaboration, Affinity, and Tooling at Scale*, 英文版 2016 发行，ISBN: 9781491926437; Chapter 3. A History of Devops

② http://www.jedi.be/presentations/IEEE-Agile-Infrastructure.pdf

数不是很多。然而，接下来的事情证明，那些来参加的人，是真正对这些新想法感兴趣的，而且这些想法本身正在以很快的速度继续发酵。

同样在 2008 年，Puppet Labs 的创始人 Luke Kanies（卢克·凯尼斯）在开源软件大会上发表配置管理主题的演讲，他认为，配置管理这件事情需要加以重新考虑。他的报告引起了 John Willis（约翰·威利斯）的注意，后者在日后也有力地促进了 DevOps 思想的发展。值得注意的是，DevOps 这个术语，当时并不存在。

术语 DevOps，是在 2009 年 Velocity 大会 John Allspaw（约翰·沃斯帕）和 Paul Hammond（保罗·哈蒙德）的演讲之后出现的。这个题为"每天 10+次部署：Flickr 开发和运维的协作"[1]的演讲，在对此话题有兴趣的听众中，以这样或那样的方式造成了深远的影响。同年[2]，Debois 决定在比利时根特市举办首届 DevOpsDays 专题大会。2013 年，参加这个活动的 Gene Kim（基恩·金）出版了《凤凰项目》[3]一书，并开始每年举办两届 DevOps 企业峰会[4]。

至此，DevOps 的概念以及由热心分子组成的社区，开始风起云涌……

> 每天 10+次部署的演讲，现在被认为是 DevOps 运动的起点。
>
> DevOpsDays 在 DevOps 社区生活中是一个极为流行的事件，席卷全球许多国家。
>
> DevOps 企业峰会是最大的及最有代表性的 DevOps 大会，不管是参会者的规模还是演讲者的阵容。
>
> 《凤凰项目》一书应该是世界上最畅销的 DevOps 相关的书籍。

---

[1] http://velocityconf.com/velocity2009/public/schedule/detail/7641
[2] https://legacy.devopsdays.org/events/2009-ghent/
[3] Behr, K., G. Spafford, G. Kim, 中文版《凤凰项目：一个 IT 运维的传奇故事》，英文版发行于 2013 年，ISBN: 978-0988262508
[4] https://events.itrevolution.com/

> Puppet 实验室和 IT Revolution 公司是 DevOps 市场上占据统治地位和最有影响力的组织之一。
>
> 前面提到的很多标志性人物，在全世界 DevOps 奉行者心目中，是绝对的"大师"。

回顾这一段历史，我们可以观察到以下几点。第一，DevOps 的关键思想，来自于探寻真实管理问题解决方案的有智慧的工作。第二，DevOps 并没有唯一的一个或一群发起人，虽然这些关键人物的思路很接近，但他们在之前彼此互不相识。第三，DevOps 并没有、也不可能有一个版权所有者，来独断或决定 DevOps 的发展、或对其使用作出限制（尽管有些贪心的商业机构已经预留了衍生商标，例如 DevOps Foundation）。第四，DevOps 还是一个新生事物，因而想要得到一个被完全证明的"秘诀"或通行的可用方法集合的话，还为时过早。

1.5 常见误解

结束这一章最好的方式是审视常见的误解。这有助于对 DevOps 这个现象建立清晰的边界，并使得我们可以继续推进更多的具体工作。我们的目的，不是最完备地去覆盖所有遭遇到的误解。在本章中，我们将从管理的视角，选择更有助于理解"DevOps 是什么"的内容，并可以与"DevOps 不是什么"相对照。

1.5.1 DevOps 是敏捷的一部分

现代软件开发的拥趸有时候声称，DevOps 无非就是敏捷那些想法的延续。这是一种受限的世界观，其核心基于一个事实，即敏捷开发能够与客户建立更好的关系以理解其软件产品需求，并足够快速地发布软件产品。"做些什么才能够让发布的产品对客户有用以及具体如何实施"是一个长期存在的问题，现在有了进一步的解决方案：DevOps！针对这个令人尴尬的问题，有人从 DevOps 中找到了答案。

举例来说，我们看看流行的 SAFe（规模化敏捷框架）模型，这个模型的设计目标是帮助敏捷开发在中型到大规模的组织[1]中落地。

我们研究的 DevOps 出现在 SAFe 模型的右部、接近中间的位置，位列在 Program 层级中。从字体判断，DevOps 的重要性大致相当于 Backlog、Kanban 与 Business Owner。SAFe 中具体描述如图 1.11 所示。[2]

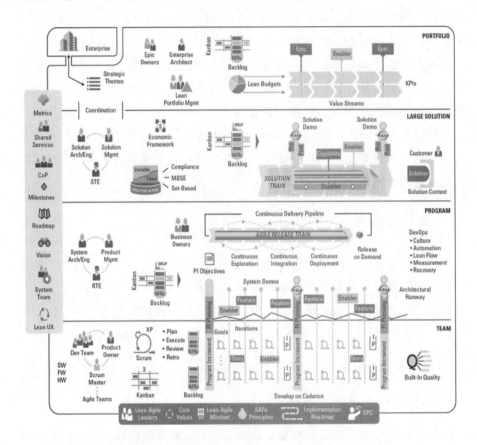

图 1.11　SAFe 模型，版本 4.6（2018）

SAFe 企业实施 DevOps 以打破职能筒仓，赋能各列版本发布火车（ART）及解决方案火车，以持续地向最终用户交付新的特性。随着时间的推移，开发与运维之间的割裂程度会显著降低……目标很简单：更频繁地交付价值。

---

① http://www.scaledagileframework.com/

② http://www.scaledagileframework.com/devops/

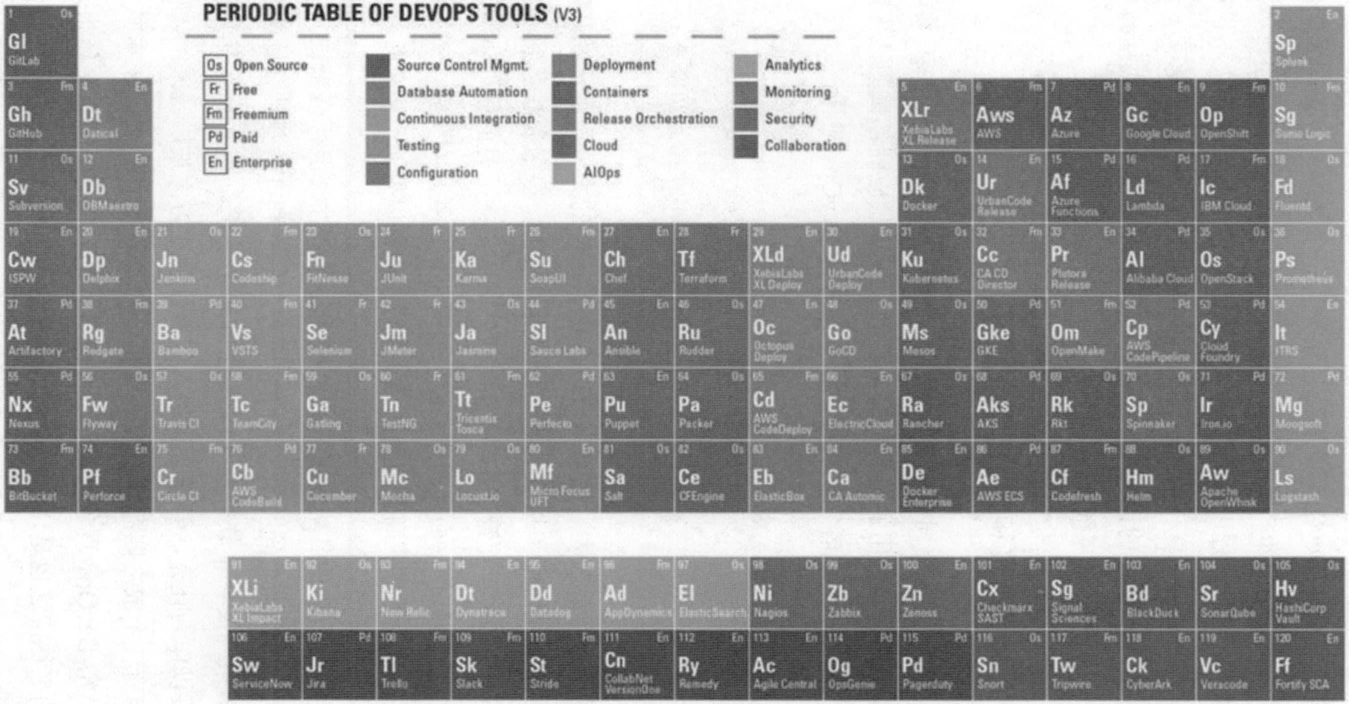

图 1.12 "元素周期表" DevOps 工具集

来源：https://xebialabs.com/periodic-table-of-devops-tools/

这是一个非常受限的对 DevOps 的看法，至少有三个理由。首先，尽管在很大程度上基于敏捷，DevOps 把"敏捷开发"的想法延展到了整体的敏捷 IT 交付、整个组织、整个流程以及整个价值链（参见第 3 章）。其次，相对于敏捷而言，从 DevOps 中获得回报，通常需要更大的公司文化变革（参见 5.5 节）。第三，DevOps 的目标集，并不仅限于加速交付——还包括减少技术债务和消除脆弱性（参见前面的 1.3 节）。

1.5.2　DevOps 是工具和自动化

另一个观点与自动化这个词有关。对现代 IT 部门有帮助的软件工具的数量，近年来翻了几番，常用的工具都有几百种。很多供应商都试图让你确信它们"就是"DevOps，或者它们将提供给你最好的 DevOps 工具。

> "DevOps 大会：针对开发者、全球专家和技术死忠粉（18+）。
>
> 谷歌搜索上的广告，2017 年 10 月

供应商的市场压力非常之大。像 CA、HP 和微软这样的大公司，已经开始带着它们高大上的营收目标和相应的营销预算投身其中。很多人注意到一个似曾相识的场景，即 20 年前管理 IT 服务的软件的历史：那时的软件供应商也说，ITSM 就是一套软件，而您所需要做的所有事情，就是安装它，然后让流程自行发生。仅有少数供应商意识到并且认真讨论软件以外的一些东西。

DevOps 确实依赖于某种自动化工具的可用性与有效性。但严格来说，这些工具的最小集，可以缩小到一个用来存储所有源代码和 IT 基础设施配置数据的版本控制系统及一个软件交付流水线自动化系统。提及的所有其他工具，当然也可以作为补充，尝试。虽然有些软件解决方案被广泛采纳，但是没有也不可能有一个放之四海而皆准的 DevOps 必选软件列表。在本书中，我们会仔细研究 DevOps 现象，而不会考虑具体的软件产品，甚至压根儿不会提及它们的名称，这也是 DevOps 的具体实施可以独立于工具软件的一个间接证明。

1.5.3　DevOps 是一个新的职业

我们要说的下一个误解，常见诸于一些招聘机构与求职网站。它们把 DevOps 描绘为一个全能战士，会编码，会测试，会部署环境，还会管理基础设施。也就是说，他/她能够有效地执行软件开发人员和支持工程师的所有工作，但只领一份薪水。

另一个常见的场景是，将大家熟悉的系统管理员这个古老职业，替换为更时髦的 "DevOps 工程师"。看看下面的职位空缺，从其描述中就可以断定，它们与 DevOps 一点关系也没有。

> "一家初创软件公司正在寻找一位远程工作的 DevOps/系统管理员（Bitrix）。"
>
> 职位搜索网页上的广告，2017 年 10 月

第三个例子是 DevOps 大师，需要他/她来公司 "实施" 所有的 DevOps "动作"。这有些类似于敏捷教练或 Scrum Master。

当然了，所有这些都是严重的误解。DevOps 是 IT 部门从根本上发生深远的变革，这不可能通过招聘一些 DevOps 工程师或者邀请几个 DevOps 大师就得以实现。具备实施软件交付流水线的能力，也不能保证取得成功。实施 DevOps 的实践，也不太会节省成本，这已经在 1.3.1 节中阐明。

1.6　小结

结束这一章之前，我们简要总结一下本章谈到的主要信息。为了更好地理解这个主题以及您与同事的交流，我们在图 1.13 和图 1.14 中以图示的形式来进行展现。

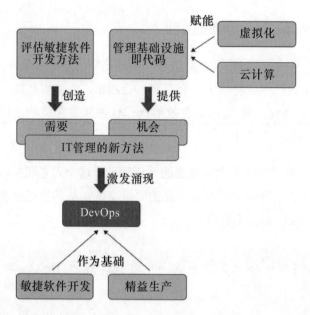

图 1.13 DevOps 的发展示意图

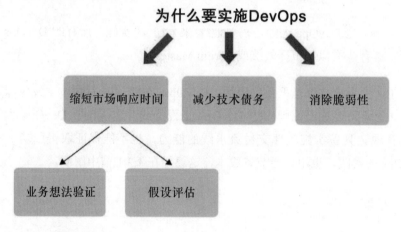

图 1.14 为什么要实施 DevOps

第 2 章 基础

2.1 精益生产

2.1.1 关键事实

正如 1.2 节提到的，DevOps 非常依赖于精益生产的原则与实践。有些人甚至相信，在 DevOps 中大体上没有什么超出了精益范畴的。但这种观点并不正确。为了解释这一点，我们需要考虑精益生产的基本内涵。这有助于我们更好地理解什么是 DevOps 的基础。

简化起见，精益生产可以被缩小为识别与消除浪费。为了更好地理解这句话，有必要回顾一下精益起初试图解决的问题。

20 世纪 30 年代，一家名为丰田自动织布厂（Toyoda Automatic Loom Works）的小公司（后来更名为 Toyota）发现了汽车市场发展的机遇。一方面，那个时候"有效的需求"即人们愿意花在汽车的钱很少，这意味着产品应该尽可能便宜。另一方面，市场规模相当有限，这意味着不可能应用大规模生产和规模经济的原则。丰田公司决定寻找自己的道路，并在接下来的发展中证明自己的成功。年轻的工程师大野耐一（Taiichi Ohno，1912—1990）是丰田工厂和新产品技术创造与开发中心的职员。他想象了一幅理想的画面：只有在客户下了订单之后，生产过程才会开始，然后新车被立即交付给客户。为了实现这样的生产速度，就需要尽快并且只实施那些对创造产品有直接贡献的操作，并消除所有潜在的浪费。

在精益生产中，非常关注浪费的概念：对日常浪费的含义进行补充和扩展，使其成为不同领域工作中的管理目标。在最高层面，浪费被划分为 Muri（超载）、Mura（不均衡）和 Muda（浪费）。Muri 可以被定义为价值存疑的工作，管理层基于非最优流程分配任务给员工执行；人员使用率持续超负荷，或者工作强度过高。Mura 意味着不均衡或者不连贯，意思是不均衡的需求水平，这些需求分散着，波动着。Muda 则指工作期间发生的浪费，它们的来源和性质都不是那么明显，因此需要额外进行分类。下面给出不同浪费来源的列表，各个浪费在 IT 领域中的解释引自波朋迪克夫妇（Mary Poppendieck 和 Tom Poppendieck）所著的书[①]。

从图 2.1 中可以看到，原始列表中来自于精益生产领域的几乎所有类型的浪费，都可以在信息技术领域找到对应关系。自从丰田生产系统的初始资料被发布以及其基本思想被理解之后，基于原始浪费列表的扩展就出现在许多跟随者的脑海中。不同的作者提议过增加以下各种类型的浪费。

- 管理成本（基本上是由管理者而非员工完成的任何事情）。
- 不满足客户期望或需求的产品或服务（与品质的经典定义一致）。
- 未发挥员工的潜在创造性和智力。
- 未能调动员工的资源来改进流程和技术。
- 不充足的员工培训。
- 使用不正确的度量，或根本没有使用度量。
- 对信息系统的低效使用（低质量的自动化及对信息技术的无效应用产生的浪费，如工作期间的游戏与社交聊天）。

当然了，带着一些想象，可以进一步扩展这个列表的类型，只要别忘记浪费的概念和基本原则并在实践中记住每种浪费类型对于管理决策的影响。谈及这些原则，这一条最流行：浪费是客户在能够有选择时不愿意为之付费的任何东西。但显然，这个陈述太过于宽泛，很难用于解决问题，如在判断一个具体工作是创造价值的抑或是浪费时，尤其在面对一些模棱两可的例子时。例如，预定义的 IT 系统架构规划是浪费吗？对多个源代码和模块进行集成测试是浪费吗？

[①] Poppendieck, M. and T. Poppendieck, *Lean Software Development: An Agile Toolkit*, 英文版发行于 2003 年, ISBN: 978-0321150783

浪费	在IT语境中的解释
库存 类比IT中的损耗： 部分完成的工作	未完成的工作不能给最终客户带来价值，但资源已经被消耗了。由于缺乏客户的反馈，未完成工作的价值实现无法被评估。进行未完成工作以期避免资源使用率不足的做法，已经过时了，或者不被未来所需要
过度处理 类比IT中的损耗： 额外的工序	额外的工序是除了应用的分析、编码和部署工作之外的任何流程的任何步骤，包括：文档、协调、计划、汇报等
过度生产 类比IT中的损耗： 额外的特性	指在整个价值链中，任何在分析、编码、测试、部署及运维工作上花费了资源的额外的特性。同时，一个典型软件功能的重要组成部分没有被客户所使用，也就是说，它不产生增值。此外，额外的特性造成了额外的潜在故障点
运输 类比IT中的损耗： 任务切换	任务切换导致时间的损耗，包括在多种事情当中聚焦和沉浸到特定上下文中的开销。总的来说，同时处理多个任务的总时间，会显著高于连续依次处理同样的任务的时间之和
等待 类比IT中的损耗： 等待	在任何环节的等待都会导致整个价值链的延迟。与IT中的等待有关联的典型延迟有：等待决策、等待资源分配或释放、等待前一步骤的文档完成、等待组织的周期（如预算或其他审批）
移动 类比IT中的损耗： 移交	获取完成工作所需的信息也许会花费很多的时间和资源。发生在某个环节的工件的移交，可能以非连续的方式进行，并需要时间和资源。在所有这些情况下，通常存在员工或文档的物理移动
缺陷 类比IT中的损耗： 缺陷	缺陷的负面后果，可以用这些缺陷对IT系统的健康度造成的影响来衡量，并考虑缺陷在系统中存在的时间。随着时间的推移，就算是很小的缺陷，也会导致严重的损耗

图 2.1 生产浪费的类型和它们在 IT 中的类比

在我看来，为便于实际应用，这个基本原则可以更精准地表述为"浪费是对于期望获得的成果非必需的且通过改变流程可以避免或最小化的动作。"

精益生产思想的实际应用，可以通过以下步骤顺序来描述。

1. 使用专门工具来识别浪费。
2. 应用其他的专门工具来消除或减少浪费。
3. 重复步骤 1。
4. ……

第 2 章 基础　　33

5. 利润！！！

精益生产使用了许多有趣的概念、实践和工具。DevOps 借用了其中很多东西，例如价值流和价值流映射、快速的问题移除（安灯，Andon）、稳定与均衡的流动、一个单元时间处理单一任务、识别与消除瓶颈和约束、持续改进、拉动系统、工作可视化及其他，其中很多内容会在第 3 章与第 4 章中讨论。

2.1.2 挑战

虽然精益生产的思想很有吸引力，但组织尝试在工作中应用这些原则时，还是遇到了一些困难。就算不考虑精益在信息技术领域的应用，把眼光转向范围更广的生产组织的经验，我们也能看到精益生产有时无法达到预期的效果。主要的原因是，组织需要进行相当大的重构：不只是并且主要不是来自于实践和工具视角，而是更多地来自于原则的视角。这些变革需要不一样的公司文化，新的文化有别于当前大多数组织所构建的。员工必须拥有共同的价值观，这些价值观有别于"传统"公司当前所持有的。我们来看一个例子，有个工人沿着工地行走，他发现在一台机器的边上，有些机器润滑油撒在地板上。在一个拥有精益生产精神的公司里，员工无法简单地就这样走过去，而是肯定会采取行动来消除这种无序，因为他/她们理解并共同认为这个油坑可能会导致（并且有很大概率会导致）生产出低品质的产品或拖慢生产速度。类似的情形如果出现在一个普通的公司中，员工可能就直接走了过去，因为他/她们确信这个工作不在其职责范围内，而且组织里应该有受过专门培训的人负责保持有序。我们可以看到，在所有员工中潜移默化地培养出一种不同的文化，是一件复杂、长期且费力的管理任务。很多资料显示，有些公司根本没有办法培育出这种文化。在很多案例里，这种文化的变革就算不用花好几十年的话，也得花好几年时间。①

那些只是为了精益而精益、而不是为了解决实际问题的人，估计会遇到类似

---

① 中文版编注：也许半年也可以，请参阅《敏捷文化》，扫码收听部分内容。

的困难。实践可以在很多地方找到,我们不会过多聚焦在这上面。我们想指出,如同其他的管理原则和工具,精益生产是一种达成目标的方式,目标需要提前定义,然后运用提供的手段来达成。

在信息技术领域中应用精益生产原则时,有一个挑战是,在常规的 IT 部门中找到某种类型的生产流水线并非易事。而精益中使用的实践,例如安灯(Andon)和准时制(Just-in-time),通常与流水线有关联。确实,如果我们视软件开发部门为一个分离的、独立的架构,那么我们可以识别出一个软件生命周期的流水线。但是,这个流水线并不结束于向最终消费者提供价值、因为它被限制为某个 IT 团队,因而是不完整的。在 IT 运维中,要找到一个流水线就更难了。也许这就是有些作者将 IT 服务交付以流水线的形式表述的原因,熟悉 ITSM 基础的人知道,流水线深层次的想法在运维的上下文中难以衡量。

通常来说,IT 部门的工作是无形的,它无法被触及,甚至无法被看见或者被评估。对 IT 的工作产出,也完全一样:提供的 IT 系统功能或 IT 服务,取决于各个的表述。IT 中库存、人工或产品的这种无形的特征,显著不同于制造工厂的产品。

> 有一个有趣并且被广为传颂的故事,讲的是在完全不同的环境下推广丰田实践的尝试,进行尝试的公司叫通用汽车。下面我们简要描述一下。
>
> 在通用汽车的所有汽车制造工厂中,有一个工厂位于加利弗里蒙特。不管从产品品质上还是从管理上来看,这家工厂都是最差劲的,甚至差劲到员工当值时公开酗酒和赌博,管理者对此无能为力。1982 年,这家工厂倒闭了。
>
> 差不多在同一时间,丰田尝试进入美国市场,它需要在当地进行生产。最好的解决方案看起来是在当地找一家汽车制造商作为合作伙伴,以便丰田可以快速打开当地市场,而合作伙伴也可以学到丰田的技术,包括管理方法。
>
> 1984 年,这家弗里蒙特装配厂重新开张,改名为新联合汽车制造公司

(New United Motor Manufacturing, Inc., NUMMI）。有些员工，包括之前工会的负责人，留了下来。他/她们去日本接受培训，工厂管理则由带来价值的海外人员来施行。在很短时间内，NUMMI 不管在产品品质还是生产文化上，都成为通用汽车下面最好的一家工厂。至少可以这么说，日本人创造了一个小小的奇迹。

理所当然的是，成功的故事应该被复制。通用汽车选择的下一个工厂是 Van Nuys，与在弗里蒙特那个工厂有着类似的问题，然而，所有试图改变或改进任何东西的尝试，在 Van Nuys 都彻底失败了，尽管也有来自已经取得成功的 NUMMI 工厂的有经验人士参与其中。

"你可以看到很多东西不一样。但有一样没有看到，那就是支持 NUMMI 工厂运行的底层系统，"通用汽车的管理者后来回忆道，"那个时候，我并不认为有谁真正理解这个系统的关键本质。通用汽车有点像那种'隔着墙扔东西'的组织。丰田则有一个围绕着它的哲学构建起来的包括组织文化、供应商关系、财务管理、HR 及治理等在内的生态系统，只有这样，方能成功……"

通用汽车花了接下来 15 年时间来分析这种状况，并决定基于商业案例改变其文化与生产系统，然后又花了 10 年时间尝试实施这些变革。2009 年，通用汽车走向破产，并被美国政府收购。2010 年，NUMMI 工厂关闭，但丰田在北美市场的汽车销量保持了 15%的市场份额。

我们以一个美好的比喻来结束对精益应用的复杂性的讨论，这个比喻是前面提到的 Mary & Tom Poppendieck（波朋迪克夫妇）提出的：如果拿一家餐馆来比喻，信息系统的创建更像是厨师设计的食谱，工厂里的生产比较接近于依据前面设计的食谱来烹饪菜肴。厨师的工作包括设想出一道最优雅、美味并满足需要的菜式，然后找到最优的方式来生产，对它们的测试通常会经过多轮的尝试和失败，并持续改进食谱。餐馆里的员工生产同样的菜式的过程，则接近于流水线，根据提供的食谱包括需要的食材列表及烹饪技术，来生产这个产品。

由此可见，直接应用精益生产的原则和想法，并不总是像我们预期的那么简单，尤其是当我们考虑到现代 IT 工作的特点时。

2.2 敏捷

2.2.1 关键事实

敏捷的起源、思想和原则，已经在 1.1.1 节中进行了总结。敏捷是 DevOps 的坚实基础、它的影响如此之大，以至于你甚至会时不时听到有些狂热人士提出一些武断的陈述，如 DevOps 没有任何敏捷没有的东西（可以回忆一下本章一开始提到的精益生产，也有类似声音）。如同精益，敏捷的故事也如出一辙，但这个陈述其实与事实相去甚远。

应该注意到，敏捷原先是一系列的原则和价值观。基于这些价值观，实际应用这些原则，并且由一些衍生物即不同的软件开发方法提供指引。目前至少有一打可用的相关方法，其中最有名的框架叫 Scrum。

这里，我们不打算深入不同来源的知识点的细节，也不打算调查它们的起源，我们只是提炼出 DevOps 最常提及的那些敏捷相关想法和实践。

- 组建小的独立且自给的团队（最多 10～12 人），最好在一个地点工作，聚焦于有限的范围。
- 通过基于冲刺（Sprint）的迭代过程，创建并测试程序代码，每个迭代交付出一个可行的产品。
- 维护一个功能与非功能需求的列表（backlog），作为下个迭代计划的输入。
- 把大的任务分解为小的部分（故事），以约定的工作负载单位进行评估并排序。
- 客户代表积极参与到过程中。
- 团队定期召开短时间的站立会议，讨论任务计划、进展与当前困难。
- 进行定期的回顾，以帮助团队自主学习及改善工作方式。

部分内容将在第 4 章中展开讨论。

2.2.2 挑战

尽管当下对敏捷的宣传铺天盖地，但在很多案例中，敏捷方法在软件开发上的应用也面临着诸多困难。

首先，正如 1.1.1 节所示，敏捷仅覆盖到价值链的一部分，这也导致了总体效果的差强人意。

其次，敏捷开发方法并未考虑到信息技术运维工作的特点与复杂性，对运维而言迭代的方法的可应用性有所下降，至少如果只是简单直接应用的话。

再次，根据 Scrum，假如团队每个迭代工作的最终产出仅仅是一些通过回归测试的新的代码，那么团队的工作就会被限定为固定重复的工作迭代，日复一日，周复一周，员工从工作中得到的精神满足感越来越少。确实，只有当开发的软件被遵循不同规则的另一个团队操作时，团队成员才能感受到被使用的程序算法的优雅。有些公司报告，员工在经过几十个迭代之后，感到精疲力竭。

注意，敏捷的历史还远远没有完结，这个领域还在持续发展中。值得留意的是，敏捷的关键人物已经意识到了当今的复杂性，在敏捷宣言发表十年之后，他们再次聚集在一起来讨论成就与问题。这个会议的产出之一是列出了这场运动的 20 个问题。不过，他们似乎并不真的打算公开讨论这些问题。[①]

下面列出其中一部分问题：

- 许多检视失败的发起人处在直接的商业利益当中；
- 假装敏捷不是一项业务；
- 掩盖困难与负面案例；
- 没有说清楚有些实践可行或不可行的上下文，不断回归教条化、偏执化，声称放之四海而皆准；

---

① https://www.infoq.com/articles/agile-teenage-crisis

- 价值主张模糊且未经证明；
- 想当然地进行规模化；
- 增加及累积技术债务。

所有这些都是应用实际知识与技能（practical know-how）的理由，并促进敏捷运动进一步演进到 DevOps。

> Philippe Kruchten（菲力浦·克鲁切顿）2011 年在敏捷十周年会议上总结了敏捷想法在最初那些年的表现："敏捷运动在有些方面有点像一个十几岁的青少年，比如有很强的自我意识，总爱照镜子观察自己的外表，不太愿意接受批评意见，只有兴趣和自己的玩伴在一起，拒绝过去的所有智慧只因为它们来自于过去，喜欢时髦并引入新的术语，有时候显得自大和傲慢。但我毫不怀疑，它会更加成熟，因为它对外部世界更加开放，有更多的反思，因而也更为有效。"

第 3 章 原则

将原则从实践中分离出来，这是一种很有用的做法。当然了，这两个词分别有着不同的含义，因而需要先对其定义达成一致。说到原则，我们是指 DevOps 所基于的关键思想，如果未被采纳或应用，DevOps 就没有多大的意义。说到实践，我们是指为了取得预期成果而实施的与原则相匹配的活动。原则对任何应用 DevOps 的组织来说都是不变的，而实践的采纳和调整很可能取决于具体的上下文。

> "对于方法，数量可能多达成千上万，但原则只有少数几条。把握原则的人，能够成功选择自己的方法。只尝试方法但忽略原则的人，肯定会碰到麻烦。[1]"
>
> ——哈灵顿·爱默生（Harrington Emerson）[2]，1911 年

本章将给出全球 DevOps 专家所描述的核心原则。在第 4 章中，我们将讨论实践部分。

3.1 价值流

DevOps 的关键概念之一是价值流，借自精益生产。这个概念本身已经使用了很长一段时间，但随着实际应用的扩展，出现许多新的出版物从实践角度充分探讨这个话题。[3]

---

[1] https://www.goodreads.com/quotes/346365-as-to-methods-there-may-be-a-million-and-then
[2] 美国工程与商业理论家和科学管理学科先驱者
[3] 我们建议阅读以下文献：Rother, M. and J. Shook, *Learning to See: Value-Stream Mapping to Create Value and Eliminate Muda*, Lean Enterprise Institute, 英文版于 2009 年发行，ISBN: 978-0966784305；Martin, K. and M. Osterling, *Value Stream Mapping: How to Visualize Work and Align Leadership for Organizational Transformation*, McGraw-Hill, 英文版于 2014 年发行，ISBN: 978-0071828918

我们可以从创造价值以响应客户请求的角度来考虑组织中的工作。完成请求所需要实施的相关行动，可以按顺序排列起来，这称为"价值流"。通常，组织处理着多样化的不同请求。同时，传统组织多半工作在多个产品或服务上。这样一来，公司中就存在很多个价值流。

价值流可视化的工作，称为"价值流映射"。它开始于对拟分析产品的选择：有时是有着最大优化机会的地方；有时是承诺作出最快速重大改变并为方法的研究提供资源的地方。价值流映射可以通过两个步骤来完成：首先创建当前（as-is）图景，然后创建未来（to-be）图景。研究未来图景之所以也很重要，有两个原因。第一，它有助于避免局部优化，我们稍晚一些会讨论这一点。第二，理解目标状态使得我们能够建立一个有清晰（越清晰越好）改进方向的现实改进机制。

实际上，价值流映射的活动很简单，需要识别处理请求的关键步骤，记录每个步骤中实施的工作，将这些步骤组织为一个创造预期结果的活动序列。困难之一是过度细化，这时最终的映射图在一页纸中容纳不下。有些作者建议，图中区块的数量限定在 15 个以下，使基于这个图的进一步工作更容易开展。第二个困难是对到底有哪些步骤、这些步骤是如何执行及由谁执行达成一致。有些组织对流程并没有共同的理解，这会导致长时间的争论。

一旦价值流图创建出来，就可以往里面填充进一步的重要细节。写上负责的角色或人员名字，比较有用。明确标出待处理队列出现堆积的步骤或者由于等待一个预先计划的事件而产生延迟的步骤（例如，月度 CAB 会议或者季度预算审批会），也是一个好主意。最终，最有价值的信息是流中每个步骤的 3 个度量数据，即前置时间（Lead Time，LT）、处理时间（Process Time，PT）及完整度与准确度百分比（the Percent Complete and Accurate，%C/A）。实践中，计算这些度量的数值，对于没有部署相关的工具与实践的组织来说，是一个很大的挑战。进行价值流映射的人，易于低估 LT 和 PT 指标的值；有时则相反，人们诉诸极端的案例，如被处理过长时间的请求，这样会过高估计前置时间（Lead Time）的值。对于%C/A 情况就更糟，因为每个步骤的这个值人们是经常不知道的，因而只能靠猜测。重要的是记住一点，为了绘制当前价值流图，需要研究真实的实践，而不要指望不同指南中记录的文档信息，这些信息也许只存在于管理者的幻想中，或者仅仅用于极少数特殊的案例。

图 3.1 是一个价值流图的例子。

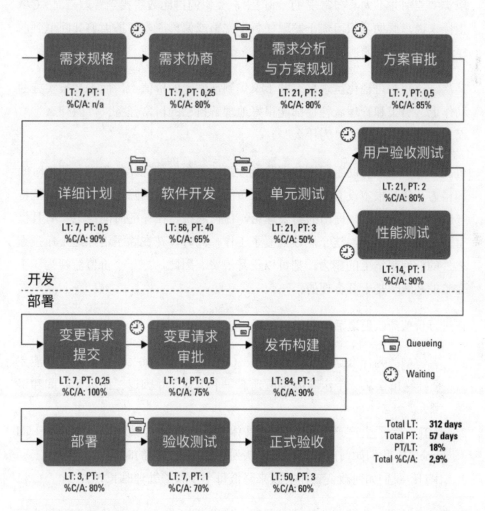

图 3.1 价值流图的例子

我们为什么需要价值流映射？为什么流的概念对 DevOps 如此重要？首先，这个活动创建了一个映射，可以帮助了解关键度量指标的当前（as-is）的数值，这使得流程的参与者对此可以有清醒的认知。通常，许多人知道当前的实践在某些地方比较低效，但没有人知道问题的实际影响程度，尤其是无法通过量化的数字来体现。在前面的例子中，花在创造预期成果（价值创造）上的工作时间比例，仅占总开销时间的 18%。这个例子中给出的价值分析与现实中差别并不大，在常规 IT 部门中，类似的占比数字相当普遍。对%C/A 指标来说，假如组织习惯于发现任务不完整或偏离原本任务而将其回退到前序步骤中，指标的情况甚至会更糟。

其次，过程的可视化呈现，有助于聚焦到被创造的价值上，而不是被实施的动作上。员工和管理者往往都能很好地理解自己的日常任务（"做什么"）而忽视预期的成果（"为什么"）。

再次，价值流图有助于识别和消除瓶颈，并避免局部优化的陷阱：即把时间和精力花费在根本没有效果甚至带来负面效果的约束消除上。基于高德拉特（Eliyahu Goldratt）提出的约束理论，任何系统，在任何时间点上，有且仅有一个真正的瓶颈，这个瓶颈拖慢了工作，同时，花在除了消除这个瓶颈点之外的任何事情上的精力，都可以说是浪费。因此，把一个价值流视为一个完整的系统，是十分合理的。

在进行价值流映射之后，通常可以提出以下几个问题。

1. [%C/A]：为什么这些工作步骤的%C/A 值低于 100%？我们如何才能完全杜绝错误从一个步骤被传递到下一个步骤（并因返工而浪费时间和资源）？
2. [LT]：除了生产产品的时间，具体有什么因素导致了前置时间（lead time）？我们如何能够大幅降低队列和等待所损耗的时间？
3. [PT]：我们如何改变工作实践来降低每个步骤的处理时长？

值得注意的是，优化工作不应该只限制在分析当前（as-is）价值流图以尝试改进指标。相反，有必要绘制未来（to-be）价值流图，这也许会显然不同于当前工作的实践。这正是 DevOps 工具和实践能够发挥作用帮助改变 IT 工作方式的地方。

最后，对价值流的了解，有助于实现 DevOps 的关键思想：构建一个顺畅、一致流经各个步骤的价值流，使得我们能够持续地、有节奏地、没有非必要的延迟并以最优的资源使用方式来交付成果。

3.2 部署流水线

理解价值流是通往 DevOps 的路上必经且重要的一步，但是在"纸上"与价值流一起工作，是不足够的。1.1 节中描述的因素可以帮助我们采取接下来的重要步骤：构建部署流水线。构建类似于流水线的需要，可以用下面的例子来清晰阐释：尝试关注应用中一行新代码在生产环境中生效所需的时间。如果这个结果是用天、周或者月来度量，就说明价值流的确需要进行一些优化。部署流水线用以帮助实施这个优化，这意味着，变更尽可能自动化传递流经价值流上的所有步骤，起始于"开发完成"这个结点，然后一直到"完成部署进入运维"。

部署流水线的操作可以通过图 3.2 来阐释。

开发人员在版本控制系统中放入新的代码之后，流水线就自动开始运行；同时，变更的信息被记录下来：谁进行变更？什么时候变更？变更什么内容？基于这条新的变更记录，一套所需的临时测试环境就被自动化创建出来，然后预先开发好的测试有序地启动运行。排列测试顺序的逻辑很简单：能侦测到大部分错误的测试，放在流水线的起端；所有需要手工进行（如果有）的测试，放到流水线的末端。未能通过的任何测试，会造成这个变更的流水线中断，并提供反馈给开发人员。要想重启流水线，开发人员必须修复程序代码。除了测试环境外，也可以自动创建流水线所需的其他环境。这些环境占用的资源，在使用完毕后自动释放掉。当然了，如果测试逻辑允许且没有流水线的前序步骤本可拦截的变更（而导致后续测试资源无效使用），几个测试并行执行也是可能的。

因此，流水线有助于处理几个重要的 DevOps 任务。第一，它节约资源，在前序步骤没有完成之前不会启动后续步骤。第二，流水线确保产品的质量，未按要求实施的变更不会抵达生产环境，系统总是处在可工作的状态中（这一点后面再谈）。这里的质量意味着与功能、性能、可用性、安全等相关的所有方面。第三，流水线通过最大化各个步骤的自动化程度，加速变更向生产环境的交付。第四，流水线时常留下审计日志记录，这使得所有进行的变更都能够受监控，并且能够准确地度量流水线中的所有步骤，这提供了可用于优化的非常有价值的数据。

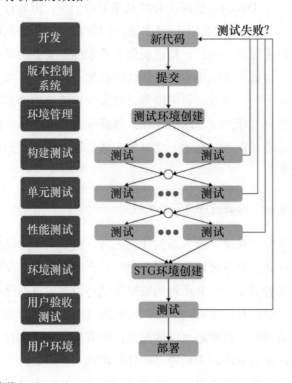

图 3.2　部署流水线

实施部署流水线带来了以下挑战。

1. 忽视理念（流程、人与文化）对自动化的过度热情，导致创建出数量可观的自动化流水线，但是没有人用它们。解决方案显而易见：DevOps 不只是自动化，每一个团队成员都应当理解这一点。
2. 在一开始，没有足够的已开发的测试来确保流水线的稳定运行。解决这个问题，除了增加测试的代码覆盖率，也许也没有更好的办法，累积的技术债务迟早都要偿还。

3. 在实施后期，有非常多测试在运行，以至于一个变更流经流水线要花过长的时间，并消耗庞大的计算资源，尤其当有大量的微小变更时。经历过这类问题的公司，一般都主动使用被称为"测试影响分析"的方法。在这个略显不准确但已被使用的名称之下，是一些这样的实践：测试系统使用专门的标记或人工智能工具，从大量测试中选出那些与本次发起变更相关的测试，而无需执行余下的测试。

还有三个与部署流水线有关的对 DevOps 很重要的概念：持续集成、持续交付和持续部署。它们的含义各不相同，下面的描述来自提出这些概念的专家的观点。

> 很多人认为，"流水线（pipeline）"这个名称是类比自生产线，例如来自汽车制造工厂的装配线。还有些人认为"流水线"这个词引用自流经水管的液体或其他物质，而部署流水线应该是参照了这些类比。这两种观点都不太准确。
>
> 作为这个术语的作者，Jez Humble（韩捷）和 David Farley（大卫·法利）[1] 曾解释，这个想法源自于现代处理器的传输管道，在这里性能改进无法通过单纯的增加时钟频率来做到。被应用的架构解决方案是并行执行原本串行到达的指令。为了做到这一点，处理器必须"猜测"并行流中的处理结果，"假定"它们会在当前的流中按照预期来执行计算。否则，计算的结果会被丢弃。虽然"运气不佳的猜测"会导致时间损失，但由于那些"猜测"正确而获得加速的好处，会获得比损失更多的补偿。
>
> 因而，一个被正确实施的部署流水线，允许开发和测试在时间上彼此独立，这假定测试能够成功，并进入下一个批次的处理中。同样的逻辑也被应用到并行测试上。

---

[1] Humble, J. and D. Farley, *Continuous Delivery: Reliable Software Releases through Build, Test and Deployment Automation*, 英文版发行于 2010 年，ISBN: 978-0321601919

持续集成通常理解为持续地集成程序代码的过程；持续意味着每当开发人员把变更的内容放到版本控制系统之后，就会触发集成动作。软件开发实践一般涉及许多独立的代码分支，不同的程序员和团队都要工作很长时间（几日、几周或几月）才能创建新的功能。在每一部分开发完成时，甚至在等待工作在同一个产品上的所有团队完成各自的开发后，把所有变更集成到一个构建中的痛苦过程，就开始了。因为有很多程序员，他/她们大体上异步地工作，每个人都长时间工作在一个很大的变更上，集成的过程本身变成一个很消耗时间的任务，也许需要花几个星期。确实，要全盘考虑所有的变更，将它们与其他变更做比对，更新测试以覆盖变更及对比，重写部分或全部早前开发的功能，然后重复以上所有工作，直到新代码被流转进入运维状态。集成是软件开发中的重要环节，并且集成事实上就是最初的测试。进一步的工作，严重依赖于集成是否成功。

持续集成最初的描述，出现在 1999 年 Ken Beck（肯特·贝克）的书《极限编程解析》中。他提出简化集成，并将其变成例行的工作。期望程序员工作在最小数目的分支，理想情况下使用一个共用的统一代码库。这也假设开发人员可以做出最小的改变，将工作分解成小片，每个小片带一点风险，但可以立即启动集成过程；同时，每个程序员至少每日一次将其代码放到版本控制系统中，每次集成自动执行，并允许立即识别与更正错误，这意味着系统总能保持可工作状态。

持续交付，由作者在同名书中进行了详细描述，它扩展了持续集成的想法：每次变更的代码在版本控制系统中的保存动作，将触发集成过程以及整个部署流水线。因此，所有尚未被完整及成功测试的变更，不会被验收通过，并需要立即进行修正。所有没有差错的变更，进入对生产环境部署完全就绪的状态。

持续部署意味着从"当所有变更就绪时，系统随时可以部署"的状态，转化到"任何变更都被立即部署到生产环境"的状态。这个转化需要重新定义"发布"（release）这个术语：它不再是 IT 的事情，而是一个关于某个特定的新功能何时可用的业务决定。技术上，在部署与测试完成之后，功能已经在生产环境中，但当业务例如市场部门需要时，可以通过额外的程序设置来激活它。这个实践称为"影子发布"（shadow release）或"暗发布"（dark launch）。

在任何一个案例中，所有这些实践都基于上述同样的部署流水线原则。

3.3 一切都应存储在版本控制系统中

现代软件开发人员已经习惯于使用图 3.3 所示的版本控制系统。最初这种类型的工具出现在 20 世纪 70 年代，称为"源码存储系统"。如今，已经很难找到一个不熟悉 Git，Subversion 或 Mercurial 的程序员。而且不光只是程序员，有很多的网站不光使用这些系统来存储源代码，也存储生产环境的拷贝，比如解析后的互联网系统或网站。

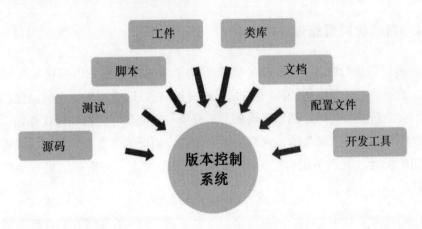

图 3.3　版本控制系统

DevOps 扩展了这些系统的使用，如同它扩展很多其他领域一般。存储的不光是源代码，还有与 IT 系统有关联的几乎所有一切：测试、创建及修改数据库的脚本、构建脚本、环境创建脚本（包括开发环境）、部署脚本、工件、类库、文档、配置文件、甚至开发工具如编译器与 IDE 等。在前面列出的所有元素前面加上"所有"两个字，也是合适的：所有测试、所有脚本，等等。唯一的例外是编译后的二进制代码，因为它通常会占用很大的空间（尤其是在每次变更之后重新创建），而且如果其他一切都在存储系统中，就可以重新生成。

这个原则实现了对运行中的系统各组成部分的空前级别的控制,这些组成部分不可以通过其他工具来获取。当然了,这个原则的应用,需要改变如何与信息及配置一起工作的文化。

应用这个原则的一个结果,是有能力确定变更了什么内容、何时变更以及谁做的变更。另外一个重要的特征是有能力将系统重置到过去任何一个时间点,包括以最小的代价回滚出错的系统到一个有保证的工作状态。还有一个涌现出来的不是特别重要的特征,是允许团队的任何成员自由删除不再需要的文件和文档,而无需承担意外损失重要信息或产品的风险。我们都知道,随着产品的不断开发,引入的变更越来越多,伴随的文件数量也不断增长,清理这些碎片的风险很大,除非有能够持续创建的受控的拷贝。

3.4 自动化配置管理

对上述原则进行拓展,DevOps 完全重构了对生产环境(以及任何其他环境)的管理。许多组织的传统实践是这样的:通过一个预先定义的镜像,创建出一个新的服务器,然后管理员手工设置、安装及配置附加的软件包,这些软件包既有系统层面的,也有应用层面的。如果需要变更这些软件包或者它们的配置,管理员用自己的账号连接到服务器上,然后手工进行必要的设置。

这样的实践,在 DevOps 的世界里完全不可能,因为任何环境的任何变更都只能通过存储在版本控制系统里的脚本来实施。例如,如果需要明天在测试环境增加一个新的类库,管理员应该更新创建测试环境的脚本,测试并放到版本控制系统中。当部署流水线运行时,环境的创建就自动完成了。

前面提到的 DevOps 与日常实践之间的很多差别主要影响到开发和测试,偶尔才会引发运维的兴趣。这个原则需要完全重构 IT 支持和运维的工作。确实,这个时候管理员再也没有权限用其以往的方式挪动生产环境中的任何东西。

> 有一个常见的误解是，当开发人员得到生产环境的管理员权限时，DevOps 就彻底实现了，这混淆了职责，也削弱了系统的可靠性。
>
> 实际上可以认为，就算是管理员，现在也被剥夺了生产环境中的权限，因为从现在开始不再允许他/她们改变任何东西，除非通过完全受控的脚本。

DevOps 配置管理提供的收益如同从全面版本控制中获得的收益，只不过主要的受益者运维人员。现在，所有的变更都是受控的，系统可以被快速重置到稳定状态。如果关键成员离开，知识也不会遗失。

有些 DevOps 信徒狂热地捍卫这个实践，他/她们建议使用全面 IT 基础设施审计系统来检测在任何地方发生的任何非授权变更，然后立即解雇试图手工配置服务器或网络的员工。假如有几千台服务器和几百个工程师，为了确保可持续性、质量和速度，除了这样做，可能也没有其他更好的选择。

有些团队走得更远，不同环境的管理员密码会定期自动重置，并且不会把新的密码告诉 IT 员工。这防止了对生产环境的未授权变更，这个实践也应用到所有环境中，包括开发环境、测试环境以及其他环境。

3.5 完成的定义

普通员工对工作的日常态度，可以大致定义为下面两个阶段：我在工作和我完成工作了。的确，员工由于他/她们所完成的工作而获得报酬。分析师定义功能需求就算是工作完成了。开发人员写出程序代码就算是实现了整个业务中其所负责的部分。测试人员进行了测试也完成了其所负责的部分，以此类推。然而，在 DevOps 中，这一切截然不同。

有一个关键原则，不是说当有人干完了他/她们那个部分的工作，就可以算是"完成"，而是要等到客户接收到或者开始接收其所预期的价值。如图 3.4 所示，这意味着整个价值流已经被完整地流经，一直到生产环境；只有这时，工作才会被标记为"完成"。

图 3.4 完成的定义

虽然这个原则看起来显而易见，但对原则的遵循并不会自然发生，而需要一些管理上的努力。这些努力可以获得如下的收益。

1. 团队不是聚焦于完成的工作上（我们做什么），而是聚焦在结果即客户价值上（为什么我们要做）。
2. 消除掉对具体领域工作的有限的责任（"没有人抱怨这个钮扣？"），取而代之的是对团队整体结果的共有责任（"这套衣服必须合身"）。

有些想法激进的 DevOps 信徒，坚持一个更加严格的完成定义（Definition of Done）。他/她们建议，只有当应用运行在生产环境上并且所有的集成、测试和部署活动都自动化完成时，新功能的创建才可以被视为"完成"。

3.6 小结

总结这一章，我们先回顾一下本章开始时给出的对原则的定义。我们说过，原则是指 DevOps 所基于的关键思想，如果未被采纳或应用，DevOps 就没有多大的意义。

的确，如果不理解、接受及应用价值流、部署流水线、全面版本控制系统、自动化配置管理以及完成的定义这些重要原则，我们也许仍然可以玩各种 DevOps 实践，想玩多久就玩多久，但永远无法取得显著的成效。

第 4 章　关键实践

4.1　和传统实践的关键区别

在前面的章节里，我们讨论了 DevOps 的背景和起源、它的基础、它与敏捷开发和精益生产的关系以及让 DevOps 成为可能的重要原则。此时此刻，一个有心的自我角色定位清晰（例如编码、分析、架构）的读者，应该已经理解了 DevOps 是什么、为什么需要 DevOps、谁需要 DevOps 以及 DevOps 包含什么。不幸的是，作为 IT 管理的公开出版物，例如 ITIL、COBIT 或 DevOps，只讲这些内容还不够。读者很可能了解所有的这些高级话题，但他们真正想要得到的是搞清楚具体的问题：DevOps 实际上到底是什么？具体应该做什么？怎么做？

幸运的是有一种绝佳的方式，通过与常见的"传统的"实践进行比较，可以清晰列出表象之下隐藏的本质：突出显示差异将有助于抓住要点。我在 Cleverics 交付的 DevOps 培训课程、工作坊以及业务的演练中，都运用了这种方法。这一实践帮助我尽可能简洁地进行比对、去除不必要的细节并选取出最生动的范例。

4.1.1　发布是日常活动

对 IT 部门而言，日常工作中每一次发布都是一个巨大的挑战。按照惯例，一次发布包含针对多个客户发起的多个变更请求；此外，IT 部门发起的变更，通常也被包含在发布中，比如用来保持系统运行正常的或提升性能的的变更，以便系统更稳定、更安全、更快速或诸如此类的，同时也包含用来测试和验证这样大的发布的相关活动。这些都需要大量的关注以及时间，并且占用了大量的资源。所有人都知道，对于任意的一个发布，无可避免会出现某些错误，也正因为如此，IT 专家才会采取以下行动。

- 文档化一切变更（事实上，并非所有的变更都需要文档化）。

- 确保做备份（对于大型系统而言，需要大量的空间和时间，在系统以及网络上产生额外的负载；尽管如此，依然有人忘记备份一些重要的文件）。
- 计划专门的措施以及开发按步骤操作指南以便恢复系统，如果有可能，出错时能够恢复到原始状态（当发布的部分已安装而部分未安装时，会特别麻烦）。
- 根据确认过的变更时间排期来进行发布计划；如果一切正常，在事先达成一致的发布窗口停止系统；或出问题时，在突发状况下停止系统。发布窗口通常会落在周五到周一之间的漫漫长夜中。
- 最后，通过相当大量的手工运维操作进行部署和发布，并且不会记录中间结果。

根据前述列表中每项工作被执行的彻底程度，整个部署的时间往往从数天到数周不等。管理员和开发人员不眠之夜的数量，则取决于发布的大小、IT 系统的状态以及准备和分发版本的工作量。

在 DevOps 中，发布是日常活动，发布会每周甚至每天进行。当然，需要显著减少所引入的变更数量；不仅如此，还需要从根本上优化版本发布的准备与分发相关的实践……让我们回想一下持续集成和持续交付流水线的实践：在版本控制系统中记录所有变更，通过自动化工具执行绝大部分的运维操作，部署后立刻建立起针对新引入的或发生变更的组件进行监控。一旦部署中发生任何问题，流水线都将自动停止部署，回滚已经发生的变更，同时通知团队采取措施。

在过去至少四年的时间中，Puppet 公司与其他一些组织，一直在发布年度 DevOps 状态报告。2017 年的报告基于约 3000 份来自不同经济体不同公司的调查对象，历年来总共超过 27 000 位调研对象。报告的作者将所有被调查象分成三组：高生产力、中生产力和低生产力的 IT 团队。"发布是日常行为" 这一最佳实践可以从部署频率的差距来体现：对于低生产力的 IT 团队，发布频率的中位数在每周到每月之间，而高效能团队则每天部署数次。

4.1.2 发布是业务决定

严格讲，前面章节中并没有完全正确地使用"发布"这一术语。原因是 ITSM 中的"发布"与 DevOps 中的"发布"有着不同的定义。对于经典的 IT 管理（把 ITSM 称为经典的 IT 管理是否合适？），一次发布是将一组整合后的变更部署到生产环境中。DevOps 中的发布意味着让一个新的功能完整或部分地开放给用户用。准确讲，我们应该在第 3 章中用"部署"一词来替代"发布"。

在日常实践中，一次发布是一个 IT 决策。有一个发布策略和一个发布日程表，用来对发布的频度和规模进行定义，甚至版本的命名以及编号的规则。需要新功能的业务单元排队等待发布：如果足够幸运的话，可能会包含在下一个发布中，但往往是在一个或两个季度之后。

当采用 DevOps 的持续部署时，新功能一旦开发并测试完成，就被部署到生产环境。直到功能被激活之前，用户都不会感知到新功能。业务部门基于市场、营销或其他计划和考虑来执行激活动作。这一实践在前面也提到了，这不仅允许将版本交付到客户手中，还能获得下述额外的一些收益。

首先，发布时的宕机时间急剧下降，甚至为零（即零宕机发布）。其次，这让蓝绿部署成为可能，即在生产环境中有两套拷贝："绿"和"蓝"。不到一秒钟，就可以将客户从一个正在与前一版本交互的环境，切换到另一个新版本已经运行的环境。再次，拥有大量用户的公司可以采用金丝雀[1]发布技术，即新功能首先针对一小部分用户可用，当从技术和市场的角度都确定一切正常后，再将所有其他用户都切换到新版本上。业务部门对金丝雀发布范围的划分决策，会基于对他们重要又熟悉的方式：基于位置、收费计划、客户忠诚度以及其他的信息。最后，许多公司开始主动采用 A/B 测试来验证业务假设，即一部分用户（参考组）使用老的版本，另一部分（试验组）采用

---

[1] 许多世纪前，矿工携带一个装有金丝雀的笼子下矿井。这种鸟对甲烷和一氧化碳非常敏感，即使浓度不高，它们也会死，这对矿工而言是个信号，需要立刻离开矿井并返回地面

新的版本。通过对比关键的指标组，可以测试并验证业务想法并在系统后续的开发中进行调整。

以上所有这些只有在改变发布的定义并且将决策权移交给业务时，才有可能发生。

> Facebook 的一个工程师曾经被问到一个具体用户参与 Facebook 的某些实验中并且毫无感知的可能性有多大？这个工程师如此回答："100% 肯定，我们会持续并同时采用超过 20 种实验。"

4.1.3 一切都是自动化的

对于 IT，可以把一句著名的俄罗斯谚语"懒惰是发明之母"改写为"一个懒惰的管理员会写脚本来减少工作量。"在传统的 IT 部门，写完一个脚本需要很长时间，而且没有统一的存储库，性能也会成问题，所以大部分的运维都是手工执行的，经常重复的操作也不例外。

- 创建环境（测试环境、中间环境等）。
- 配置基础设施组件。
- 执行测试。
- 部署和分发，包括监控工具的配置。

对 DevOps 而言，提升管控级别至关重要，正如 3.3 节中所描述的："一切都应该存储在版本控制系统中。"应该自动化一切手工操作，尤其是前面列举的。

部署流水线所需要的环境应该自动由脚本创建，并且在流水线控制系统的管控之下。同时，在用完之后，这些环境会自动退役，并释放资源。IT 基础设施元素的配置在 3.4 节中详细讨论过。快速的流水线操作要求最大化测试自动化的程度，手工测试应该始终是最后采取的手段。如今，不仅可以针对组件、集成、回归、功能和性能进行自动化测试，同样也能针对用户界面、可用性以及验收等做自动化测试。借助于对系统和应用监控进行必要的调整，部署和分发作为流水线的最后一步，也是自动化的。不能低估监控的作用，这一环节对新发布提供了快速的反馈。无论怎么让测试环境尽可能地与生产环境相似，部署以后两个环境依然会有差异。在这种情况下，监控系统的事件记录可以触发已部署变更的自动回滚，以保障环境和应用的稳定性。

此外，从传统单体应用迁移到微服务时，迫切需要对组件进行完整的监控，这是唯一可以用来追踪可用性的方法，同时也用以追踪具体的服务或服务版本被其他服务实际调用的情况。没有这样的控制，就无法实现演进式架构，那些已经消亡但依然相互连接的服务，将被永久堆积起来，5.3 节将讨更多细节）。

4.1.4　事件要立即解决

当用户报告故障时，一个典型的服务事故管理流程是下面这样的。

- 用户通过电话、电子邮件、门户网站、在线聊天或移动应用，联系到一线支持。
- 一线借助于用户、自动化系统或人工智能的帮助进行支持，记录并核实工单，通常也包括设置优先级来决定后续处理的速度。
- 工单进入队列，等待处理，可能会很快，但有些时候也可能很慢。

当 IT 专员或监控系统汇报系统故障时，对基础设施的故障处理，大致也是同样的结果，最终止于处理队列。队列是一种重要的控制机制，它有助于让所支持的任务有序，同时也可以均衡承载资源。队列也非常有必要，因为事故的处理通常需要大量时间。每一个事故都需要调研、诊断、鉴别以及进行变通方案的实施，并且在大多数案例中，所有这些都是手工完成的。

在 DevOps 中不是这样。事故将被回溯到最近的一次部署，流水线控制系统将自动回滚到已知的最近一个稳定状态。此时依然需要人工介入进行变更分析并纠正，但会更快，也更容易，因为变更是最近刚发生的，而不是几个月或几年以前发生的。所有关联的信息都是已知的：需要解决的问题、用户、开发人员和测试人员。

通常，当某些事情"破坏"基础设施时，此时的决策是断开失败的组件（例如，应用服务器），而无需做过多调研。与此同时，使用此前创建这一组件的现成脚本来重建这部分基础设施。相比传统的流程，这样的操作节约了大量时间。但事实上，如果 IT 部门只需要控制几十台服务器，还可以手工进行配置，逐一起一个独特并且优美的名字，照顾并呵护这些服务器。但如果 IT 部门需要管理成百上千个服务器，这种方式有太多的限制，不再有效。相较而言，DevOps 的选择方式经常被称为"牲畜与宠物的对比"。回忆一下 1.1.2 节所述，DevOps 意味着最大化物理硬件虚拟化。

4.1.5 缺陷是立即被修复的

在传统 IT 部门的工作过程中，测试环节所遗漏的缺陷，最终会在运维环节中被识别出来，然后被评估、排优先级并最终进入队列。这种方式看起来没有什么问题，但事实上大多数错误会永远停留在这个队列里而造成技术债务的累积。当一个缺陷被分配较低优先级时，团队会推迟很久才进行修复。到那时，所有人都早就忘记了是什么缺陷、为什么产生以及该如何修复，同时，更多的重要并且紧急的工作又进来了。此时，团队修复缺陷需要额外的资源来恢复上下文，同时还要持续支持更重要的事务，这让消除非高优先级缺陷的可能性降为零。

另一个现实挑战是如何减少持续增长的缺陷列表。10 个缺陷是否可以忍受？那么 50 个呢？如果是 500 个？怎么对这么多缺陷一一设置不同的优先级、重要性以及影响程度？已经在队列中等了一周的缺陷，是不是能稍微再等一下呢？如果是一个月了呢？一年的又如何？再考虑到缺陷列表可能深深隐藏在 ITSM 工具的某个角落，当意识到它的存在时，已经造成严重的问题。如果考虑到，诸如"我们没必要修复这一问题，反正无论如何也计划会在六个月之内替换掉这一组件"时，问题会变得更有意思。为了让这一场景变得更加真实，我们必须补充说明，这个缺陷很有可能已经在队列中停留了一年以上，并且"我们计划替换"并不意味着"我们要替换"，通常更不会是在六个月之内。

在 DevOps 中，会以另一种方式进行缺陷修复。基于"系统必须总是可工作状态"这一原则，同时为了控制技术债务，绝大多数缺陷将被设置优先级以便尽快修复，如果团队采用的是 Scrum，会在当前冲刺或下一个冲刺中修复。如果是次要的缺陷，可能会推迟一段时间，但不能太长并且必须重视。

如同其他 DevOps 实践，立即修复缺陷需要对计划、排序以及运维进行大规模的优化调整，同时需要谨慎修改核心工作原则。很多管理者并不认同立即修复缺陷的想法，同样，他们此前也不同意 ITSM 有关"所有接收到的报障都应该记录下来"的原则。在这种情况下，一种方法是以对待新功能同样的方式来对待缺陷。缺陷与用户故事进入到同一个队列并且被平等对待。选择实现一个用户故事还是选择修复一个缺陷，是基于统一的原则。给一个新功能的优先级高于一个缺陷修复的优先级，是基于同样的 IT 系统、同样的资源、同样的用户前提下做出的决策。这样，用户就逐渐参与技术债务的管理中，这会极大地改变对这一工作的重视程度以及对结果的负责程度。

4.1.6 流程是持续更新的

传统 IT 部门修改工作流程的方式更加糟糕，通常由外部咨询顾问或一个由员工组成的工作小组甚至一个特定的部门来开发新的指南。通常，他们会描述一个模型来体现预期操作方式。像所有的模型一样，真正需要的实践与指南的描述之间总会存在差距。例如，很难预先设想到所有的情况以及存在的偏差，也很难描述激发团队动机的部分，并且很难在保证足够细节不至于让人困惑的同时不将员工变成机器人。在现实与文档化指南之间的第二个差距发生在实际表现和预期不匹配时。在某些情况下，员工会抄近道，在另一些情况下，他们的表现又比指南所描述的更好。第三个差距来自于流程自动化，此时高度依赖于流程。在很多时候，流程自动化工具的配置远远落后于新流程的引入。工作早已按新的方式进行，而自动化系统却还未变更。或者更糟的情况是工作并没有按正确的方式进行，因为无法修改自动化工具。我知道有一家公司，ITSM 系统修改的平均间隔是两年，导致流程优化严重滞后。

所有这些差距会对工作实践产生极端负面的影响。因此，DevOps 采用不同的方式，所有识别出来的流程短板都应该立刻消除。例如，如果一个部署流水线脚本无法正确工作，应该立即修复。此外，与传统实践推迟问题不同，DevOps 建议尽可能重复执行可能有问题的步骤，这有助于更好地理解应该如何改进并且对工作进行调整。

4.1.7 像初创公司一样行动

有些 DevOps 团队出现在创业公司，他们拥有独特的文化，与传统企业的员工相比迥然不同。尝试实施 DevOps 的企业，试图采纳企业家精神和创新精神。但这到底意味着什么呢？两者到底有什么差别？关键的差异如图 4.1 所示。

特性	传统企业文化	初创公司文化
管理风格	命令，授权	自治
对变化的态度	保守	实验
组织结构	功能层级	网络
关注输出	项目导向	产品导向
变更模式	瀑布	敏捷，迭代
系统架构	单体，仔细设计	松耦合，微服务
技术倾向	专利技术，专有技术	开源

图 4.1 传统企业与初创公司的文化差异

对于这些特性，DevOps 的文化与传统文化表现截然不同，这当然是沿袭传统工作风格的组织中产生直接和快速变化的阻碍。图 4.1 总结的主要差异，也让我们继续针对每一个 DevOps 实践进行细节分析。记住，这些实践中的大多数是从其他来源借鉴而来，但不会降低这些来源的重要性，也不会降低 DevOps 的重要性。

4.2 非同寻常的团队

在图 4.1 中,"初创公司文化"一列展示的差异,让采用传统职能型管理方式的公司的变革不可能或异常困难。尤其是,自治、产品导向以及网络式的组织结构促使改进专业人员的组织方式,以便达成最优效率。团队,而不是结构化的部门,成为工作的中心。

DevOps 团队是一个令人吃惊的作战单元。它负责一个小而定义清晰的 IT 系统或 IT 基础设施。有了这样的聚焦,团队成员不可避免最终成为领域专家,并且保持对系统全权负责。

DevOps 团队不是临时的项目团队。与此相反,它是为长期存在而组建的。与此同时,通常团队的存续周期不是预先设定,也不是固定的。只要与团队所工作的领域相关,团队会始终负责。如果领域方向发生变化,团队随着所负责的领域一起"转向";而如果这个领域被放弃,团队则切换到另一个领域。关于是否有必要时不时地拆分团队,还没有在实践中达成共识。一方面,将一个成功团队的成员分布到其他团队里,可以让能力和经验得到快速传播。然而,许多专家提出,建立一个卓有成效的团队花了大量的时间和资源,应该在保留团队的同时再次投到其他的任务上;他们建议,知识分享可以并且也应该与团队的构造无关,知识分享应该通过其他方式进行。

团队成员将 100%的时间放在团队中工作:共享的资源、四处绑定的责任、替代另一个部门生病的同事或类似的事情不复存在。每一个成员全情投入简化了协作,移除了对外部因素的依赖,排除了出现额外工作负载的可能。另一方面,这种方式增加了人力资源的成本了参见 1.3.1 节。

DevOps 团队是跨职能的,这意味着团队应该也有能力完成负责的领域价值流上的所有工作。这是对完成的定义(Definition of Done)建立共同且准确理解的唯一方式,只有这种方式能够保证所有的任务都完成,并且彻底消除未完成的工作。

团队的大小非常重要。一方面,团队不能太小,太小的团队无法做到跨职能，如前面所述。另一方面，超过二十人的团队很难协调，或需要管理层级，或逐渐拆分成更小的团队。此外，大型团队要承受额外的沟通成本以及团队成员之间不可避免的信息丢失。所有这些都影响了工作速度。

小的规模以及跨功能的需要，对 DevOps 团队提出了额外的诉求：团队成员应该尽可能具备多种技能。我们很熟悉清晰的专业划分：这个是程序员，那个是测试人员，而那个是信息安全专员。但 DevOps 团队要求打破这些边界。理想的情况是，每个人都能够做所有的工作。这并不意味这每个人都将成为能力平平的程序员或数据库管理员。显然，员工在一定领域有专长并且也应该很深厚。然而，多面性让团队成员可以相互帮助，交换能力，同时从专家的层面来理解工作是如何开展的。所有这些平衡了负荷，并创建了一个作为整体单元共担责任的团队，而不是单个的大师和英雄。

在小型 DevOps 团队的成员中，没有正式的领导，没有协调人或上司。团队应该有能力独立地解决浮现出来的所有管理问题，并且在遇到困难时寻求专家或导师的支持。类比 Scrum，产品负责人（PO）并没有比任何一个团队成员具有更高的话语权，Scrum Master 也不是一个特定的人员，而是一个角色，时不时地从一个团队成员换到另一个。换言之，这应该是一个自组织的团队，这对小团队来说更容易达成。

所有团队成员都在同一物理位置非常重要。经常面对面的接触是必要的，远程的电子化沟通并不足够。这一诉求基于如下原因。首先，无论是采用何种媒介（电子邮件，即时通信，正式文档），"写-读"式的沟通隐藏了情感部分，例如用词的准确性和情绪的表达。在很多明显的情况下，接收者可以很清楚他们到底是被夸奖还是被批评，但在其他情况下，发送者传递的主要情感信息存在于场景中。有时看起来无辜的评语会导致滔天的愤怒，与一些名人进行比较被认为是公开的羞辱。这些反应如果能够被及时发现还好.然而，更糟糕的是很多 IT 专业人士偏内向，倾向于控制怨恨。如果带着负面情绪，加以几乎无限的技术能力，与访问源代码以及生产环境相结合，结果将会是爆炸性的。

其次，整个团队坐在同一个房间，让每天每个人之间的接触无可避免。一封电子邮件可以在邮箱里被忽略几周。在高工作负荷、会议以及类似情况下，电话呼叫很可能都无法被接听。而一个同事站在那里提出的问题会被立即回答：编程人员现在无法躲避测试人员，测试人员也同样无法躲避运维专员。低质量的工作、缺陷和事故将不只是被发现并登记在某些信息系统中，它们会立即得到更正，这有赖于团队的集体付出。这样的团队工作风格不需要领导者、协调者或是导航员。

DevOps 团队对使用的工具负责。如何构建一个流水线、采用哪种技术或是哪个库版本，所有的这些问题都是团队的职责范围。团队应该能够评估任何变更所造成的影响。这里并不否认遵循相关标准的需要，包括架构领域、信息安全以及审计标准。

> 举一个所有团队都能理解的案例，让我们回想一下杰夫·贝佐斯在 2001 年[①]对从单体应用变更为微服务架构的著名决定。他在发给技术人员的信息中提到以下几点。
> 1. 所有团队都必须通过服务接口来暴露数据和功能。
> 2. 团队必须通过这些接口进行彼此通信。
> 3. 不允许有其他进程间通信方式。
> 4. 具体采纳什么技术没有关系。
> 5. 所有的服务接口，毫无例外，必须从一开始就设计为对外的。也就是说，团队必须计划并设计可以暴露给外部世界开发者的接口。毫无例外。
> 6. 任何人不这样做都会被开除。

前述 DevOps 团队的特性会导致规模化的困难：需要协调不同领域的工作，使用共同的 IT 基础设施时尤为重要。当有几十个团队时，可能导致管理层

---

① https://plus.google.com/+RipRowan/posts/eVeouesvaVX

的介入，这在一定程度上不利于提升速度和减少浪费。这些困难可能表现得很严重，但在通常的功能型组织中并不存在。事实上，扩展传统的组织结构看上去很容易：可以增加一个部门，任命一个管理者；可以玩政治并交换管理者；随着公司成长，可以相应增加管理的层级；可以引入代理机制以及组合角色，诸如此类。但是，很明显，这些把戏有一堆缺陷，隐藏并粉饰了真正的交互问题，减慢工作速度的同时增加了浪费。

最后让我们总结一下 DevOps 团队的关键特性，如图 4.2 所示。

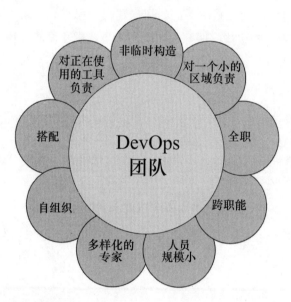

图 4.2 DevOps 团队关键特性

4.3 工作可视化

正如 2.1.2 节中所提及的，IT 工作不像生产系统，基本上都是不可见的。你无法触及到产品，仅仅依靠查看"部分就绪"的产品或条目，无法评估它的就绪程度。相反，很难了解工作量是否已经溢出了队列。这种不可见性让员工和管理者无法在任何时间回答诸如以下的关键问题。

- 目前接受了多少任务（所以我们正在做这些）以及具体是什么任务（我

们正在做的具体任务是什么）？

- 哪一个步骤正在积压工作而导致瓶颈以至于链条上的剩余工作无法有效展开？
- 哪个领域的产能潜在存在不足，很快会拖慢其他领域？
- 在价值流的哪一个点或阶段，资源几乎被耗尽或接近于满负荷？
- 哪些任务被阻塞了以至于无法在这个迭代完成？
- 还有哪些未完成的工作在等待进行？
- 如果没有时间完成本次迭代所接受的所有工作，哪部分值得尽力完成以便可以达到最有用的结果？

事实上，我们在讨论确保价值的流动（参见 3.1 节），在这里，约束理论的原则和方法完全适用。与此同时，考虑的不仅仅是开发的部分，而应该是整的链条，整个端到端的流水线，直到软件被最终消费者使用。可视化工具可以支持流动并帮助找到上述问题的答案。基于列表的系统虽然很流行，但并不会完全处理所有的任务，即便是安装仪表盘插件。它们很难显示任务从一个阶段到另一个阶段的流动。一个看板更有吸引力，简单版本的看板如图 4.3 所示。

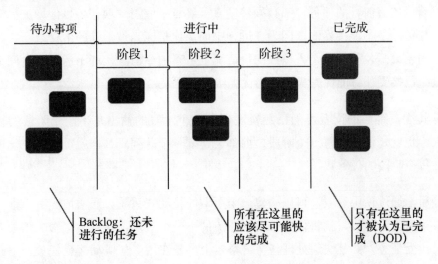

图 4.3 看板示例

整个团队的待办事项在最左侧的待办事项（To do）栏输入。然后，从左向右，是任务逐渐移动的工作阶段；这个区域通常被称为"进行中"（In progress）。流程的终点，"已完成"（Done），在最右边。在这个相对基本的标记方法基础之上，可以加入几条来自高阶 DevOps 团队实践的重要标注。

首先，将任务放在待办事项列表中，并不意味着就开始工作，这与被广泛接受的实践相反。从字面上看，在待办事项列表中的任务意味着如下含义：这是一个好主意，一旦做出了决策，它就可以被实现。然而，一旦第一个阶段的负责人从待办事项列表中拿取了任务，代表整个团队承担起快速执行该任务的职责。

其次，任务只在从待办事项移到第一个阶段时进行一次优先级排序。此刻，诸如潜在收益、所需资源、急迫性以及许多其他参数都可以并且也应该加以评估。值得注意的是，决定优先事项的方法很多，并非所有方法都意味着对列出的参数进行详细分析。管理队列的最有趣的方法之一将在 4.10 节中进行讨论，

因此，一旦决定接受一项任务，就不能在接下来的阶段中忽略它，所有开始沿着价值流前行的任务，都必须移动直至终点。取消一项任务以便增加另一项任务，是不能接受的，因为在进行中的工作是应当被消除的浪费之一。这样的结果是，除第一个人以外的价值流上所有的参与者，都不需要花时间来设定已接受任务的优先级，因为优先级已经定义，不应改变。

再其次，细心的读者可能已经发现，上一个阶段的输出是下一个阶段的输入。也就是说，在每一个阶段之前都会建立一个队列，这样就可以可视化评估每个阶段的任务数。

最后，通过使用看板，可以构建一个所谓的拉动式系统。通常情况下，谁完成了上一个阶段，就将任务推到价值流的下一个阶段，并且尝试影响相关人员接受任务，并且快速处理任务，事实上，是在用责任驱动接受任务。与此相反，在拉动式系统中，当团队完成当前的任务后，负责相应工作的成员从

队列中拿取下一个任务并开始工作。这让流动更加顺畅，资源利用更加有效，并且消除了协调的需要，同时最大程度地减少了主管与其他流程管理者的角色。

我们应该注意到看板另一个预想不到的应用。从看板可以观察到哪些地方以不正确的方式采用了 DevOps 方法。例如，如果优先级排序是错误的，进入价值流的待办事项马上就会超载，造成其他部分的混乱。在这种情况下，明显应该优化的不是价值的流动，而是理解排序的原则和队列的管理，理解任务管理的基本方式是拉动式系统，还是与看板和精益原则相违背的推动式系统。再比如，尝试将看板应用在支持和运营部门，却没有改变他们的工作原则。在这种情况下，混乱同样会出现，因为有大量的任务需要显示和追踪，从而让看板变得不可读。通常，此时只是以一种有点刻板的方式在看板上移动任务，即修改任务的状态，让任务移到下一列，但事实上，下一位操作者并未真正接受任务。所有这些，与价值流动及价值管理的关系都不大。

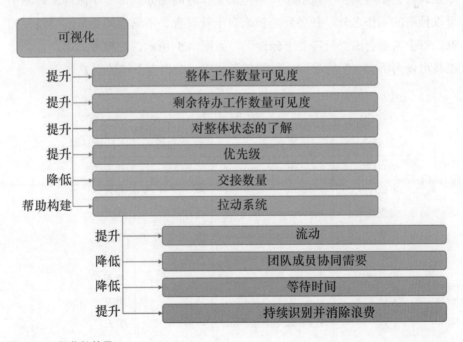

图 4.4　可视化的效果

对于可视化的好处，我们总结出以下几点。

- 可以构建拉动系统，从而改善工作流、减少停滞时间和减少协调的需要。
- 改善正在进行中任务的透明度。
- 改善对剩余工作以及当前状态的了解。
- 改善优先级排序。
- 降低交接次数。
- 有助于识别效率低下的环节。

4.4 限制在制品（WIP）

在传统的工作实践中，任务是从多个来源异步涌入团队的。一般而言，一个专业人员会参与到多个流程中，将他的工作时间切分到每一个流程上。除了可以预测的工作之外，任务还随机来自于管理者、不满意的业务部门以及同僚，每个人都会说"只需要十分钟"。如图 4.5 所示，在很多公司，自动化工具可以为所有分配给专业人员的任务创建一个相当不错的列表。

我的任务			
任务	备注	优先级	截止日期
用户呼叫	Xxxxxxxxxxxxxxxxxxxx	一般	昨天
事故	Xxxxxxxxxxxxxxxxxxxx	高	昨天
变更请求	Xxxxxxxxxxxxxxxxxxxx	已计划	昨天
工单	Xxxxxxxxxxxxxxxxxxxx	低	昨天
事故	Xxxxxxxxxxxxxxxxxxxx	严重	今天
用户呼叫	Xxxxxxxxxxxxxxxxxxxx	一般	今天
工单	Xxxxxxxxxxxxxxxxxxxx	高	明天
工单	Xxxxxxxxxxxxxxxxxxxx	一般	明天

图 4.5 运维人员的任务示例

在以下几个方面，这个列表表现得相当"不错"。

- 它总是不完整，有些任务记录在报事贴上、笔记本里、短期记忆中或好像就在某个地方。
- 有些任务是计划中的，有些就是随机的。
- 出于一百万种不同的理由，所有这个列表上的工作从来都不会按时完成，更别说是按照约定好的优先级和截止时间。
- 很多任务会在列表上停留长达几个月甚至几年，导致这个列表从未被适度缩减。

长长的任务列表是导致混乱的根源。混乱产生于专业人员频繁评审优先级（"我现在应该做什么"）、频繁在不同任务间切换（"我没有时间做这个，我要做那个"）、频繁由于外部因素而变更优先级（"更加紧急的任务出现了，我现在要暂缓这个"）等诸如此类的情况。在有些公司，常见的优先级排序方法最终归结为 HiPPO（Highest Paid Person's Opinion），即工资最高的那个人的意见。

导致这些问题的根源在于多任务处理。有一种说法，一个普通人是可以同时做多个脑力任务的，但最近几十年的研究和实践证明并非这样。在大部分情况下，IT 员工一次只能做一项工作。如果有人尝试同时做多项任务，那么他将花费大部分时间在不同任务间切换。任务切换需要时间，至少需要增加额外的时间重新排列优先级以及切换内容上下文。测量数据表明，比起单任务模式，多任务模式极大增加了任务的持续时间。

与这种工作方式相对的，是限制手头在进行的工作数量。一方面，这听上去有点奇怪，这是否意味着一个专业人员不再接受属于他职责范围的新任务？另一方面，这是一种非常有效的机制，可以保障任务平滑流动以及在可预测的时间范围内交付结果。这个实践的精髓是，在价值流的每个阶段，基于并行任务的数量或基于已接受任务的总数来进行人为限制，这称为"WIP 限制"（即 Work in Progress/Process，在制品限制）。在极端的情况下，在任意时间，每个工作阶段都限制到只有一项任务。基于同样的方法，对整个价值流上的任务总数进行限制。

这一实践完美地支持拉动式原则，这在前面已经介绍过。事实上，有了 WIP 限制，上一阶段的负责人没有办法再将任务推给下一个阶段，他们只能是告知下游的同事他们已经完成自己负责的部分。当价值流的下游完成自己当前的任务后，也告知再下一个阶段，同时他们可以接受一个新的任务。

这个实践可能导致在价值流上某个独立阶段无事可做的情况，因为要等待上一个阶段的任务完成。在通常的 IT 部门会决定取而代之去做其他的一些事情，用一些新的工作来填充，只是因为员工不能闲着！他们拿了工资，也就意味着应该百分之百地在工作，最好是百分之一百二。对每一个管理者而言，每天最重要的目标之一是最大化利用资源，包括人力资源。但是在 DevOps 中，却不是这样。

"至少做些什么比什么都不做强"，这一规则在 DevOps 中并不适用，更有甚者，这个说法极端有害。去做没有客户要的工作，是一种浪费；仅仅因为新的版本可用，就给服务器升级，是一种浪费；在空闲时间捡起一个任务，稍后再搁置，也是一种浪费。相反，应该将一个阶段的空闲视为另一个阶段在超载，并且应该立即采取相应的措施。这些措施既包含操作性的（比如帮助超载的同事），也可以包含系统性的（比如消除价值流中的瓶颈）。我们核心的关注点是保证流动，在此可以类比河流的顺畅流动：当一切稳定且良好，流速也同样是稳定的；当源头的水位过高，将无法流过河道，河流将决堤从而不可避免地导致河水流失，并且对堤岸地区造成破坏。另一方面，如果水位变浅，说明在上游的某个地方存在障碍，必须发现并移除，以便恢复稳定且可预测的流动状态。

Jez Humble 等专家建议设置限制，以刻意创造一些不便。当价值流上有人没任务可做，资源便会释放出来，此时难免会有放宽上游限制的冲动，让一部分工作可以流到下游来。要克制这种冲动，专注于消除瓶颈，专家建议设置的限制能让你感到有点儿痛苦，但这可以让系统显性受控。

回到资源利用率这个话题，设置合理的 WIP 限制并定期调整，是平衡工作强度与生产效率极好的工具。事实上，在 WIP 与平均前置时间之间存在着如图 4.6 所示的关联。

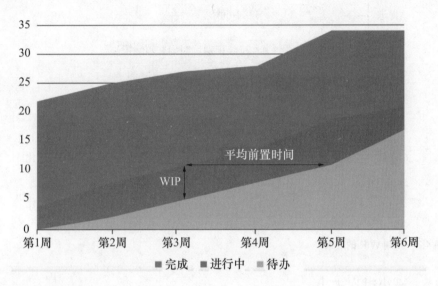

图 4.6　累积流图

另一个重要的方面是对输出的可预测性。在很多情况下，除了评估任务的复杂度以外，很难评估完成这项任务到底需要花多少时间，也就是说，很难预测发布时间。这里有两个非常好的工具：累积统计团队速率以及管理 WIP。通过严格的限制，既有可能实现更短的前置时间，又降低了人力资源利用率，反之亦然。因此，管理者的工作内容通过 DevOps 得以显著改变。

WIP 产生的影响归纳在图 4.7 中。

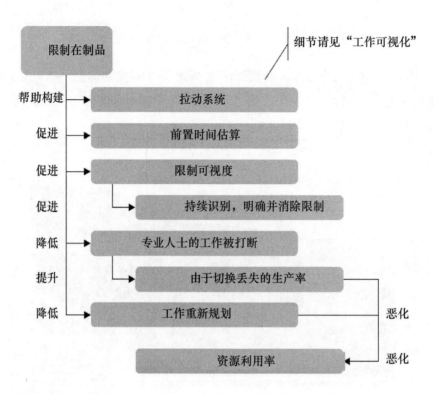

图 4.7 限制 WIP 的效果

4.5 减小批次大小

假设我们需要开发并随后测试一系列相互独立的产品。第一种组织工作方式是，我们开发第一个产品后交接给测试，然后我们开始做第二个产品，然后再交接给测试，以此往复。第二种方式是，我们一次性开发完所有的产品，然后一起交付给测试。通常会错误地认为第二种方式比第一种更高效。但是，实践证明，效率依赖于总体批量的大小、产品的可变性、产品开发所需要的速度、设备所需要的调试时间等因素，因此没有一个普遍适用的正确回答。

但是在 IT 领域，基于以下原因，更小的批次选择呈现出更好的结果，如图 4.8 所示。首先，大的批次很少是同样大小的，与小的批次相反，甚至小到所谓的单件流。拥有同样体量的小的批次改善了工作的节奏，使其变得更稳定并且在各方面都更可预测。其次，由于小的批次降低了价值流中的等待时间，首次交付的时间以及总体的前置时间都会得以缩短。第三，小的批次减少了进行中任务的总数。第四，小的批次降低了缺陷数量，如果出现错误，整个批次都要重新做。批次越小，返工引起的浪费也就越少。以上所有这些因素，都从正面影响着 DevOps 关键指标：前置时间、工作负载以及产品质量。

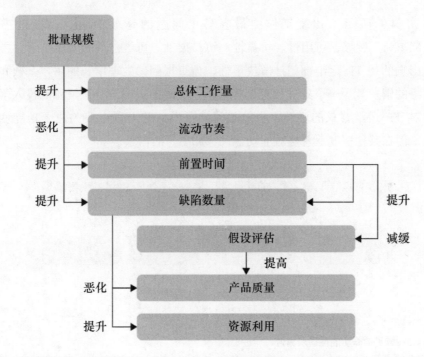

图 4.8 减小批次大小的效果

在 IT 部门的日常工作中，大的批次很难被检测到。一个突出的示例是，程序员历经几天做完成了几个大的任务，然后仅仅是在最后时刻，一次性地将结果保存在版本控制系统中。DevOps 建议的方式是，在整个工作过程中，自始至终保存独立的中间结果，至少每天一次。在配置良好的流水线中，每一次保存都将触发测试等步骤，以提供早期的反馈并防范缺陷。因为每一次变更的量都很小，所以很容易更正发现的问题。

4.6 留意运维需求

在开发与运维分离的 IT 部门,对于如何提供客户所需功能的问题,往往倾向于在内部寻求答案。开发者想知道所描述的想要什么,并且随时准备满足这些需求。而运维部门则对维护正常可工作的用户关系更感兴趣,而这只有当用户可以使用所提供的功能完成工作时才可能达成。

如图 4.9 所示,传统工作中最容易出问题的是被称为"功能性需求(NFR)"领域:可用性、可靠性、可扩展性、可维护性和安全性等。主要受影响的是 IT 运维部门,解决事件,调查根因,处理增长的用户基数和不满意的消费者等……处理所有这些都基于受限的资源进行,资源的投入落后于对 IT 运维要求的增长。也就是说,开发部门可以主要关注于功能性需求,而在某种程度上忽略对非功能性(NFR)的需求。

图 4.9 常见的非功能性需求集合

在传统采用瀑布式模型的组织中,解决这个问题的方案是尝试在软件开发的早期阶段让 IT 运维参与进来。"尝试"一词,并不是偶然出现在这里的,因为只有极少企业能够在这一点上有显著的进展。敏捷开发中的方案是将非功能性需求与功能性需求一起进行排序:遵循同样的流程、同样的重视程度以及拥有同样的级别。这一实践当然比传统的方式要好。

DevOps 往前更进了一小步。首先,产品负责人的角色扩展了。在 Scrum 中,他是对产品最为关注的人,或是产品的代表,但他会偏向或局限于产品的功能。DevOps 专家建议产品负责人要关注整个 IT 运维系统,包括功能性的需求以及其他需求。这从根本上改变了非功能性需求（NFR）的重要性，并将团队的关注度牵引到可工作的产品上，这里的"可工作"不只是承诺的功能。

其次，一些 DevOps 具有远见卓识的人士，坚持抛弃常用的"非功能性需求"这个名字，因为这个名字暗示着次要或不那么重要，取而代之以运维需求（OR，Operation Requirement）。

再其次，建议彻底改善 IT 系统的可用性和性能。在遗留系统中，关注点在于设计并构建高可用系统，故障应该尽可能少地发生。为达成这一要求，采用了昂贵的专用软件以及硬件方案，例如冗余、备份以及热切换等。这些方案由知名的厂商提供，他们采用专利技术，附带着长期而且昂贵的支持和维护合同。在 DevOps 中，主要关注点由可用性转移到可恢复性或反脆弱性：系统应该有能力检测到并更正故障、恢复正常运营，而不会显著地降低性能，同时不会给用户造成影响。系统自身构建于大量的相对便宜并且容易更换的组件基础之上，采用分布式数据存储、并行计算以及类似的技术，并倾向于开源。故意并持续不断地在生产环境中引入混乱和破坏的实践，这在 1.3.3 节中有过描述。

因此，DevOps 对运维工作的需求显然采用了截然不同的方式管理。更有甚者，还有一种非常有趣并且相当流行的实践，采用一种终端客户容易理解的方式来呈现持续运营以及系统的状态，如图 4.10 所示。

这种类型的页面增强了 DevOps 团队与用户之间的信任，并且展示了服务之整个生命周期的成就，而不只是开发阶段的。并且，当系统发生故障时，一个单一的系统状态信息来源，可以有效防止用户打来大量的电话、发来大量电子邮件以及其他信息。最后，正常运行的时间信息，直接类比于生产环境中著名的"146 天无事故"板，也提升了员工的士气，让他们有安全感和集体责任感。

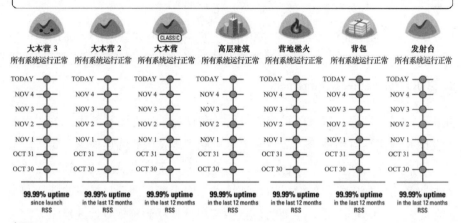

来源：https://status.basecamp.com/

图 4.10　公开的网页显示 Basecamp 当前系统状态的示例

4.7　尽早检测并修正缺陷

与 IT 相关的最大损失发生在缺陷影响到生产环境时，比如系统不可用、系统间歇性中断或部分功能不可用，导致用户无法执行其工作。正如我们在 3.2 节中讨论过的，DevOps 投入了大量关注，以防范缺陷进入生产环境。进一步的分析揭示：除了商业上的损失以外，随着交付流水线阶段向后移动，识别和消除缺陷的成本也随之增加，参见图 4.11。

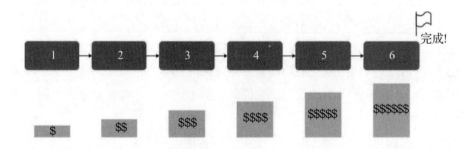

图 4.11　缺陷发现滞后而引发的损失与成本

事实上，为了在第四个阶段检测缺陷，我们应该早在左边前三个阶段投入资源，例如，创建需要的测试环境并执行测试。这些资源和时间都是无法返还的，这当然会负面影响到前置时间。当流水线上并非所有环境都是自动化时，问题会变得尤其严重，例如，如果其中的一个阶段需要手工测试，则这类的测试成本将急剧上升。这说明缺陷越快的被发现就越好，对于流水线的成本以及性能，均如此。这就要求及早反馈，尽可能返回到接近流水线起始位置的地方。其中一种实践被称为"左移"：更有效的组织测试，以最大化在早期阶段发现最常见的错误。需要增加在流水线前几个阶段的测试，与此同时也会延缓这些阶段的执行，所以需要遵循一定的平衡。

注意，当测试尽可能自动化时，会收获最大的收益。可以说在绝对的 DevOps 流水线中，测试人员的角色和工作发生了变化：他们主要的工作不是去执行测试，而是进行开发。这一变化也印证了那个古老但依旧适用的原则：智力的工作属于人类，而重复性的日常操作应该交给机器。

需要进一步补充的是，测试环境与生产环境应该尽可能准确地保持一致，以快速发现缺陷。流水线上的测试环境完美无瑕，但是到了生产环境，应用却无法正常工作，这样的情况非常危险，并且会造成损失。这意味着我们应该尽可能保证测试环境，不只是完整再现生产环境，而且是以同样的方式进行创建。正如在"自动化配置管理"小节中展示的，如今它已经是可能的了。

4.8 管理的而不是受控的改善和创新

1.3.2 节讨论过对 DevOps 的需求，我们接触到了持续累积非优化方案这个重要的问题。在正常情况下，除非我们采取特殊的举措，否则技术债务就会有增加的趋势。这同样适用于工作和管理方法，如流程、过程、协议等。流程有自我恶化的趋势，员工不只是在技术方案上抄捷径，也会在工作方式上这样做。更有甚者，如今外部因素变化频繁，昨天还工作的好好的软件或流程，今天就有可能不奏效了。

最后，信息技术自身也在快速进化。从 2010 年开始，ThoughtWorks 这家在高效软件开发市场非常知名的公司，开始每六个月发布一次特别的报告《技术雷达》①。它列出了上百个条目，分为四个领域：技术、平台、工具和语言&框架。例如在 2017 年，技术有产品化 API、无服务框架和超越游戏的虚拟现实；平台有 Apache Mesos、AWS Lambda 和 Platform IO；工具有 Airflow、HashCorp Vault 和 Terraform；最后，语言和框架有 Python 3、Elixir 和 Angular 2 等。

这些条目的每一个，都被归入四个分级之一：勇敢采纳、尝试、为将来评估、暂缓并观望，并在很多点上给出相关的解释。由领域专家组成的小组进行耗费大量人力的工作，分析这些对消费者完全免费的技术。对最近几份报告的分析可以看出，一个新的技术如何动态的发展（或是消亡）。技术机会持续的诞生，其中很多可能会带来可观的回报。

因此，技术债务需要削减，工作需要改进，新的技术需要掌握。现代 IT 部门无法在核心的工作之外，私下做这些重要的任务：按这种方式，最好的结果也就是保持原地，而最差的（很有可能）情况则是退步。这也是 DevOps 建议持续改进与创新的原因。在不同的公司，这一实践完全不同，这里只列举其中的几个。

一些公司会设置一定比例的工作时间用于改善，"20%税"的说法越来越广泛地出现在公开的出版物中。显然，这个数字是拍脑子想出来的，这在不同的组织之间很难保持一致，当然，也有一些经过澄清的估算。例如，SAFe 模型中，团队会实施持续 8 到 12 周的项目群增量，在增量的最后阶段，是一个专门用于创新和规划的迭代。需要说明的是，在这个迭代里，也包含前序迭代未结束工作的收尾、最终的集成和测试以及对下一个增量的规划；也就是说，在最初设定的两周时间里，只有几天保留下来，分配到创新的时间占整个增量整体时间的 1.5%到 15%。我们姑且认为这一估算是最低的合理程度。最高的合理程度可以从马蒂·卡根的说法中得到，20 世纪 90 年代末期，他在易趣（eBay）经历了一场技术债务危机，由此将思考呈现在他的

---

① https://www.thoughtworks.com/radar。中文版最新一期的技术雷达扫码可见

《启示录：打造用户喜爱的产品》一书中。按他的说法，在一些困难的情况下，有必要给改进工作分配 30%甚至更多的时间，但由于不信任，团队往往分配少于 20%的时间。很有意思的是，很多专家建议在改善工作期间禁止任何日常工作：不进行编码或测试，也不允许进行部署。

另一种实践称为"改善闪电战"（Kaizen Blitz）。在这种情况下，用于改善的时间未必是事先规划的，而是按需分配。此外也建议引入外部的参与者，比如其他团队的成员或外部专家。这一实践相信外部视角能够帮助将问题挪出死角，并发现内部无法看到的解决方案。真正的闪电战持续一天到几天不等，专注于消除识别出来的不足与瓶颈。由此，每一次的闪电战都期望能够产出明确定义和具体的结果：最差的情况是需要采取的行动列表，更理想的是问题已经解决。

有些公司会分配特定的时间，并同时引入外部资源。他们对公司内的知识和经验分享赋予了很高的期望。例如，Target 公司会将团队集中到一个特别指定的区域（办公室）整整一个月，专职的导师参与到团队中，帮助他们重组工作方式，以同样的资源、更少的时间来完成更多的工作。公司会分配资源，最多同时对多达八个团队进行改进演练。预期在这个月里，团队不只完成所分配的工作，还要学会新的方式、方法和技术，并且可以在返回岗位时将他们的新知识教给其他员工。

最后，黑客马拉松这样的实践也越来越流行。黑客马拉松是分配一段特定的时间专门用来探索新的技术，并尝试创造出新的产品和工具。这一方式理解并且接受，并非所有的产出物都需要是完整的或是有商业潜能。然而，越来越多的例证显示，在黑客马拉松上开发的新的应用原型事后成为很成功的产品。在有的案例中，人们对内部采用的技术，进行大量的优化，简化了日益复杂的架构，移除了僵硬的链接，并消除了日益累积的依赖，等等。

作为持续改进和创新的总结，有必要提出以下两个重要的观点。

- 这一实践需要被管理，而不是听之任之。
- 贵公司的实践，很可能与其他的组织不同。

4.9 为创新提供资金

及时且充足的资金是任何举措的前提。传统的决策，是基于预算周期的中长期计划做出的。这种方式在十年前是有效的，但今天它成了企业努力成为创新领导者的阻碍。出了什么问题呢？

通常而言，投资是循环进行的，为预算计划及记账设置重复周期（常规是每年）。如图 4.12 所示，节奏的存在自然有它的道理，但问题是这一节奏与现代企业所需要的有所脱节。事实上，确切的预测一个还未进行开发的想法在 12 个月时间内造成的影响，有可能么？信心满满的计算这么长一段周期的成本，有可能么？正如在 1.3.1 节中描述的，在很多情况下，对所选方向的信心，只有在前行的过程中涌现，在途中不可避免会发生调整。如果公司的预算周期与税务报告周期绑定，那就太悲哀了，也许对负责记录并计税的部门会很方便，但要记住，这些部门并不会为企业创造太多价值；对于企业的目标、使命、客户、产品以及合伙伙伴而言，其重要性是次要的。我们发现对相关的外部资源遵从的需要决定着业务计划的方式。熟悉基本账务管理的读者会同意这种扭曲的现象应该终止。然而，这是现代企业广泛采纳的一种实践。

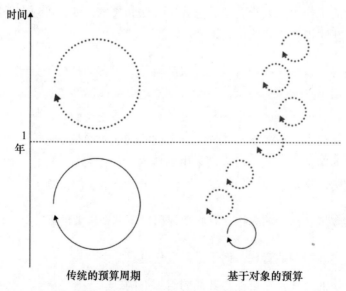

图 4.12 资金周期与时间和方向没有对应，且彼此之间很少同步

第二个根本性的困难，来自于广泛使用的基于项目的投资：我们通常相信，在项目中，成本可以仔细计划并控制，并且回报是可以预期的。可是对很多现代事务，传统项目管理不再适用。

- 组织要交付的产品，无法在事先进行准确描述，并且在工作过程中通常会发生变化.
- 在项目正式结束时，产品才刚刚开始它的生命周期，需要基于使用中获得的新体验和客户反馈，持续进行改进和修正。
- DevOps 专家并不建议（随项目周期）解散已经良好运作的 DevOps 团队，也不建议使用兼职（工作于多个团队）的员工。

因而，更加推崇的是基于产品而不是基于项目进行投资，这意味着截然不同的预算以及资源计划方式。

既然提到资源话题，我们就无法忽略另一个典型的问题：传统预算模式意味着在部门和团队之间激烈的竞争。很显然资源是有限的，而 DevOps 提倡协作的原则、部门与团队之间协同工作、知识自由共享、专业的特长，这些被视为是至关重要的。如果一个组织引入的投资规则（即资源分配）需要在同僚之间进行斗争和竞争，那么当你发现孤立团队这样的企业文化随处可见时，就不足为怪了。

早先，当系统的复杂性和变化较低时，传统的投资方式工作得还不错（把预算当做是限制而不是优先级排序的除外）。现在，这种投资方式成为创新的阻碍。另一种能够获得高投资回报的方式，是创建稳定的产品（或服务）团队，并持续对他们进行投资，在他们选择其战略、实现方式及负责领域内的优先排序时，给予一定的自由度。

当然，前述并不意味着没有限制，例如在开支上。与此相反，一些创业公司的开支显示，当严格进行财会以及支出控制时，独创性的奇迹会出现，新的技术方案会出现，而其他采用不同资源计划原则的团队就无法产生这些。生活一次次证明，不受限的资金以及期限，不足以产生有竞争力并让消费者趋之若鹜的产品。

另一种方式，一定程度上是 DevOps 从现代精益企业管理实践中借鉴来的，对于长期的目标进行高阶定义，而对立即要进行的行动进行详尽计划，并且持续的调整短期计划以保证方向正确。

前面已经提及，更简单的是将投资的原则从基于项目变为基于各个团队。

Jez Humble 介绍的流程较为复杂，但也更有成效[1]。

- 起始阶段：寻求并评估想法，但不要花时间和资源去开发一个精确并且复杂的业务模型。
- 探索阶段：分配固定的时间与预算，构建团队，开发一个最小可行产品（MVP）。
- 当前序阶段产品被证实有吸引力时，下一个阶段是拓展：保留团队，拓展投资，开发产品，寻求更多的机会点。

这种方式最主要的目的是，选择好的想法，将有限的资源投入其中，并且可以预料到并非所有的想法都会奏效，但某些一定会表现出显著的结果。注意，在很多商业技术孵化器中，创新被当作流水线处理，也遵循前面的原则。

前面描述的 MVP 概念经常被完全用错。很多人相信，MVP 是某些快速并且劣质的成品、一些最小的功能、能够运行即没有明显察觉的缺陷，以便向投资者进行原型演示，是一种早期 alpha 版本的产品。

然而，Eric Ries（埃里克·赖斯），MVP 一词的提出者，指出 MVP 描述的是一种以最小可能的资源，通过测试和训练，获得最大可能的新的信息，基于客观的数据进行投资战略决策：是继续沿着这个方向，还是改变航向甚至是放弃这个想法。[2]

---

[1] Humble, J., J.Molesky and B. O'Reilly, *Lean Enterprise: How High Performance Organizations Innovate at Scale*, 英文版发行于 2015 年，ISBN: 978-1449368425

[2] Ries, E., *The Lean Startup*, 英文版发行于 2011 年，ISBN: 978-0307887894

> 马蒂·卡根针对 MVP 又增加了以下明确的特征。
>
> 1. 客户应该愿意买这个产品。
> 2. 客户应该能够明白如何使用这个产品。
> 3. 一旦下了决策,我们应该可以做出完整的产品。
>
> 很多人只关注最后一句,即功能。事实上,所有三句话都非常重要。

4.10 任务优先级

对进入价值流队列的任务进行排序,这个领域经常出问题。传统的方式包括分析任务、评估、比较并排序、获取审批或允许,所有这些都发生在了解目标工作之前。这些操作通常都需要大量的时间和资源。与此同时,它也有很多弊端。首先,这种实践导致严重的延期。其次,任务的信息会随着时间演进而趋于过时,所以决策耗时越长,基于的数据就越不可靠。第三,这些步骤的重要性被严重夸大。最后,也是最不愉快的是一个长时间的初始评估阶段,催化了图 4.13 所示的混合模式,被称为 Water-Scrum-Fall,团队相信自己的模式很时髦和灵活,然而它的运作方式事实上还是非常传统。

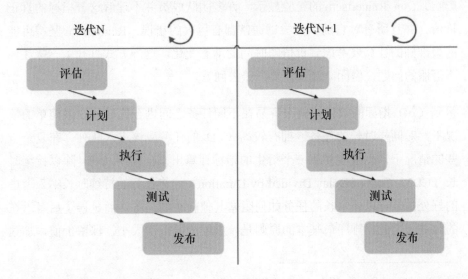

图 4.13　瀑布巧妙伪装成迭代

第一个步骤的困难之处在于，需要从通用的池子里选择哪个任务先完成。为完成此活动，通常需要遵循一系列的标准。首先，需要评估一种或另一种方式的潜在收益，至少，将这个任务与其他的进行比较。收益的评估并不容易：类似 Scrum 的方法在这件事情上也帮不上多少忙，它们希望这一信息能够从客户或产品负责人那里获取。然后，需要预估任务需要多少资源，而这也很困难，特别是首次做的任务。可以提一下计划扑克这样的技术，但我们将不会认真考虑它们，也不会进行细节讨论。最后，把急迫性从考虑范围移除会非常危险；不应该仅从理论上进行收益以及资源的评估，而要在一定的上下文前提下进行，并且预期的回报通常也依赖于发布日期；仅仅描述为 ASAP（越快越好）还不够。

在 2009 年，Don Reinertsen 提出一种截然不同的排序方式，称之为"延期成本"（CoD, Cost of Delay）[1]。这种方法相对简单，它的基础是对决策的重要性进行经济评估，在工作队列较大时更为有效。这种方法的第一步是选择指定价值流的关键指标。在很多情况下，可以用财务回报进行预测，但有些情况下也用其他更为关键的指标。定义度量单元之后，就要对每一个任务进行计算或估计：如果这个任务在队列中被延误，对所选取的指标会发生什么影响。Don Reinertsen 的经验显示，许多团队成员并不理解这一指标的真正价值，并且所有对它的预估尝试通常都有巨大的错误。Reinertsen 坚持可能的最准确的计算要考虑到价值随时间的动态变化。这一方式打开了一些让你不舒服的问题，但团队最终需要学着去回答。

得到 CoD 指标的数值，就很容易在不同任务之间进行比较。在最简单的情况下，对同样时长的任务，拥有较高 CoD 的任务应该进入队列。在复杂一些的情况下，也很容易用一个衍生的指标计算出来，即用 CoD 除以持续时长（CD3，Cost of Delay Divided by Duration）。将任务的持续时长纳入考虑的好处是，可以展示长的任务如何阻塞其他较小的任务从而延误了后者潜在的收益。因此，排序最基本的原则是，鼓励降低批次大小，保留价值，加速

---

[1] Reinertsen, D., *The Principles of Product Development Flow: Second Generation Lean Product Development*，英文版发行于 2009 年，ISBN: 978-1935401001

产品交付，并确保更均衡的工作负载。

CoD 方法的一个好处是，它很容易对一个正处在价值流最初始阶段的任务进行计算，而通常时间最容易在此消耗，而减少这一阶段的时间消耗将带来巨大的效果。事实上，一旦我们对每一个任务都采用同样的指标进行决策，这样当团队成员空闲时，他们将很简单地从队列中选取下一个最高 CoD 的任务。价值流上其他的步骤也都采用同样的标准，并且对后续阶段的 1～2 周短迭代而言，可能不需要再进行排序，而相信早先的计算。

这种方法的第二个明显的优势在于，经济化的决策对所有人都保持透明。以往混合多个参数、等待上级审批或是采用 HiPPO 的方式（参见 4.1 节），都不再需要。

最后，这种方法的第三个（并不那么明显的）特性，是对限制在制品（WIP）这一实践的主动支持。事实上，如果并行执行多个任务，CoD 指标将变得非常差，所以一旦完全遵循这种方式，没有人会同时进行多个任务。

同时应该牢记，CoD 并不是对现有指标的补充参数。与此相反，它是被设计用于排除所有其他参数、简化决策过程并减少价值流起始阶段的浪费。

4.11 持续识别、发掘并评估约束

第 3 章里讨论过价值流，总存在约束，需要始终加以考虑。平稳流动而没有延迟的状态，并非一朝一夕就能达成，需要投入努力。这也意味着下一个实践：采用可视化工具来支撑 WIP 限制，从而能够识别出这个价值流的瓶颈。在所有已知的瓶颈中，有一个会造成最大的延迟，应该重点关注这一个。

事实上，对付瓶颈有两个步骤。首先，有必要了解如何改变短期的工作规则来最大限度地利用（发掘）瓶颈资源。例如，限制价值流上的任务，从而不要让瓶颈过载，只让高优先级、重要的任务移动到瓶颈点。其次，我们需要发现消除瓶颈的办法，摆脱它。也就是说，需要谨记在同样的地方让一个约

束再次出现的危险性，因为系统的惰性以及流程的惯性很容易使其回归原有习惯的状态。

当消除了识别出来的约束，就可以取消先前建立的短期规则，开始寻找下一个最显著的瓶颈。

4.12 小结

任何书籍的篇幅都有自然的限制，而这本书刻意地进行了限制：当今的现实是，很少有人能够花一大堆时间去阅读大量的文字。同时，本书也不包含对其他的 DevOps 实践的检视，其他有太多有关 DevOps 实践的书籍。

正如第 2 章所揭示的，很多 DevOps 的实践是继承或者借鉴自诸如约束理论、精益生产、持续部署以及其他存在已久的管理领域。当然，这并不会降低它们在 DevOps 中解决问题的重要性。有趣的是，进一步研究已公开发行的书籍证实了这些实践对读者的重要性，因而，本书最后一章将聚焦于 DevOps 的实践应用。

第 5 章 应用实践

5.1 DevOps 适用性及限制

也许,前面几章给读者的感觉像是神话,如果参与在内的话就太棒了!自组织团队的员工会被完全激发起来;业务和 IT 将一同探索如何取悦于挚爱的客户(以及他们的钱);IT 系统将变得牢固并具有反脆弱性;变更与发布将稳定流动,与此同时,技术债务也降低了。此前选择的方式,是通过对"传统"实践与"DevOps 实践"加以比较,难免会留下强调长处而掩饰缺点的感觉。

同时,我也尝试尽可能公正地考虑 DevOps 的方方面面。正如本书最开始所陈述的,在现代的 IT 管理者手里,DevOps 是众多工具的一种,相对较新而已。同其他的管理工具一样,DevOps 并非包治百病,它是特定问题时的良药。并且,像所有的工具一样,DevOps 也有局限。让我们清醒地从实用的角度来看一下。

因为已经到了本书的最后一章,不同 IT 部门此刻很有可能与 DevOps 所描述的截然不同。需要改变的范围会相当大,只有清晰了解两个方面(收益以及可行性),才值得启动大规模的转型。让我们逐一看一下。

需要说明的是,原则上并非所有组织都应该采纳 DevOps。首先,让我们排除一些特殊场景:商业软件开发、系统集成、IT 外包以及面向项目的组织。这些场景的问题在于它们只参与价值流有限的一部分,参见图 5.1。针对这些情况,DevOps 应该如何适应,这值得另外再写一本书。

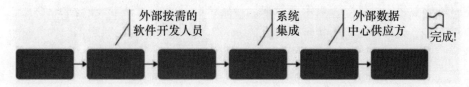

图 5.1 特殊情况不做考虑

我们关注更为传统的方式：存在内部或外部的 IT 部门，全权负责所有 IT 相关的事务。实际上，这类组织的业务领域以及所有权的形式并不重要，可以是银行、保险公司、传统的组织、非盈利组织、产品或服务业务等。关键是，这个组织采用信息技术并且目标是通过 IT 获得最大的产出。

当以下条件满足时，组织会对 DevOps 感兴趣。

- 公司的核心业务高度依赖于信息科技（依赖程度很容易通过非直接的标准进行评估：例如 IT 成本在整个组织预算中的占比，或 IT 管理者在公司高层组织架构中所占的坐席）。
- 组织采用的信息技术，发生变化的几率很高。
- 核心业务要求快速响应变化，以验证新的商业想法或是猜想，参见"缩短市场响应时间"小节。
- 核心业务存在与 IT 相关的风险，这对业务负责人或是高层管理者是不可接受的。
- 其他提升效率的尝试与验证方法都不奏效。

举例说明前面所列举的风险：每周有一百万新客户接入苹果支付系统[1]，其中的部分交易支付来自与苹果的产品和服务无关的完全不同的服务，这些支付最终由苹果而不是银行完成。通过比较激活的 Visa 卡总数（大约 25 亿）以及激活的 iPhone 设备（7 亿）[2]，就可以大致衡量出银行业因此受到的损失。类似的故事也发生在安卓支付系统。无论是苹果公司还是谷歌公司，都不具备银行许可证，它们无需遵循金融组织严格的法规要求，它们不需要承担维护分行以及 ATM 网络的费用。它们拥有强大的金融资源、先进的技术以及忠诚的客户基础，世界上任何的金融机构都无法获得这些。IT 公司的行动速度非同寻常，这直接威胁到笨重的传统银行。数十年以来，传统银行习惯于通过常规的方法获得收入：交易佣金、存款和贷款等。

① http://fortune.com/2017/05/02/apple-pay-volume-up/
② http://fortune.com/2017/03/06/apple-iphone-use-worldwide/

如果一个组织满足上述条件，采用这种或那种形式的 DevOps 就有它的潜在价值。

我们应该分别描述组织应用 DevOps 来大幅减少技术债务积累或消除 IT 基础设施的脆弱性这两种情况。应该牢记的是，对于复杂的情况，采用 DevOps 不会直接带来利益，更不能期望快速成功；与此相反，组织和技术的变化可能会导致混乱和失控。应该小心解决长期存在的问题，深思熟虑并且审时度势，而不是期望 DevOps 可以魔术般地治愈所有疾病。

描述过收益，让我们来到第二个方面"可行性"。 DevOps 适用于所有的组织吗？很多专家倾向于乐观回答。HP LaserJet 硬件部门的案例就是一个证明，这个部门拥有打印机、扫描仪以及多功能设备的硬件，有超过 400 名开发者，员工分布在三个国家。在转型之初，市场部门的需求只有一小部分被接受，每六个月发布一次，员工只有 5%的时间工作在新功能开发上。历经四年，部门创造了诸如每天开发集成 10~15 次、员工的生产率提升 40%、测试的时间从 3 周减少到 1 天这样的奇迹。

上述案例，事实上不属于前面所述的"业务拥有自己的 IT 部门"。它可以作为教学故事，对于鉴别 DevOps 适用性的限制没有太大帮助。但是很清楚的是，就整体而言主要的挑战是有限且明确的。

DevOps 不是特别适合自己没有软件开发团队的组织，例如当所有核心软件都来自现成的商业软件（COTS）并通过用户或者管理界面进行配置。如果公司没有自己的软件开发，就没有价值流的源头，不可能控制源代码（因为无法接触到源代码，而且没有能力去理解它），强烈依赖于软件的供应商和提供商。这种依赖的负面效应是众所周知的：无论组织多大多有名，你通常只是供应商众多客户中的一个，并且无论供应商的客户管理者给了多少承诺，你将与其他客户一样，停留在同样的队列中等待开发者的关注。重要的并不是你在队列中的（优先级）数字，重要的是队列的存在。另一个依赖于外部软件的负面结果，是由于软件供应商所采纳的瀑布模式以及漫长的发布周期导致的极度延缓。有时新版本软件中的严重问题超过 9 个月都没有被修复，单一的故障超过半年没有被诊断出来，客户面临无望的抉择：要么继续在看起来缺陷更少、拥有长期支持的老版本上再运行两到三年，要么持续更新到新的版本，某些旧的缺陷会被修复，然而又引入了新的缺陷。我们会在 5.2 节中详细讨论如何在这种情况工作。

另一个 DevOps 实施的挑战出现在组织使用自己的软件，而开发者并非自有员工：开发的活动是采购其他公司的或开发者在某种合同下工作（自由职业、外包或诸如此类）。在这种情况下，由于完全不同的激励模式，很难完全把这些人包含在价值流中。全职员工通常更利于实现核心业务价值、助力公司成功、支持个人职业成长，最终交付高质量的产品。外部开发者倾向于基于合同范围圈定自己的职责范围，仅聚焦于实现工作订单，有时会夸大工作负荷与时长。我们同样需要考虑员工的频繁变动，员工只是部分工作在指定团队上，典型的情况是，对范围和投入的承诺是由其他人（例如，客户侧负责业务开发的主管以及外包侧的客户主管）所制定的，而真正的开发工作则由另外的人（外部开发者，以及客户 IT 团队的其余人员）完成。这种情况下，4.2 节提出的许多原则，会变得不再可能或被扭曲。我们应该注意，五年前流行将核心流程以外的几乎所有工作都进行外包，而现在，企业回归自主软件开发和 IT 运维已成为趋势。在各类产业中，需要通过基于软件的信息科技获取竞争优势时，不这么做会被认为是非常愚蠢的。

> "简而言之，软件正在吞噬世界。
>
> 越来越多的主流商业和产业，都运行在以软件为基础的在线服务之上，从电影业到农业到国防。赢家大多来自硅谷风格的科技创业公司，侵入并颠覆原有产业结构。在随后的 10 年，我预期将有更多的产业被软件颠覆，出现越来越多新型的硅谷公司瓦解产业的案例[①]。"
>
> ——马克·安德森[②]，2011 年

---

① https://a16z.com/2016/08/20/why-software-is-eating-the-world
② Netscape 联合创始人，Andreessen-Horowitz 风险基金联合创始人及合伙人

实现 DevOps 的下一个约束，是长期存在的现有流程，其背后是决策层级、组织结构、内部管控文档、官僚主义以及企业文化等。一些大型的组织对自身改变能力的局限性有很清醒的认识，转型到 DevOps，要求不只是在 IT 部门实施，而且也需要对业务部门进行大规模的组织调整。回顾 4.1.7 章节列出的传统大型企业文化对比创业公司文化的差异，就能理解转型所要求的规模和程度。非常有必要强调，对于大部分组织而言，除了在组织某些部门产生短期可证实的成功以外，对现有工作实践进行彻底的变化基本上是不可能的。

最后，下一个重大的阻力来自于独立的、紧耦合的 IT 架构。引入小团队需要有能力给他们分配不同的职责领域。有问题的 IT 系统依然作为单一实体被几十或几百名员工进行开发和维护时，很难将工作拆分到独立的团队以异步并行工作。针对这一问题，5.3 节会给出一些思考。

对前面这些复杂性，很多人都会看到，还有更多因素会限制 DevOps 的使用。我们应该注意，这些因素往往被错误当成无法启用 DevOps 实施的原因。更正确的态度是将它们看成可以消除的限制或者需要寻找解决方案的任务。

- 如前所述对创建 DevOps 团队的准备不足。例如，一些组织鼓励他们的员工远程工作，而不是在特定时间内必须在办公室内工作。这种情况经常存在于地理上异地分布的公司，IT 部门的员工不在同一个地点。很多组织的组织架构相当僵硬，无法满足创建跨职能团队的要求。所有这些并不是阻止 DevOps 之路的因素，它们只需要适当变化和更正。虽然不易，但并非不可能。
- 对信息安全或合规的"特殊"要求。"特殊"一词特意用了引号，对相关公司针对安全与合规进行仔细的调研会发现，事实上这个组织与同行业中其他的组织没什么本质区别。是的，合规的或是信息安全的要求应该考虑，但这更应该是一个方法和技术的问题，而非一律采取保守选项。
- 极少采用虚拟化和云计算，或干脆摒弃这些技术以及采用过时的编程语言。这一点在本书的第 1 章就有提及，也展示了采纳云计算的必要性。如 1.1 节所述，正是因为它们，DevOps 才变得可能。企业限制虚拟化的使用，会对实施 DevOps 产生相当的难度。总之，选择具体的技术是每个公司自己的选择，如果一个新的管理工具要求采纳新的信息科技，相关的技术变化就应该纳入计划并付诸实施。

图 5.2 总结了所有主要的 DevOps 驱动力以及所有制约 DevOps 被采纳的因素。

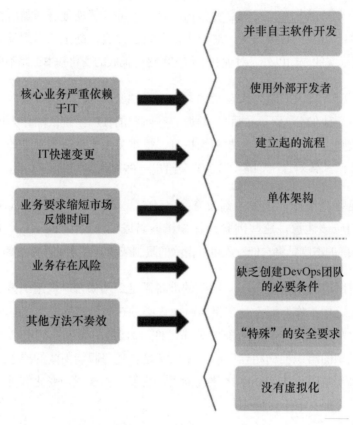

图 5.2 对 DevOps 的兴趣点以及已知的限制

显然，有约束因素并不会让 DevOps 不可能引入公司。在困难的条件下，依然可以从 DevOps 中获得收益，并且诸多约束都可以用不同的方式克服。显而易见的是，这些约束条件会增加采纳 DevOps 的复杂性。当遇到约束时，很难事先了解它会造成多么难以对付的障碍。无论如何，HP 硬件开发的例子以及现有众多 DevOps 主机架构实施案例，表明这种约束可能比通常想到的还要多，但依然有可能克服。

5.2 COTS

为尽力在 IT 上进行节约、降低系统的复杂性并快速获得回报，很多组织遵循"最小化自主软件开发并且尽可能多的采购现成软件"的原则。现成可用软件甚至拥有一个名字：COTS（现成商业软件）。这种方式非常普遍，并且也有足够好的理由。但是，正如前面所示，COTS 的使用会成为采纳 DevOps 的严重阻碍。当组织面对 DevOps 与 COTS 的"兼容性"问题，我们有以下一系列建议。

首先，不要在战略地位的业务线上使用 COTS。在竞争力取决于信息和信息科技的时代，有必要最大化的保有灵活度以及控制力，这通常无法从 COTS 获得。因而，任意一个严肃的专家都会给你的第一条建议是，在你重要的业务领域中消除 COTS，迁移到自主软件开发。

如果暂时采用 COTS 是不可避免的，则针对相关的应用及其管理策略牢记如下分级选择。

- 开放式应用，例如 Salesforce，让你可以采用标准的功能，适配到业务流程中。
- 封闭式应用，例如 Adobe 产品系列，无法进行任何适配。
- 平台式应用，例如 Microsoft Dynamics，是构建自有 IT 系统的基础。

对于 COTS，在 DevOps 实践范围内，有必要遵循与自主软件相同的原则。避免用户或管理界面的安装和配置界面；事实上，你必须学习 COTS 安装过程的细节，理解安装器做了什么、创建和修改了什么文件、修改了什么数据库，等等。其次，创建自己的脚本，仿照原始安装器的工作。你可能需要在不同的在用或计划要用的环境下，开发一系列的脚本来安装和配置系统：测试环境、验收环境或生产环境。所有的脚本都应该保存在版本控制系统中。如果有必要，应用类库、二进制以及其他的支持文件，也可以保存在版本控制系统或是在制品库系统中。核心原则是减少手工和复杂的安装与配置流程，取而代之以可知并且可控的脚本进行自动化部署。

同样，也建议重新考虑在运维侧配置软件的方式。当应用被配置和升级时，自动化控制系统可以识别出几乎从来没有改变的区域，以及几乎每次都会修改的配置项和文件，这意味着后者应该在版本控制系统中严格管控。终极目标是在版本控制之下，在任意时刻都保持所有应用设置的完整拷贝。

至少可以考虑以下方案。

1. 通过标准化的 COTS 配置工具，例如 IDE（集成开发环境），将配置与变更通过钩子结合。一旦管理员或开发者修改了应用中的任何信息，钩子将检测到发生的变更，将其转化为适合版本控制系统的格式并发送最终文件；在一些情况下，需要检查变更之间的冲突。随后，利用内建的配置导入机制，可能不需要使用 IDE 就能变更或重建系统设置。这种配置管控是最便宜的，但并非所有 IT 系统都支持。
2. 应用的设置被导出为适合版本控制系统的格式。比较理想的是，这种导出是自动化的，由 COTS 中的变更触发。如果没有触发器，这一导出被匹配并排期到系统中的变更流（例如每天晚上）。通常情况下，版本控制系统能够比较新进的文件与已存储的文件，如果没有变化就无需跟踪，信息也不会重复。这种方式相较于第一种更昂贵，但更为普遍。
3. 最昂贵的方法是针对 COTS 不支持配置导出但具备一定导入能力的情况。构建自己的 COTS 配置应用。所有的配置都通过此应用完成；配置文件所需的格式保存在版本控制系统中，并且以 COTS 的格式导入到目标 IT 系统。

事实上，这是为一个没有源代码的应用重建一个开发环境。然而，工作到此还没结束，有必要开发能够自动化执行的测试来检查引入的变更，包括整个系统的操作、与其他系统的集成以及互动。自动化的测试是部署流水线的一部分，也应该为 COTS 工作。

COTS 的最佳使用场景，是定期、快速并且自动化在生产环境中从无到有完整重建应用，它应该基于配置管理系统中的数据，并且不需要系统停机，做到对用户无感。这种级别的控制，保证系统发生变更时不会造成意外，并且不成功的变更会自动回滚到早先的版本。

5.3 架构演进

在 5.1 节中,我们强调了大多数成立于 2010 年之前的组织所面临的挑战以及单体架构,系统组件之间紧密的关联。现代的应用由一组相互作用的对象组成,结构之间的彼此连接建立在业务逻辑、数据、IT 基础设施以及其他因素之上。如图 5.3 所示,一旦系统被设计并开发成单一实体,在横向(对象,以及之间的通信)及纵向(应用、服务器、DBMS、数据交换的协议以及接口)上均是如此,这种单体架构会引发如下一系列的问题。

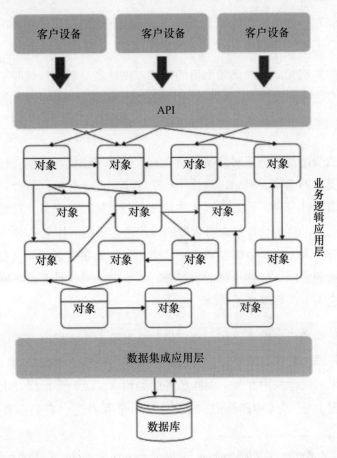

图 5.3　一个非常简单的单体架构 IT 系统示例(没有显示所有的关联)

- 即使是系统某一部分的小小变化，也会引起对其他部分的负面的、经常无法预料的影响。
- 众多开发人员并行工作在系统功能上，各自都需要资源来进行协同。
- 只有少数员工了解 IT 系统的整体概况以及所有的依赖与约束；这种员工迅速变得极有价值、无可替代并且严重超负。
- IT 系统的任何文档很快就变得过时。
- IT 系统的开发和运维以自然的方式切割：运维以及支持的员工无法介入复杂的系统架构细节，因而即使是最简单的问题，他们也只能上传给开发人员。
- 很难识别小的自主团队能负责的领域，因而敏捷开发最主要的好处也被抹杀，无法达到期望。
- 现有的架构无法完全满足当前的需要，创建之后就很快过时了：不得不在没有足够信息、缺乏开发和使用系统经验时做出关键的架构决策。
- 大量的强关联导致改变和发展架构变得异常困难。

对于这些挑战，传统的应对方案是引入正式的管理流程，增加管控的数量，这会减缓变更的速度。例如，为修正一个缺陷做的一行代码修改，对开发人员而言只需要几分钟，而发布到生产环境却需要等待几个月。系统必须作为整体进行测试，将多个开发人员所做的修改进行集成。作为应对，IT 部门又引入了额外的人为障碍，即发布日历。事实上，如果变更的测试很复杂，并且需要大量的资源，应该尽可能少进行。不幸的是，这种非常严格的方式对防止缺陷进入生产环境毫无帮助。

这些单体架构的问题由来已久，自运维与开发第一个大型信息系统之时就存在了。工程师一直在寻求更好的方法：模块化的架构、单核架构、事件驱动的架构（采用代理或中介）、面向服务的架构（SOA）等，以及上述方式的混合。但是，正如《构建演进式架构》[①] 的作者所述，它们都有明显的问

---

① Ford, N., R. Parsons, P. Kua, *Building Evolutionary Architectures*，英文版发行于 2017 年，ISBN 978-1491986363

题，有时甚至存在更高的复杂性，这让它们很难适用于 DevOps 实施。

近年来备受关注的一个激进并且有希望的方案是著名的微服务架构。应用程序被设计为一系列基于领域的元素：每一个"负责"IT 系统特定的一部分核心部分，包括所有必要的技术以及基础设施组件，例如数据库以及依赖的类库。这些服务之间并非"链接"在一起，与此相反，它们完全通过指定的程序接口或消息队列进行通信。任何服务都不应该知道其他服务的内部实现或是对其有任何的依赖。遵循"无共享"的原则。

按照前面的建议，有可能达成一种状态：修改任意的服务都可以独立于其他的服务进行，并由一个专门的团队进行。每一个服务彼此独立工作，同时又与 IT 系统作为一个整体工作，这让遵循 DevOps 的基本原则成为可能，如价值流、部署流水线、让一切都在版本控制系统中、自动化配置管理以及完成的定义。发布排期以及几个月的漫长（上线）等待都不复存在，变更管理流程也可以极大地简化。

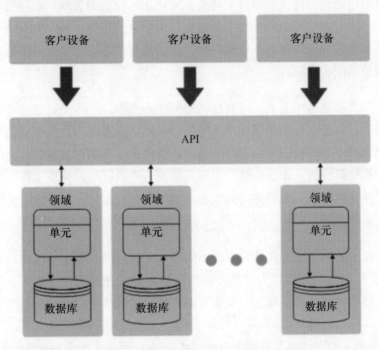

图 5.4　一个简单 IT 系统的微服务架构示例（并未显示所有的领域）

另一个巨大的机会点是转化为演进式的架构，持续遵循新的业务需求以及浮现的新兴技术。例如，负责领域 A 的团队，可以为功能准备一个新的版本，而须禁用当前的版本。服务 B，用了老版本的服务 A，继续保持原状而不会有质量损失。与此同时，服务 C，为新版本的服务 A 而设计，可以访问到新的功能。渐渐的，整个应用都将升级，与领域 A 已改进的新版本进行工作，早先的老版本可以被禁用。这不需要通过一个大型的隔夜迁移来等待所有的组件都就位。通过与上述同样的方式，可以独立于其他团队和领域对单个服务进行重构，减少累积的技术债务。

当然，微服务架构引发了很多挑战。需要认真研究领域如何分布，很难做到一劳永逸，需要持续审视并更新系统的服务结构。有必要遵循清晰的规则来定义并记录接口与版本。发生重大迁移时保持数据引用一致性：从数据库系统层面到领域层面。有必要监控每一个服务，不止是用于运维控制，也用于追踪使用情况。

容器化的引入对近些年微服务架构的扩展产生了巨大的贡献。它使得无须我们分配一个专有的虚拟机来为服务组织一个独立的工作空间；并且所有容器的创建和管理的操作都是基于软件的，包括按需动态增加容量以及当需求下降时释放相应的资源。

然而，对大多数组织而言，迁移到微服务绝非易事。一些公司拨款并启动了大型的项目，旨在为新的架构"重写"现有的信息系统。这类项目经年累月而且通常都不会取得成功，有两个原因：首先，迁移的规模是如此之巨大，以至于即使其他的工作都冻结，也不可能在合理的时间内完成工作；其次，随着新开发的进行，系统持续为响应业务需求进行演化，这给功能的同步带来了更多的困难。

相较于启动一个大型的成功几率极小的项目（并且绝对不会快速成功），专家建议[1]将架构的升级作为一个持续的活动来进行管理，并且将其当作日常开发工作的一部分。处理下一个业务需求时，可以将现有系统的一部分分配

---

[1] Humble, J., J. Molesky, B. O'Reilly, *Lean Enterprise: How High Performance Organizations Innovate at Scale*，英文版发行于 2015 年，ISBN：978-1449368425

到一个分离的领域,同时保证相关必要环节的支持:一个与主体系统交互的编程接口、一系列的测试、一个部署流水线。如图 5.5 所示,以业务需求作为变更的主要驱动力,单体架构的独立部分将逐渐一步一步地用微服务架构实现。

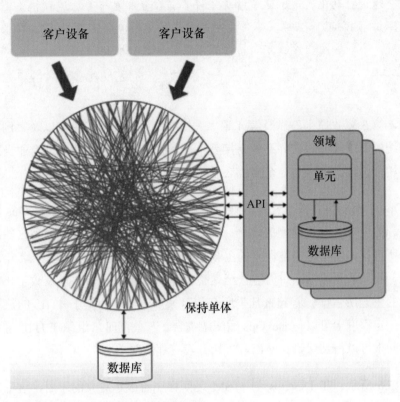

图 5.5 将现有应用系统逐渐迁移为微服务架构

5.4 DevOps 与 ITSM

在过去二十多年中,许多公司在 ITIL 上投入了数百万英镑、美元和欧元。这些支出通常都有其正当的理由:组织寻求管理信息科技相关问题的方案,并且努力改进 IT 部门的效率。在企业 IT 管理领域,类似 ITIL 和 COBIT 的知识体系通常被认为是行业标准,尽管这里用"标准"一词并不完全准确。很多公司希望从 ITIL 中获益,很多公司其实也一定程度地获得了投资回报。

> **误区：DevOps 与 ITIL 不兼容**
>
> DevOps 实践可以与 ITIL 流程相互兼容。但为支持 DevOps 实践所倡导的更短的前置时间与更高的部署频率，ITIL 流程中的许多方面可以完全通过自动化实现，这就解决了许多与配置和发布管理流程相关的问题。由于 DevOps 在服务事件发生时要求快速检测和恢复，ITIL 在服务设计、事件和问题管理方面的规程仍然一如既往地重要。
>
> 选自《DevOps 实践指南》[①]

然而，第 3 章 "原则" 以及第 4 章 "关键实践" 中的很多主张以及案例，对于传统的 IT 部门而言并不容易接受，新的实践与大多数的大型企业当前采用的相去甚远。这将是一个挑战么？

DevOps 专家相信，根本性的困难是不存在的。本节开头引自《DevOps 实践指南》的内容是一个典型的示例。一些 IT 服务管理专家甚至更为这些新的愿景所鼓舞，急切地去掌握新的主张。2017 年，在很多国家的 ITSM 年度会议上，我们看到很多演讲内容甚至是整个专场都被 DevOps 以及数字化转型这样的主题所占据。看起来几乎所有的专家都一致认为基于 ITIL 的流程可以在一定程度上可以与 DevOps 适配或吻合，与此同时，组织在 ITIL 方面的投资回报可以得到保障。然而，一切并没有那么简单。

如图 5.6 所示，在 DevOps 与 ITSM 之间存在着根本对立的矛盾，这一观点需要澄清。IT 服务管理（以及基于流程的活动管理）的两个关键原则之一，是由 IT 以服务的方式来交付业务价值。服务模式中必不可少的一环是客户与供应商之间的关系：前者决定了需要什么以及为什么需要，后者将风险、成本与成果相关联。这些关系要求记录在服务级别协议（SLA）中，包含各方职责。如果客户对交付的服务质量不满意，可以尝试影响服务提供商并基

[①] Kim, G., J. Humble, P. Debois, J. Willis, *The Devops Handbook: How to Create Worldclass Agility, Reliability and Security in Technology Organizations*，英文版发行于 2016 年，ISBN: 978-1-942-78800-3

于已签署的协议提出申诉，甚至是更换供应商。同样，如果供应商发现客户制造的麻烦大于收益，他们可以终止协议并将注意力放在其他的客户身上。当然，对客户内部的供应商而言并非这么简单，但基本原则一样。

图 5.6 ITSM 与 DevOps 的本质

与此同时，DevOps 的主张在很大程度上基于单一团队的概念，包括 IT 和业务在内。因此，各种角色一起工作，关注长期的成功，而不是短期的胜利，当然更不会过多关注书面上的协议。团队中不同角色的成员携手共进，途中道路也变得愈加清晰可见。团队对失败早已达成一致，一旦失败，他们不会相互问责，而是从自身的错误去学习。在极致情况下，IT 与业务之间的边界完全消失，这与前面称为"我们与他们"的工作方式截然不同。

对于如何解决 ITSM 和 DevOps 这一主要矛盾，答案尚未明朗，相对而言，即便是小的方面也存在分歧。

- 如前所述，DevOps 的实践在很多方面与传统 IT 部门的惯常实践不同，并且很多 IT 主管还未准备好接受新的理念。

- DevOps 的资金以完全不同的方式设置：资金是分配给产品，而不是项目。

- 长期以来，企业 IT 部门的原则是以成本优化为基本原则，DevOps 则建议切换到以提高速度为原则。

- ITIL 定义的变更管理关注于降低风险，通过相当缓慢并且严格的正式流程实现，包含诸多的控制、通知、协议以及审批。然而，DevOps 所提倡的变更，则是在伴随自动化测试以及日志记录的情况下，越快越好。

- 由于大量通过繁重的手工操作来收集和更新配置信息，ITIL 中所描述的配置管理以及配置管理数据库实践中很难实现。与此同时，DevOps 中的配置管理在很大程度上是自动化的并且是强制的，以至于"配置"这一术语在 DevOps 实践中有了一个新的含义。

- 与 ITIL 相比，在 DevOps 实践中"发布"的概念发生了变化，从"发布是一个复杂的、有准备的、测试过的、实时执行的变更"到"新功能对客户可用"。

- 事件管理实践，包括支持业务线的分离以及问题的升级，被 DevOps 中的另一个原则所取代："谁构建，谁来运行（You build it, you run it）。"

- 问题管理（处理事故根因）在 DevOps 实践中显得毫无意义：在 ITSM 中问题管理极具挑战性，而在 DevOps 实践中却并非必要。

- ITIL 中的容量管理是基于容量计划的极大延伸，应该涵盖对 IT 资源的所有需求，并且通常与公司每年的预算周期绑定。在 DevOps 实践中，容量必须在需要的那一刻就绪，不能因为找供应商、签合同、等待交付等事宜而被延误。

事实证明，无论从哪一方面来讲，ITIL 的主张都不同于 DevOps 的实践。也许这些矛盾并非不可调和，在一些场景中只需对现有 ITSM 流程进行些许调整即可。然而在另外一些场景下，需要对 ITIL 流程进行大刀阔斧的改革。

5.5 货物崇拜

大量的团队寻求掌握一种新的管理实践，却没有把足够的精力放在"管理"上，而只是关注于"实践"。迭代开发现在变得流行了？好吧，我们将安排两周一个迭代。周围的每个人都在进行每天的 Scrum 站立会议？太棒了，我们现在也做到了。他们说 Kanban 很有道理？没问题，我们也搞一个 Kanban。DevOps 流水线无法脱离自动化？没问题，我们会要求这些家伙选择并实施一些系统。

这种盲目注重形式而非目标的意义及原则的行为，被称为"货物崇拜"。这一概念是在 1945 年提出的，在当时与信息科技领域毫无关联。在人类学研究中，科学家们研究巴布亚新几内亚当地的风俗与习惯，发现并描述了一种现象：当地的土著居民对物质和精神收益的获取，更依赖于神灵和上帝的意愿。为得到这类收益，通常会在一位萨满或是长辈的指导下进行一系列动作和仪式。货物崇拜的范例在更早就有发现，最早的记录是在 1885 年斐济群岛。更偶然的发现证实，这种崇拜在大洋洲的一些地方保留至今。

货物崇拜最引人注目的著名事例是二战期间以及随后发生在美拉尼西亚群岛的故事。这些岛屿在当时对作战行动极具战略意义。一开始，日本空军登陆这些岛屿，带来前所未有的货物、衣服、药品、食物和武器等。随后，这些岛屿被反法西斯联盟控制，基于种种原因，当地民众坚定认为这些当地绝对无法产生的商品出现与白人从天而降关联起来。战后不久，这些岛屿失去了它们的重要性，军事基地被削减，外国人离开了领土。为了寻找一种方法来恢复货物的流动，原住民将这些宝藏曾经从天空而降的过程逐一进行最精确的复制。举例来说，他们开始用美军的颜色来装饰自己，在阅兵场上进行军事游行，生产竹制的来复枪，复制最近发生过的所有其他外在特征。例如，他们修建了建筑物，复制了机场的指挥所，包括内部设备和天线，但用的都是竹子（图 5.7）。他们清除了丛林中的其他地面，以创造出更多的"机场"。他们安装了相当精致的飞机复制品。当然，所有这些行为都没有导致外国人返回或是收到新的货物。

图 5.7 虚拟化的现代竹制电脑

任何受过教育的人都明白,这个故事不可能以其他的方式结束,仅仅通过盲目复制一些形式上的东西以期获得同样的产品,是异想天开且不现实的。然而,故事中土著人所犯下的这种显而易见的错误,在每天的商业环境中却经常被忽视。通过不经思考照抄敏捷软件开发仪式来期望加快产品上市的例子,在众多企业实践中比比皆是。

值得注意的是,货物崇拜的现象同样也经常出现在企业 IT 服务管理以及 DevOps 实践中。只是目前还没有足够的信息和调研来统计这一现象。

5.6 从当前所处位置启航,迭代推进

> "针对 IT 管理者关于如何进行 DevOps,你会给出什么建议?"
>
> "立即开始!今天就是开始的最好日子。"
>
> ——对话加里·格鲁佛(Gary Gruver)[1],2017

---

[1] 一名永远改变 HP LaserJet 外设部门的主管,https://cleverics.ru/subject-field/interviews/723-gary-gruver-interview-on-devops

本书前面的章节，旨在为读者构建一个变革前行的整体感觉：采用 DevOps 意味着新的管理原则和全新的信息科技工作方式。很多人知道，从他们自身经验来说，大的转型绝非易事。管理 IT 基础设施已经极具挑战，同时业务主管还在不断提出上市时间这个令人棘手的问题，还有来自各方源源不断的压力，主管会竭尽所能地待在自己的舒适区里。因为在这个舒适区里，事情更为清晰并且可预测，即便不如意愿中那么美好。大规模的变更不应该困扰并阻止你，这不是必须在输和赢之间做出选择。

如果发现自己处在 5.1 节所描述的情况，就真的没有借口再继续等待。DevOps 运动正处在它的开始阶段。当然，在企业信息科技领域依然存在很多没有答案的问题。那么是否值得等待别人发现这些答案呢？绝对不是！正如本书一开始就讲到的，先行者也许做的不是最好的，但他们积累了经验，会让他们比后进者更迅速地向前发展。当前，在 DevOps 领域有太多的出版物、活动以及布道者，不可能存在信息的真空。与此相反，从嘈杂的噪音中过滤信息变得越来越重要。市面上已公开的并不一定与事实完全相符。市场的热度和盲目炒作掩藏了真正的挫折和失败，并且，当今每个人都有可能突然就变成一个"专家"。因此，你需要在具体的主题域建立自己的观点，提出自己的问题，去寻找答案，这比以往任何时候都更加重要。

如 IT 服务管理一样，常见的错误是去尝试"实施"DevOps。你当然无法实施 DevOps，这一用词就像"实施一个健康饮食"或"实施一个锤子"一样没有意义。DevOps 可以采纳，像其他任意的管理工具一样，用来解决组织里具体的问题。DevOps 不是一个软件产品，后者可以安装和启动；DevOps 也不是一个工程师，后者可以雇佣来给 IT 带来新的订单。在很多方面，DevOps 需要文化与组织的变化，而这些变化并非只局限于 IT 部门。

如同 IT 部门一样，业务部门在同样的关键领域也同样需要变化：组织、文化以及工具。如果相信已经遵从新工作原则的 IT 部门仍能与遵循传统工作方式的业务部门直接展开工作，就未免太天真了。相反，DevOps 并不只是意味着开发与运维之间的隔阂需要消失，IT 与业务之间也如此。如果这一目标状态太过遥远，至少两者需要有新的交互方式以及新的 IT 投资原则。缺乏组织决策层强有力的、毫无条件的支持，这类变化无法实现。"我全力支持你，但时间、金钱、努力以及我的个人参与除外"，来自管理层的这种承诺毫无意义。

DevOps 的应用在任何情况下都不应该以项目的方式进行。项目的方式意味着在有限的时间以及预算内获得特定的结果，DevOps 意味着一场没有终点的马拉松比赛，从今天直至永远。因此，没有比"DevOps 实施项目"更没有意义的词语组合了。

有必要持续对员工进行培养。不只是培训，而是持续的培养。此外，有必要为分享知识和经验教训创建一个舒适的环境。这些机制应该持续验证。已经在公司建立并且被专家主动采用的机制，应该进一步发扬光大。那些不奏效的，应该剔除，被新的机制取而代之。应该避免诸如对部署流水线进行技术研究的事情，这很容易只见树木不见森林；仅仅在组织一部分构建的流水线，不会带来预期的收益。我们应该关注在研究 DevOps 原则和理念，创建一个新的运维和 IT 管理文化。

与其他的组织变革一样，人们会做出不同的反应：有些人会拥抱变化并做出额外的努力，有些人会保持中立或是怀疑，而其他人会跳起来反对，或是蓄意破坏变革推进。在这方面，DevOps 与其他组织变革没有区别，而当前的管理者已经积累了充足的技巧。

对于有遗留 IT 基础设施的组织，一种通用的方式是鉴别与其他系统松耦合连接的系统（这些通常是现代的"数字化"应用）。采用这些系统作为试点：它们通常比较容易应用基本的 DevOps 元素，包括价值流、部署流水线、版本控制系统和自动化配置管理等。这一经验可以随后应用于其他系统，但不要指望这是容易的事。不幸的是，所有 IT 系统都有其自身的独特性，IT 团队以及业务部门也是如此。尽管如此，从简单的情况开始，你可以更有信心地继续前行。

很容易对自己或其他人解释说为什么不应该进行新的尝试或是为什么新的实践行不通，也无法落地。这是一种众所周知的认知陷阱，只能通过行动来规避。

> 凯尔西·海托尔（Kelsey Hightower），Google Cloud Platform 高级开发者&布道师，非常直截了当地说："在那个领域没啥好说的。（……）对我而言，那是支柱。CI/CD, DevOps，我们只能去说，去聆听，去搞明白，或与公司之外的另一个团队一起搞明白。"

5.7 以价值流为核心

设想在一个组织中，定义出一个小范围的并且易于控制的试点区域；为实现更多的收益，有计划地改变这个区域内 IT 运营以及管理的方式；在这个区域里更快发布新产品，更快验证业务想法，引入反脆弱性越接近于控制技术债务。到底应该首先做什么呢？

对于那些已经踏上征程的组织，最好建议从团队开始。4.2 节描述的团队，成功的几率就越大。

然后，应该映射"现状"的价值流。这一练习有助于建立一个对当前流程统一的理解和认知，然后识别瓶颈点并寻找浪费。即使在继续下一步之前，你也可以尝试改变流程以减少浪费。还有可能创建一个假设清单，包含有待验证的可能造成最大浪费的领域、延迟以及活动。这份清单随后会派上用场，作为未来改进的基础。

现在是时候开始为价值流构建自动化的部署流水线了。流水线没有必要在第一天就规划为全自动的。一个基本的流水线只要至少包含编译以及初始的测试，就足以作为起点。使用流水线的第一手经验，将引导演进的方向。需要牢记在心的是，资源有限，不应该立即为自己设定一个标准很高的目标，然后竭力实现某些无法触及的理想。

度量价值流中关键指标的重要性毋庸置疑。对于价值流的每一个阶段，都可以设定很多指标，但最大化度量指标的数量绝非目的。首先，可以管理最重要的三个指标：前置时间、处理时间以及正确率。持续监控这些关键指标，将揭示出能够产生最大提升效应的领域。

当了解并发现需要改进的领域，就有可能演化出价值流的理想版本，并准备一份有待改进的清单。工作改进不应该被视为是一次性的事件，而是永久可持续的工作。应该作为日常的实践，定期、主动、有方法地寻找并消除浪费。这是团队中每个人的日常任务。

为移除限制并最小化浪费，可以从 DevOps、精益产品以及敏捷软件开发的武器库中，选取最适合的工具。因此，人们的行为不是由宣称的实践来决定的，而是通过对价值流的分析，设定目标并选取最适合的工具与实践。

然后是循环的收尾：当实施计划的变更后，有必要理解预期的改进是否已经实现、关键指标的值是什么、下一个瓶颈在哪里以及能够采取什么措施来消除瓶颈。正如已经多次提及的，最主要的是踏上征程并开始沿着这条没有终点的征程持续前行。

以某些团队为例，在早先阶段就确定价值流的最终目标状态，然后系统化地逐步朝着这个状态前进。这种路径看起来会很复杂，也很冒险，因为早期阶段犯错的可能性极大。此外，也没有必要在一开始就定义最终的状态，它的定义可以在不断尝试中进行摸索。

一旦在试点区域建立价值流，下一个合乎逻辑的步骤是将经验与实践扩展到其他领域。这种方式是可行的，但当多个 DevOps 团队分别进行工作，最终需要整合为一个更大的组织形式或几十个人一起参与到组织级 DevOps 实践中时，最有趣也是最复杂的任务开始了。大型组织中规模化 DevOps 是一个独立的并且意义重大的知识领域，不在本书的讨论范围内。

5.8　小结

公正审视，需要客观地呈现其实质、特性、优势及限制。我最不想看到的情况是，读者把 DevOps 曲解为解决现代 IT 管理所面临的所有问题的最佳手段。本章关于 DevOps 适用性的讨论很长，关于 COTS、单体架构以及服务方法等令人不适的问题，答案依然并不明显。

然而有一点相当明确：这取决于你，是自己去寻求答案，还是等着别人来告诉你他们的伟大成就。"他们的"在这里是关键词。为取得个人成就，必须立即采取行动，而不是等待和观望。

第 6 章 结语

DevOps 有自己的起源以及存在的前提。到 2010 年，随着条件成熟，形成了对信息科技中开发与运维进行管理的需求以及可能性。这引发了 DevOps 运动的兴起。

正如众多布道师经常提及的，DevOps 并非包治百病的良药。本质上，它有助于解决三个急迫并且复杂的问题：缩短市场响应时间；减少技术债务；消除信息科技的脆弱性。

DevOps 构建在精益产品开发和敏捷软件开发两大坚实的基石之上。然而，说 DevOps 只是采用已有知识是不对的；相反，DevOps 不只是扩展了精益产品开发以及敏捷软件开发基石，而且引入了很多重要的新原则。

基于这些原则，可以探索、创造并应用各种实践。对于在传统方式下工作的 IT 部门，这些实践绝非寻常，但每一个实践的背后都有好的理由，有时是基于中立甚至悲观的分析。

在一两年之前，我们还可以争论什么是 DevOps、什么不是 DevOps、DevOps 意味着什么、什么是 DevOps 必备的、DevOps 由什么组成。然而，到 2018 年，整体的视图已经非常清晰。过去 5 年中成立的公司，无法想像会以其他的方式工作；即便是 DevOps 一词并未时刻被提及，也没有打在条幅上，DevOps 依然是这些初创公司企业文化的自然特征。传统的公司，有遗留的 IT 方案、IT 流程以及 IT 人员，在灵活性方面受限，但也开始主动寻求新的流行，迈出第一步，尝试、犯错并且学习。一些传统公司已经展示出令人振奋的成就，其他的一些则做出计划并怀揣希望。大量与企业信息科技相关的问题仍然在等待解决。如果技术问题（例如部署流水线的实施）或多或少都清晰了，那么接下来的关键问题是传统公司如何能够从 DevOps 中取得管理上的收益？

今后几年将是企业 DevOps 时代。将是有趣的几年，我们有很多需要学习的。

> "不断接受新的挑战，即便不确定自己是否完全准备就绪。"
> ——雪莉·桑德伯格（Sheryl Sandberg），Facebook 首席运营官

有可能，合上这本书后，读者会想："好吧，这并不是一本糟糕的书，一切都看起来很清楚，但都是我以前就知道的。"这将是对作者最好的赞美，我试图通过结构化的、逻辑性的、令人信服的并且尽可能公正的方式，阐述一个相当困难的主题，而这一尝试已经开花结果了。

附录

附录 1　测试：你是否在做 DevOps？

对每一个成熟的管理领域，有些度量方式，例如经常称为"成熟度模型"，看起来已经过时了。基于预先定义的标准，组织会尝试评估各种推荐实践存在的依据，用以引导出一个相当武断的整体评估结果。这种模型用于评估特定组织在这些或那些管理方面做得好或不好的程度。各类咨询顾问也经常会采用这种成熟度评估来进行各种昂贵的评估、诊断或审计。有趣的是，越是没有经验的咨询顾问，往往最喜欢采用成熟度模型，给他们不幸的客户诸如此类的建议："提升所有的过程成熟度，至少达到整个 5 级中的 3 级。"与这种实践相反，其他的一些专家相信、从整体而言，成熟度模型收效甚微。它们顶多回答了"我们当前在哪儿？"这样的问题，却从未回答"我们应该去哪里？"因而，并没有为决策制定提供有价值的信息。

尽管如此，很多人真的愿意了解自己做得如何？比起其他人是否做得更好？那些大咖会怎么说？我们比别人落后了还是超前了？幸运的是，迄今还没有广泛被业界广泛认可的 DevOps 成熟度模型。因此，为满足这一诉求，我们开发了如下几乎毫无意义的测试。它的设计初衷是对比 IT 组织与理想 DevOps 状态的差距。

诚实回答所有问题，选择其中最合适的选项，然后计算总分。

1. 关于常规的度量前置时间、处理时间以及工作无误的完成比例（%C/A）：
    a. 对所有变更 — 5 分
    b. 时不时的 — 3 分
    c. 没有度量这些，但我们度量了很多其他东西 — 1 分
    d. 所有的度量都是不怀好意的 — 0 分
2. 关于我们的平均前置时间：
    a. 好几小时 — 5 分

  b. 好几天 — 3 分

  c. 好几周 — 1 分

  d. 好几月 — 0 分

3. 发布到生产环境的频度是：

  a. 一天多次 — 5 分

  b. 一周多次 — 3 分

  c. 一月多次 — 1 分

  d. 我们按季度（或更长）来排期发布 — 0 分

4. 关于发布：

  a. 我们不发布，这由我们的业务进行 — 5 分

  b. 每当业务需要时 — 3 分

  c. 通常很少，但紧急发布是可能的 — 1 分

  d. 与发布政策保持一致，当变更累积时 — 0 分

5. 当我们引入变更到生产环境时，宕机时间是：

  a. 没有宕机时间 — 5 分

  b. 几分钟 — 3 分

  c. 几小时 — 1 分

  d. 我们与业务就宕机时间达成协议来关闭系统进行变更 — 0 分

6. 我们对生产环境引入破坏：

  a. 我们不会，因为它是持续地通过特殊定义的脚本和系统进行的 — 5 分

  b. 当测试和部署时 — 3 分

  c. 几乎每天，当我们进行日常工作时 — 1 分

  d. 不可能有破坏，一切都很稳定 — 0 分

7. 我们分配时间给改进与创新：

  a. 20%的工作时间 — 5 分

  b. 并非常规的，但我们在尝试 — 3 分

  c. 我们日常工作做得越来越好 — 1 分

  d. 我们由特别的人来帮助改进 — 0 分

8. 我们对活动用户进行业务实验：

  a. 每天 — 5 分

b. 时不时的 — 3 分

c. 当 IT 部门允许 — 1 分

d. 我们不用实验，因为我们的分析师完美了解有关用户的一切 — 0 分

9. 我们的部署流水线：

   a. 完全自动工作 — 5 分

   b. 有一些手工步骤 — 3 分

   c. 没有流水线 — 1 分

   d. 在我们的条件下，不可能有流水线 — 0 分

10. 我们对价值流中的任务进行排序：

    a. 基于延迟成本 — 5 分

    b. 快速计算收益、资源以及紧迫性 — 3 分

    c. 我们玩扑克 — 1 分

    d. 我们不进行排序，这对我们不管用 — 0 分

11. 我们交付 MVP 的目的是：

    a. 以最小的资源获取最完整的信息，用以进行决策 — 5 分

    b. 了解是否值得继续 — 3 分

    c. 对相关干系人展示 beta 版本 — 1 分

    d. 我们不交付 MVP — 0 分

12. 我们展示系统的正常运行时间信息：

    a. 在专门的公开可用的网页 —5 分

    b. 在独立的客户报告中 — 3 分

    c. 在监控系统中 — 1 分

    d. 我们不展示这个 — 0 分

13. 我们修复生产环境事件：

    a. 通过快速重建基础设施的一部分 — 5 分

    b. 通过回滚不成功的变更 — 3 分

    c. 通过事件管理流程 — 1 分

    d. 通过重启 — 0 分

14. 我们的价值流：

    a. 可视化为"当前"状态以及"目标"状态 —5 分

b. 在我们的记忆中 — 3 分

c. 画在主管办公室的墙上 — 1 分

d. 我们（IT 部门）就是价值 — 0 分

15. 我们更新 IT 基础设施：

a. 通过保存在版本管理系统中的脚本 — 5 分

b. 通过管理员为自己开发的脚本 — 3 分

c. 通过管理员手工进行 — 1 分

d. 通过 DevOps 工程师手工进行 — 0 分

一共 15 道题测试，因此总分最高分是 75 分，我们猜测：

- 如果得分低于 44 分：有非常棒的发展空间，请与劳动力市场密切绑定，以便开发新的机会；
- 如果得分在 45 到 74 分之间：在正确的路径上，DevOps 已经实现！
- 如果得了 75 分：立即与本书作者联系，他有一些问题想咨询你。

附录 2 推荐阅读

事实证明，截止到 2018 年，已经出版的 DevOps 图书数以百计。很多出版物对 DevOps 话题的见解都非常浅显。有的出版物关注于某一特定领域，并未呈现出 DevOps 的全貌。许多非常有趣的图书所涉及的内容和 DevOps 的关系是间接的，更不幸的是，有些书中甚至每页中有价值的信息也是凤毛麟角。

然而，为获取更为详尽的 DevOps 知识，除了本书中已经提及的参考书籍外，我要列出如下书籍。

1. Jez Humble, David Farley, *Continuous Delivery: Reliable Software Releases through Build, Test and Deployment Automation*，英文版发行于 2011 年，ISBN: 978-0321601919

   中文版《持续交付：发布可靠软件的系统方法》

2. Gene Kim, Jez Humble, Patrick Debois, John Willis, *The Devops Handbook:*

How to Create Worldclass Agility Reliability and Security in Technology Organizations, 2016, ISBN: 978-1942788003

   中文版《DevOps 实践指南》

3. Paul Swartout, *Continuous Delivery and DevOps — A Quick start Guide,* 首印于 2012 年 11 月，第 2 版于 2014 年 11 月，ISBN978-1784399313

4. Jennifer Davis, *Katherine Daniels, Effective DevOps- Buildinga Cultureof* Collaboration, Affinity, andToolingatScale, 2016, O'Reilly Media, ISBN: 978-1491926420

   中文版《Effective DevOps 中文版》

附 赠 资 源

- DevOps Master 白皮书：企业 DevOps 的成功之路

- EXIN DevOps Foundation 认证指南、样题及解析

- EXIN DevOps Master 认证指南、样题及解析

DevOps Master 白皮书

企业 DevOps 的成功之路

作者：户田孝一郎
译者：刘颋　史鹏程
审校：刘征　EXIN中国

整体介绍

前言

展现在大家面前的这本白皮书,将通过一个企业 DevOps 案例来呈现 DevOps 知识框架以及相关应用内容。

我们一直提供敏捷开发和丰田/全面管理系统(Toyota/Total Management System,TMS)的咨询服务,其中 TMS 是丰田生产系统(Toyota Production System,TPS)的核心。

基于我们的经验,我们相信 DevOps 能很好地支持业务。

DevOps 不仅支持 IT,而且还能支持业务战略并改善业务流程。

关于 DevOps 的书籍非常多。例如《凤凰项目:一个 IT 运维的传奇故事》[①]是从 IT 经理的角度来写的,还有《持续交付:发布可靠软件的系统方法》是从开发和项目经理的角度来写的。《DevOps:软件架构师视角》是从架构师的角度来编写的。这些都是帮我们理解什么是 DevOps 的优秀书籍。

本文是从业务流程角度来写的,因为 DevOps 旨在通过建立软件/IT 服务供应链(Software/IT service supply chain)来支持业务并管理整个流程的成熟度。

DevOps 历程

我们的 DevOps 旅程始于 2009 年,在我们为某客户(该客户提供将 Web 从 PC 转换到 iPhone 等移动设备的优质服务)成功实施了敏捷、Scrum 和 XP 方法之后。

当时,客户的 Scrum 团队已经能做到更快地开发和发布软件。即使开发时间

---

① 中文版《凤凰项目:一个 IT 运维的传奇故事》已经上市出版。

减少了一半，业务总监依然吐露业务速度的提升并不如意。

看起来，开发过程是瓶颈，但经过调查发现开发过程并非瓶颈，而是业务流程应该改进。

我们据此将 TMS 这一概念从业务战略和规划一直到客户服务的整个业务流程实施起来。而使用 DevOps 的概念将有助于建立一个流水线式(stream-lined)的业务运营过程，并缩短交付前置时间(delivdery lead-time)。

这个项目于 2012 年成功完成。整个流程从端到端进行了重新调整，并使用可视化控制、单件流(One-piece flow)[①]、每周进程同步、每天反馈循环以及 KAIZEN[②] 建立起整个业务的协作。经理、管理员、销售、设计师、程序员、运维和客服形成了一个团队，大家在可视化看板上共享所有业务信息。

项目实施后，业绩得到了明显的提升：交付前置时间缩短、销售量提升、利润率和员工积极性也都得到了提升。这些是 DevOps 的真正价值。

DevOps 框架应该直接支持到业务结果，不仅仅是为了 IT 服务中开发与运维的协同，而是要能帮助企业使用 IT 服务来支持和提升他们的业务。

DevOps 的价值应以业务结果来衡量，而不是根据 IT 项目范围和 IT 成果来评判。

什么是企业体系的 DevOps？

关于 DevOps 的书有很多，但不幸的是，大多数都是描述在网站和产品开发中是如何应用 DevOps 的。很少有相关资料讲述 DevOps 如何应用于企业体系。

---

① 译注：One-piece flow 是 70 年代日本的大野耐一在 JIT 生产方式的基础上提出来的一种方法，目的是减少单纯依赖大量的在制品和零部件储备来维持均衡生产

② 译注：日语，持续改善，丰田所贯彻的方法

企业往往同时拥有交互型系统[①](SoE)和记录型系统(SoR)。SoE 系统关注的是速度，SoR 系统关注的是业务连续性。问题是 SoR 系统也受到面向速度的 SoE 系统频繁更改的影响，SoR 系统如何适应频繁更改影响的同时还要保持业务的连续性？Gartner 公司把这称为"双峰挑战"(Bimodal challenge)。

大多数企业的 SoR 既有传统的系统与应用需要维系和使用，使用 DevOps 建立及时制(just-in-time, JIT)概念的流水线式过程可以助力这类系统。

DevOps 不能简单认为是一种工具、方法、技能或组织结构，DevOps 的框架是结合所有这些元素来建立一个流水线的过程，使业务更快地运营，并能更快地应对变化。DevOps 还可以通过戴明博士的 Plan-Do-Check-Act(PDCA，戴明环)来提升成熟度。企业级的 DevOps 不仅仅是增强的敏捷开发和持续交付，同时也通过 IT 服务管理和应用程序管理来实现和促进业务增长并保障业务连续性。

DevOps 的目标是什么？

DevOps 的目标是建立流水线式的及时制(JIT)的业务流程。DevOps 旨在通过调整及时制(JIT)业务流程来最大化业务成果，例如增加销售和利润、提高业务速度或最小化运营成本。

DevOps 意味着在业务中建立一条 IT 服务供应链，与其他产品的供应链嵌入业务的方式相同。这种从提供软件交付到供给 IT 服务的模式转变是巨大的。

从架构的角度来看，DevOps 需要建立一个自动化的快速部署系统。有很多方法和工具可以利用。DevOps 没有统一的实施模板，每个组织都应该考虑并建立自己的 DevOps 流程来提升业务。因此，真正理解 DevOps 的概念，对员工遵循正确的流程有效执行来说至关重要。

---

① 交互型系统中文翻译参考 IBM 文章"解析微服务架构"

DevOps 的知识体系

当实施 DevOps 时，我们将从很多知识源、方法论、实践案例和工具中去选择参考。DevOps 主要由以下的三大支柱和一个基础组成。

规范敏捷

一支训练有素的敏捷开发团队是成功实施 DevOps 的关键。规范敏捷(Disciplined Agile)意味着下面三个方面。

- 速度稳定(Stabilized Velocity)
- 适应变化(Adaptability for change)
- 总是能发布优质的无错误代码(Always release high quality bug free code) IT 服务需要以更频繁、更快速的发布周期来响应业务变化，这取决于开发速度。工作质量是最重要的，需要将工作分割为小任务来加以支持。

Ji-Koutei-Kanketsu(JKK)概念，认为 100%的完成每个条目，是有助于保持高质量工作的。而"完成定义"(Definition of Done)或"结束"(Completion)，对每个人都必须清楚定义。

产品负责人需要改变他/她的使命，不单单是管理待办事项列表(Product Backlog)，也需要规划 IT 服务的运维成本。在丰田，这项工作是由首席工程师来完成的。

持续交付

持续交付(Continuous Delivery)是应用程序的构建、部署、测试和发布流程的自动化实施。

一个关键的关注点是测试，如验收测试和性能测试等。TPI NEXT(测试流程优化)① 可以用于提高这个过程的成熟度。

每个组织部署流水线(Deployment Pipeline)的实现都会有差异，因为软件发布的价值流不同。成功的关键因素是该部署流水线应该为单一流程构成，而非多个。

IT 服务管理

当技术成为大多数业务流程的核心环节时，IT 服务的连续性和高可用性是业务存亡的关键因素。这可以通过引入降低风险措施和恢复方案来实现。就像 IT 服务管理所有要素都提及的，成功实现服务的连续性需要得到高层的承诺，以及组织中所有成员的支持。要保持恢复方案的有效性，持续维护是至关重要的。服务连续性是服务功效(warranty, fitness for use)的必要组成部分。如果服务连续性无法按照业务的要求维护和/或恢复，那么业务将无法实现所承诺的价值。没有了连续性，服务的功用(utility, fitness for purpose)也无法使用。

传统的 IT 服务管理(ITSM)最佳实践，比如 ITIL 看起来很繁琐，不匹配 DevOps 中所倡导的快速流程。有必要考虑一下如何降低管理工作量。

基于 DevOps 去重新调整 ITSM 是有必要的，创建轻量级的只包含所需最少必要信息(Minimum Required Information，MRI)且严格聚焦于业务持续性的轻量级 ITSM。

每个组织的 MRI 设置取决于他们的业务。

以 TPS 理念为基础

建立一个流水线式的 IT 服务供应链并不容易，因为其包含的内容很多，并且要改变现有熟悉的开发周期和方法论，你很有必要观念上做改变。

TPS(精益管理 Lean)的概念包括 JIT 和自动化，对建立这样的供应链有很大的帮助。

---

① Test Process Improvement (TPI) methodology 是 EXIN 的软件测试认证体系

JIT 意味着以单件流(one-piece flow)的方式建立一个流水线式的供应链。而自动化意味着尽可能实现自动化，并且当出现缺陷时能停止整个过程。

这个过程需要设计并且员工也需要充分理解这两个概念。

另一个关键问题是开发和运维的管理周期。需要在工作方式上采用敏捷的方法，包括开发和运维之间每周或每天的信息同步。

下图展示了 DevOps 的知识体系：

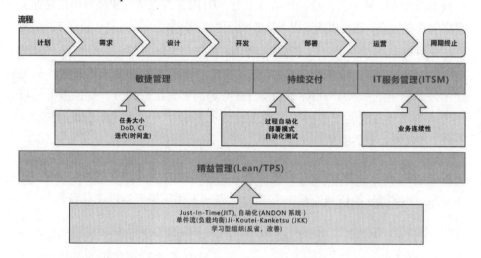

DevOps 团队角色

为了保证 IT 服务的业务连续性，推荐在组织中建立 DevOps 团队。

最好是组建一个小型优质的 DevOps 团队，根据亚马逊的"两个披萨规则"，团队成员的规模为两个披萨饼就可以喂饱。

团队角色描述如下。

流程主管(Process Master)

领导并引导团队，这个角色类似于在 Scrum 中的 Scrum Master。

对整个过程实施可视化管控，并特别注重建立单件流的流水线式的流程。

可视化管控意味着"在不需要解释的情况下，通过看板是否每个人都能很容易理解当前的状况？"它并不显示状态。但它可以用来表达是否有问题出现。

经验需求：Scrum Master 或敏捷项目领导(Agile Project Leader)。

服务主管(Service Master)

对及时(JIT)提供 IT 服务负有全责。

这个角色就类似于 Scrum 中的产品负责人(Product Owner)或对待办事项(Product Backlog)做管理和排序，另外还负责 IT 服务的成本规划。

经验需求： Scrum 产品负责人(Scrum Product Owner)、服务负责人(Service Owner)。

DevOps 工程师(DevOps Engineer)

以优化和维护自动化流程为主要使命。

工程师将检查整个自动化过程和工具。DevOps 流程需要很多工具。经验需求：开发(Development)和工具(Tools)。

把关人 / 发布协调员(Gatekeeper / Release coordinator)

负责监控 IT 服务的运维状态和下一次发布的进展。做关于部署是做或不做的决定，需要参照的标准包括安全性、合规性、监管要求或运维团队的成熟度以及他们的流程观念。

经验需求：IT 服务管理(IT service management)、运维(Operations)。

可靠性工程师(Reliability Engineer)(可选)

监控部署过程中服务的测试质量，处理服务运行中所产生的问题。

监控流程状态以确保开发团队严格遵守 CI(持续集成)和 CD (持续交付)的规则。监视和管理复杂的构建管线的工作流。

以提升测试流程为使命。

经验需求：测试(Testing)、工具(Tools)或质量保证(Quality assurance)。

开发团队(Development team)

DevOps 的关键成功因素之一是建立一个规范的敏捷团队。

规范的敏捷团队致力于以可持续的速度来满足发布计划和发布质量。

经验需求：开发(Development)或敏捷(Agile)

运维团队(Operation team)

采用轻量级的 ITSM 并在总体战略范围内支持对服务的设计、实施、运维与改进。

采用 TPS 中的"提前持续改善(KAIZEN in Advance)"的实践。

经验需求：运维(Operations)或持续改善(KAIZEN)。

组织

有必要在服务管理办公室(Service Management Office)中组建 DevOps 团队来支持服务主管。

有两种类型的组织架构展示如下：

适合小型组织的扁平化组织

下图是小型组织的基本架构。

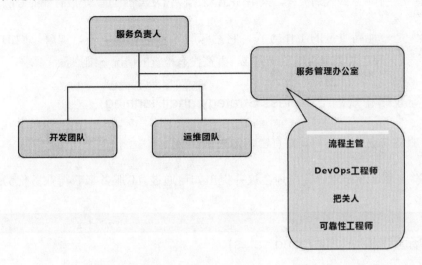

适合大型复杂组织的矩阵组织架构

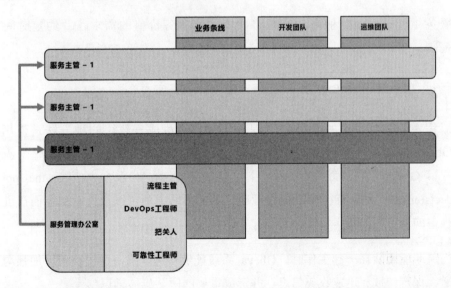

建立专家池并安排他们作为一个团队给到服务主管。这个矩阵组织的想法来自丰田的首席工程师。

DevOps 的流程

要建立一个流水线式的流程，采用 JKK 来指导 DevOps 团队是最有效的办法。

JKK 是一种高质量的工作方式，它意味着对目标理解清晰，理解正确的工作方式，使工作百分百地正确完成，并在没有检查的情况下维护质量要求。

业务战略和规划(Business Strategy and Planning)

IT 服务与业务战略和规划有密切的关系。

服务主管应该参加业务规划会议并提出如何通过 IT 服务来获得业务优势的建议。

市场营销(Marketing and sales)

服务主管应该与市场部门讨论如何从 IT 服务中获得优势。

服务主管识别 IT 服务的客户，收集具有业务价值的需求，并约定时间范围。

管理(Administration)

流程主管就如何可视化整个过程与团队成员达成一致。一种方法是使用 Obeya(作战室，丰田的一种工程合作方式)，它可以设定为可视化整个流程。Obeya 作战室具有两个目的：信息管理和现场决策(on-the-spot decision)。这里面有很多可视化管理工具。团队成员可以很快看到他们在过程中的方方面面。

当跨职能团队在一起工作时，Obeya 系统能够快速、准确做出决策，加强沟通、保持一致、迅速收集信息、并形成重要的团队集体意识。

项目规划(Project Planning)

服务主管组织服务管理办公室(SMO)并定义团队的基本规则。服务主管创建愿景、目标和项目的价值，然后整合 DevOps 的团队成员。

在这个阶段，运行中的基础设施被定义。要设计一个整体流程的价值流图表。

需求和设计(Requirements and Design)

服务主管定义产品待办事项(Product backlogs)安排优先级。

DevOps 团队使用产品待办事项(Product backlogs)来定义故事(Story)。

- 用户故事：角色，职能，业务价值/理由，以及运维条件。
- 测试故事：验收测试用例和服务验收标准。
- 运维故事：设置 IT 服务的优先级的和业务连续性的运维条件。

创建服务级别和运维级别协议。

DevOps 工程师和运维团队定义转换、测试和开发的基础设施。开发团队还创建了发布和迭代计划。

把关人研究 IT 服务的合规性以及 IT 服务的监管要求。可靠性工程师定义测试方法和测试用例。

开发(Development)

Scrum 是这个阶段最适用的方法论。

开发团队应该提交并遵守发布计划，并使用规范的敏捷方法。迭代(Sprint)的周期取决于业务的需要。

从质量的角度来看，XP(Extreme Programming，极限编程)的实践，例如结对编程(pair-programming)、TDD(Test-Driven Development，测试驱动开发)、重构(Refactoring)和十分钟构建(Ten-Minutes Build)都是有效的。

部署(Deployment)

在完成持续集成之后，自动化流程开始进行验收测试、性能测试和部署。DevOps 工程师应该建立单件流(One-piece flow)方式构建一个单一的自动化部署流水线(pipeline)。

可靠性工程师和 DevOps 工程师将共同提升测试流程。

把关人(Gatekeeper)监控整个过程的进度，决定是否上线。运维团队研究如何保持业务连续性。

运维(Operation)

运维团队采用轻量级的 ITSM 流程来监控 IT 服务运行的状态。

发生灾难事件时，确保关键服务依然正常运行是至关重要的。运维团队此时应该让可靠性工程师参与进来，并需要注意两个关键参数：恢复点目标(Recovery Point Objective，RPO)和恢复时间目标(Recovery Time Objective，RTO)。

维保(Maintenance)

服务主管和可靠性工程师决定是否允许进行维保。经允许，它们被作为变更请求(Request for Change，RFC)添加到待办任务中。

客户服务(Customer service)

服务主管和可靠性工程师负责收集客户的反馈，例如包括用户体验和质量事件的运维问题。经允许，它们被作为变更请求添加到待办任务中。

生命周期终止(End of life)

服务主管决定 IT 服务生命周期的终止条件，包括发生事件以及如何发生。

下图显示了 DevOps 的一个配置示例。

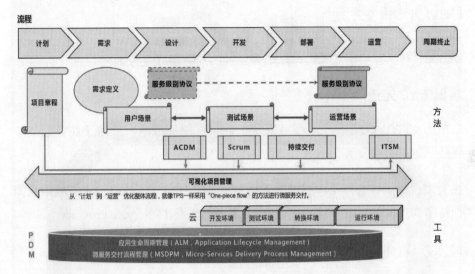

* ACDM 为 Architecture-Centric Design Method，一种演进式软件架构设计方法。详见附录推荐文献

轻量级的 ITSM 图表如下图所示。

轻量级 IT 服务管理信息流纲要

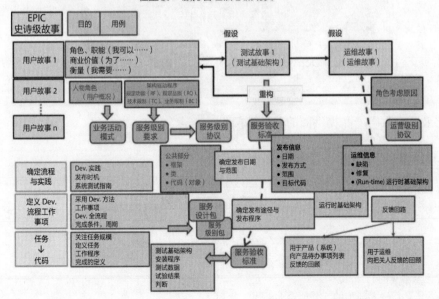

DevOps 的实施

DevOps 有三种实施方式，可以根据企业的业务模式进行选择。

丰田方式(先进但复杂)

丰田方式(TOYOTA WAY)重点在于关注 IT 服务战略，并给予业务的战略优势。这需要由业务负责人或服务主管来领导。

在大型企业最好选择矩阵式管理组织架构，并且在 IT 战略和业务战略之间保持密切的关系。这个结构很适合 IT 服务提供商(IT Service Provider)[①]。

协同方式(标准)

协同方式(Collaboration)将专注如何快速和频繁的提供 IT 服务，并保障可靠运行，一般由服务主管来主导。

这种方式尤其适合需要将交互型系统(SoE)和记录型系统(SoR)联结在一起的企业。

持续交付(基本)

持续交付(Continuous Delivery)侧重于快速和频繁的软件发布，可以由产品负责人主导。

它最适合数码产品提供商的软件部门[②]。

结论

显然，对于大多数 IT 经验来说，DevOps 是一个整体的重大模式转变。因

---

① 译注：一般 IT 服务提供商分为内部和外部，内部为企业的 IT 团队，外部可能是一家独立的 IT 公司
② 译注：许多新型的互联网企业都属于此列

此，关于 DevOps 的培训对员工来说十分重要。

这是您 DevOps 旅程的开始。Exin DevOps Master 这项认证培训，将有助于您理解 DevOps 并从中受益。

推荐文献

- Gene Kim, Kevin Behr, George Spafford　译者：成小留
  The Phoenix Project - A Novel about IT, DevOps, and helping your business
  《凤凰项目：一个运维的传奇故事》
  推荐人群：通用阅读

- Jez Humble, David Farley　译者：乔梁
  Continuous Delivery - Reliable Software Releases through Build, Test, and Deployment automation 《持续交付：发布可靠软件的系统方法》
  推荐人群：DevOps 工程师、可靠性工程师、开发团队、流程主管

- Jennifer Davis, Katherine Daniels
  Effective DevOps: Building a Culture of Collaboration, Affinity, and Tooling at Scale
  推荐人群：流程主管和开发团队

- Len Bass, Ingo Weber, Liming Zhu.
  DevOps: A Software Architect's perspective (SEI Series in Software Engineering)
  推荐人群：开发团队、流程主管、服务主管、DevOps 工程师、可靠性工程师和把关人

- Viktor Fracic
  The DevOps 2.0 Toolkit - Automating the Continuous Deployment Pipeline with Containerized Microservices
  推荐人群：DevOps 工程师、开发团队和流程主管

- Anthony J. Lattanze.
  Architecting Software Intensive Systems (ACDM) - A Practitioner's Guide
  推荐人群：开发团队和流程主管

- Michael Duffy
  DevOps Automation Cookbook
  推荐人群：DevOps 工程师、运维团队和流程主管

- Kevin Behr, Gene Kim, George Spafford.
  The Visible Ops Handbook - Implementing ITIL in 4 Practical and Auditable steps
  推荐人群：运维团队、把关人和流程主管

- Alexander van Ewijk, Bert Linker, Marcel van Oosterwijk, Ben Visser, Gerrit de Vries, Loek Wilhelmus, Tik Marselis
  TPI NEXT: Business Driven Test Process Improvement
  推荐人群：DevOps 工程师、可靠性工程师、开发团队和流程主管

- Jeffrey K. Liker
  The TOYOTA Way
  推荐人群：执行层、经理、服务主管和流程主管

术语表

白皮书术语解析

此术语表描述我们在白皮书行文中使用到的一些术语。完整术语表参见 EXIN 官方文档。

KAIZEN(持续改善)

持续改进意味着按照周、日循环进行 PDCA。为了找到根本原因问五次"为什么"。

问题需要通过数据的方式来定义和支持。是否大家都能清晰地认识到问题？

设置一个你发现的问题的假设，然后基于防范方式来思考并验证你的假设。

防范措施必须基于活动在日常进行定义，也需要设定每周的 KPI，这样人们可以感觉到一种成就感。

KAIZEN in Advance(提前改善)

当下游的环节意识到有些问题可能来自上游，最优的方式是他们站在整体流程的角度来为解决问题创造假设。然后他们可以向上游部门提出期望。这是一个反馈闭环的问题。

Ji-Koutei-Kanketsu (JKK)

JKK 的概念是一种完美状态：在你所处在的工作流程中不要做低质量的工作，不接受流程早期就出现错误的输出，不把糟糕的情形输出到下一个流程。

工作标准要求能够采用正确的方法去完成工作，这也意味着要定义一个度量方法去决定是否继续进行下一步。

TPI NEXT

TPI-Test Process Improvement 测试流程优化是一种业务驱动的测试过程改进。TPI 是一套来自欧洲的软件测试最佳实践方法论，EXIN 提供 TMAP 和 TPI 相关的认证。

EXIN DevOps Master 完整版术语表

英文	中文
Affinity *(in DevOps)*	亲和
Agile	敏捷
Application Deployment	应用部署
Artifact Management	构件管理
Automation	自动化
Blamelessness	不指责
Cloud Computing	云计算
Collaboration *(in DevOps)*	协作
Configuration Management	配置管理

续表

英文	中文
Containers	容器
Continuous Delivery	持续交付
Continuous Deployment	持续部署
Continuous Integration	持续集成
Definition of Done *(in Agile Scrum)*	完成定义
Infrastructure Automation	基础架构自动化
Iteration	迭代
ITSM (IT Service Management)	IT 服务管理
Ji-Kotei-Kanketsu (JKK)	质量检查(JKK)
Just-in-Time (JiT)	及时制
Kaizen *(in Lean)*	持续改善
Lean	精益
Micro-service	微服务
Minimum Viable Product	最小可用产品
One-piece flow	单件流
Operation Story	运维故事
Organizational Learning	组织级进修
Plan-Do-Check-Act cycle (PDCA cycle)	计划-实施-检查-改进（戴明环）
Post-Mortem	事后剖析
Product Owner *(in Agile Scrum)*	产品负责人
Retrospective	回顾
Rhythm *(in Lean)*	节奏
Scaling *(of DevOps or Agile Scrum)*	规模化
Scrum	Scrum(保留)
Scrum Master *(in Agile Scrum)*	Scrum Master(保留)
Service Deployment	服务部署
Service Level Agreement (SLA)	服务级别协议(SLA)
Sprint	冲刺
Test Story	测试故事
Test-Driven Development	测试驱动开发
Tools	工具
Toyota Production System (TPS)	丰田生产系统
User Story	用户故事
Velocity *(in Agile Scrum)*	速率
Version Control	版本控制
Waterfall	瀑布式
WiP-limit	在制品数量限制
Work-in-Progress (WiP)	在制品

EXIN DevOps Foundation 认证指南、样题及解析

认证备考指南

201904 版本

概述

EXIN DevOps Foundation (DEVOPSF.CH)

范围

EXIN DevOps Foundation 认证验证专业人员具备以下方面的知识：

- DevOps 基础知识；
- DevOps 原则；
- DevOps 关键实践；
- DevOps 的实际应用。

总结

EXIN DevOps Foundation 认证旨在帮助 IT 专业人员掌握关于 DevOps 的基本知识和理解。作为 EXIN DevOps Professional 认证的进阶基础，本认证确认是否了解 DevOps 的起源以及 DevOps 原则和实践对组织的益处。

DevOps 是"开发"和"运维"这两个词的缩写。DevOps 是一套最佳实践集合，旨在在应用和服务的生命周期中促进 IT 专业人员之间的协作和交流。DevOps 改变了员工的工作思维方式；DevOps 重视所做工作的多样性，以及承担这些工作的人员的多样性。DevOps 支持设计有助于企业加速实现业务价值的流程，并评估社会和技术变革产生的影响。DevOps 是能够让企业和个人建立和保持可持续工作实践的一种思维方式和工作方式。

本认证主要关注掌握基本知识，使专业人员能够在 DevOps 环境中有效地工作，并认识到 DevOps 给组织带来的益处。

DevOps Foundation 认证的研发，集结 DevOps 工作领域的各方专家协作完成。

背景

EXIN DevOps Foundation 认证是 EXIN DevOps 认证项目的一部分。

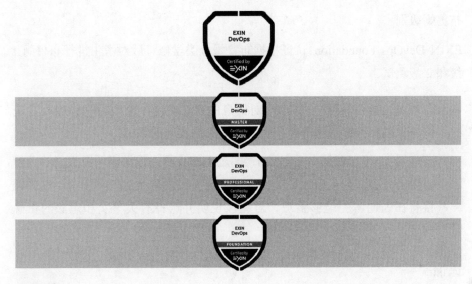

目标群体

EXIN DevOps Foundation 的目标人群，是希望掌握 DevOps 并了解其组织如何从 DevOps 原则中受益的 IT 专业人员，包括在 DevOps 团队中工作的人员以及从事信息和技术管理的任何人员。

认证要求

顺利通过 EXIN DevOps Foundation 考试。

考试细节

考试类型：单选题

题目数量：40

通过分数：65%

是否开卷考试：否

是否允许携带电子设备/辅助设备：否

附赠资源

考试时间：60 分钟

EXIN 的考试规则和规定适用于本次考试。

布鲁姆级别

EXIN DevOps Foundation 认证根据布鲁姆分类学修订版对考生进行布鲁姆 1 级和 2 级测试。

- 布鲁姆 1 级：记忆——依靠对信息的回忆。考生需要对知识吸收、记忆、识别和回忆。这是考生提升到更好的级别的基础。
- 布鲁姆 2 级：理解——记忆(1 级)之上的步骤。理解表明考生能够理解呈现的内容，并能够评估如何将学习资料应用到实际的环境中。这类题目旨在证明考生能够整理、对比、说明并选择有关事实和想法的正确描述。

培训

培训时长

本培训课程时长建议 14 小时。该时长包括小组实践作业、考试准备和短暂休息。该时长不包括家庭作业、备考的准备工作和午餐休息时间。

建议个人学时

60 小时，根据现有知识的掌握情况可能有所不同。

授权培训机构

您可通过 EXIN 官网 www.exin.com 查找该认证的授权培训机构。

考试要求和规范

考试要求详见考试说明。下表列出模块主题(考试要求)和副主题(考试明细)。

考试要求	考试规范	权重
1. DevOps 基础知识		25%
	1.1 DevOps 起源	7.5%
	1.2 DevOps 定义	7.5%
	1.3 使用 DevOps 原因	7.5%
	1.4 关于 DevOps 的误解	2.5%
2. DevOps 原则		27.5%
	2.1 价值流	10%
	2.2 部署流水线	5%
	2.3 版本控制	5%
	2.4 配置管理	5%
	2.5 完成的定义(Definition of Done)	2.5%
3. DevOps 关键实践		27.5%
	3.1 与传统实践的差异	12.5%
	3.2 DevOps 实践	15%
4. DevOps 的实际应用		20%
	4.1 适用性	5%
	4.2 限制	5%
	4.3 使用商业现成软件	2.5%
	4.4 演进架构和组织模型	2.5%
	4.5 迭代式的进展	5%
合计		100%

考试规范

1. **DevOps 基础知识**

    1.1 DevOps 起源

    考生能够……

    1.1.1 说明从瀑布式到 Scrum 到敏捷的历史发展

    1.1.2 说明能够促进 DevOps 的虚拟化技术和云计算的发展

    1.1.3 从历史角度说明 DevOps 的发展

    1.2 DevOps 定义

    考生能够……

    1.2.1 概述为何 DevOps 是精益和敏捷思维的延伸

    1.2.2 说明 DevOps 需要价值流思维

    1.2.3 阐明相比其他实践 DevOps 如何产生更高的 IT 收益

    1.3 使用 DevOps 原因

    考生能够……

续表

  1.3.1 识别缩短上市时间为使用 DevOps 的原因

  1.3.2 识别减少技术债务为使用 DevOps 的原因

  1.3.3 识别消除脆弱性为使用 DevOps 的原因

1.4 关于 DevOps 的误解

  考生能够……

  1.4.1 阐明 DevOps 不是敏捷的一部分

  1.4.2 阐明 DevOps 不仅仅是工具和自动化

  1.4.3 阐明 DevOps 不是一个新职业

2. **DevOps 原则**

2.1 价值流

  考生能够……

  2.1.1 定义价值流的概念

  2.1.2 说明价值流图(VSM)的概念

  2.1.3 阐明价值流图(VSM)如何帮助优化业务流程

  2.1.4 说明为什么价值流思维是 DevOps 的核心

2.2 部署流水线

  考生能够……

  2.2.1 定义部署流水线的概念

  2.2.2 识别实施部署流水线时的挑战

2.3 版本控制

  考生能够……

  2.3.1 定义版本控制的概念

  2.3.2 说明为什么版本控制如此重要

2.4 配置管理

  考生能够……

  2.4.1 定义配置管理的概念

  2.4.2 说明为什么配置管理对 DevOps 如此重要

2.5 完成的定义(Definition of Done)

  考生能够……

  2.5.1 说明为什么明确的完成的定义对以 DevOps 思维模式工作如此重要

3. **DevOps 关键实践**

3.1 与传统实践的差异

  考生能够……

  3.1.1 阐明 DevOps 如何促进更频繁发布

续表

- 3.1.2 阐明 DevOps 如何更关注为企业增加价值
- 3.1.3 说明 DevOps 需要自动化
- 3.1.4 阐明 DevOps 如何以不同方式处理事件和缺陷
- 3.1.5 阐明 DevOps 如何需要持续改进

3.2 DevOps 实践

考生能够……

- 3.2.1 概述多元化团队的重要性
- 3.2.2 概述可视化工作的重要性
- 3.2.3 概述为什么应该限制在制品(WiP)和批量大小
- 3.2.4 列明 DevOps 如何将运营要求纳入开发
- 3.2.5 说明支持创新的重要性
- 3.2.6 识别解决瓶颈的方法

4. DevOps 的实际应用

4.1 适用性

考生能够……

- 4.1.1 说明 DevOps 切实可行场景的特征
- 4.1.2 确定业务采纳 DevOps 的条件

4.2 限制

考生能够……

- 4.2.1 确定对采纳 DevOps 准备不足的情况
- 4.2.2 将单体 IT 基础设施和架构表述为采用 DevOps 的限制因素

4.3 使用商业现成软件

考生能够……

- 4.3.1 阐明战略业务线中现成商业软件的风险
- 4.3.2 确定在别无选择时使用现成商业软件的解决方案

4.4 演进架构和组织模型

考生能够……

- 4.4.1 确定僵化的 IT 部门在实施 DevOps 上遇到的困难
- 4.4.2 说明变革和创新需要灵活的思维方式

4.5 迭代式的进展

考生能够……

- 4.5.1 记住 DevOps 可能从小处起步，逐渐构建起来
- 4.5.2 记住 DevOps 是一种思维方式，可以从组织的任何地方开始

考试术语表

本节包含考生应熟知的术语和缩写。

请注意单独学习术语并不能满足考试要求。学员必须了解其概念,并且能够举例说明。

英文	中文
(product) backlog	(产品)待办事项
affinity (in DevOps)	亲和
agile infrastructure	敏捷基础架构
automated testing	自动化测试
automation	自动化
blamelessness	免责
build (management)	构建(管理)
business value	业务价值
change management	变更管理
cloud computing	云计算
collaboration (in DevOps)	协作
commercial-off-the-shelf software (COTS)	商业现成软件(COTS)
commit code	提交代码
communication styles	沟通方式
contract	契约
configuration management	配置管理
Definition of Done	完成的定义(DoD)
deployment pipeline	部署流水线
Development Team	开发团队
feedback/feedback loop	反馈/反馈回路
feedforward/feedforward loop	前馈/前馈回路
flow	流
iteration	迭代
ITSM (IT Service Management)	IT 服务管理
Ji-Kotei-Kanketsu (JKK)	质量检查
Just-in-Time (JiT)	准时制

续表

英文	中文
lead time	前置时间
lean	精益
loosely coupled architecture	松耦合架构
microservices	微服务
minimum viable product	最小化可行产品
monolithic	单体应用
negotiation styles	谈判风格
non-functional requirement (NFR)	非功能性需求
one-piece-flow	单件流
Operations Team	运维团队
organizational learning	组织级学习
pull system	拉式系统
Shift Left	左移
the agile manifesto	敏捷宣言
the lean movement	精益运动
tools	工具
Toyota Production System (TPS)	丰田生产系统
value (stream)	价值(流)
value stream mapping (VSM)	价值流映射
version control	版本控制
waste (in lean)	浪费
waterfall	瀑布式
WiP Limit	在制品限制
Work-in-Progress (WiP)	在制品(WiP)

文献

考试文献教材

以下文献包含 EXIN DevOps Foundation 考试要求掌握的知识。

A. Oleg Skrynnik

DevOps – a Business Perspective　中文版书名《DevOps：业务视角》

Van Haren Publishing, 2018(第一版)

ISBN: 9789401803724(硬拷贝)

ISBN: 9789401803731(电子版)

ISBN: 9789401803748(电子书)

教材考点分布矩阵

考试要求　　考试规范	教材参考章节
1. DevOps 基础知识	
1.1 DevOps 起源	1.1 节、1.4 节
1.2 DevOps 定义	1.2 节、2.1 节、3.1 节
1.3 使用 DevOps 原因	1.3 节
1.4 关于 DevOps 的误解	1.5 节
2. DevOps 原则	
2.1 价值流	2.1 节、3.1 节、3.6 节、4.10 节、5.7 节
2.2 部署流水线	3.2 节
2.3 版本控制	3.3 节
2.4 配置管理	3.4 节
2.5 完成的定义 (Definition of Done)	3.5 节
3. DevOps 关键实践	
3.1 与传统实践的差异	4.1 节
3.2 DevOps 实践	4.2 节、4.3 节、4.4 节、4.5 节、4.6 节、4.8 节、4.9 节、4.11 节
4. DevOps 的实际应用	
4.1 适用性	5.1 节
4.2 限制	5.1 节
4.3 使用商业现成软件	5.2 节
4.4 演进架构和组织模型	4.1 节、5.3 节、5.4 节
4.5 迭代式的进展	5.6 节

联系 EXIN

www.exin.com

中文样题

201907 版

考试说明

本试卷是基于 EXIN DevOps Foundation (DEVOPSF.CH)。EXIN 考试准则适用于该考试。

本试卷由 40 道单项选择题组成。本试卷由 40 道单项选择题组成。每道选择题有多个选项，在题目中没有特别强调的情况下，通常只有一项备选答案是正确的。

本试卷的总分是 40 分，每道题的分数是 1 分。每答对一题获得 1 分。如果您获得的总分数为 26 分或以上，证明您通过本考试。

考试时间为 60 分钟。

祝您好运!

考试样题

1 / 40

组织关注 DevOps 的原因有很多。公司应该在什么情况下开始关注 DevOps？
A) 当敏捷实践不适合组织时
B) 当其他实践方法不能帮助组织实现预期结果时
C) 当组织在实施 Scrum 和精益实践之后

2 / 40

在处理待办事项时，DevOps 团队应该考虑哪些需求？
A) 非功能性需求和功能性需求
B) 既不是非功能性需求也不是功能性需求
C) 仅功能性需求
D) 仅非功能性需求

3 / 40

从客户价值角度来讲，明确的"完成的定义"(Definition of Done) 在 DevOps 中至关重要。以下哪一选项描述最符合 DevOps 中的"完成"？
A) 当创建完毕后即需求完成
B) 当测试完毕后即需求完成
C) 当产品通过验收后即需求完成
D) 当产品发布到生产环境时即需求完成

4 / 40

任务需要按优先级排序。这种优先级排序通常出现在价值流入口的队列中。为什么这种优先级排序通常会引发问题？
A) 因为到这个节点将决定如何为可自动执行的任务构建部署流水线。这需要时间，从而导致延期。
B) 因为对价值流中关键指标度量的不正确或低效，从而引发问题。
C) 因为可用于识别任务瓶颈的可视化工具与在制品限制的运用实施不恰当。
D) 因为必须创建价值流的原有版本和新版本，以及所需变更列表。这需要大量时间。
E) 例如传统方法，在工作开展之前需要做出许多决策，这将导致大量的延期。

5 / 40

为什么"价值流"概念在 DevOps 中如此重要？
A) 价值流有助于员工查看并清楚掌握他们的日常任务
B) 价值流有助于分析现状图(as-is map)并有助于改善指标的任何尝试
C) 价值流有助于明确某人何时完成了自己的工作任务
D) 价值流有助于流顺畅统一的经过所有流程和步骤
E) 价值流有助于在当前的工作实践中实现局部优化。

6 / 40

以下哪一项符合"部署流水线"概念的起源？

A) 流水线承载液体形成流

B) 汽车厂等装配线

C) 使用并行流水线的现代处理器

D) 使用多个装配线的理念

E) 部署人员负责不同工作的过程

7 / 40

找到快速开发与维护应用可靠性之间的平衡，对于 DevOps 而言非常重要。版本控制如何支持这一观点？

A) 通过让团队中的任何成员可以自由删除不必要的文件和文档

B) 通过允许组建小型独立和自给自足的开发团队

C) 通过应用专门的工具来消除或减少浪费并优化流程

8 / 40

根据美国国家标准与技术研究所(NIST)，以下哪一项不属于云计算的本质特征？

A) 广泛的网络访问权限(broad network access)

B) 按使用次数计费系统(pay-per-use system)

C) 快速弹性(rapid elasticity)

D) 资源池(resource pooling)

9 / 40

在 DevOps 中，当发现流程缺陷时应该怎么做？

A) 所有变更都应提交到待办事项列表，这样可以在项目或改善(Kaizen)事件中发布。

B) 必须在发现缺陷后尽快找到并实施修复措施。

C) 必须找到修复措施，经变更经理批准，按优先级发布。

D) 必须找到修复措施，经持续改进经理批准，并立即发布。

E) 应该推迟修复，直到变更可以包含在适当的冲刺中。

10 / 40

价值流图清楚地显示价值流中的低效环节。
为什么要制作价值流图?

A) 帮助优化业务流程
B) 查看工作不够努力的人
C) 加快在制品(WiP)
D) 将应该结束的产品线可视化

11 / 40

DevOps 在很大程度上依赖于精益生产的原则和实践。IT 中的一种浪费是"任务切换(task switching)"。这种 IT 浪费从以下哪类浪费转换而来?

A) 动作(motion)
B) 过度生产(overproduction)
C) 运输(transportation)
D) 等待(waiting)

12 / 40

以下哪一项属于让 DevOps 团队长期合作而带来的优势?

A) 团队不再需要改进流程。
B) 团队利用他们的经验来创新和改进流程。
C) 团队将开始更独立地工作。
D) 有时间更多地处理意外请求。

13 / 40

建议组织自定义并选择在该组织中有效的 DevOps 实践。必须提出关于组织的针对性问题,而且必须找到关于组织的针对性答案。为什么说这是一个好主意?

A) 因为 DevOps 出版物并不总能反映组织的实际情况,还会隐藏困难和失败。

B) 因为这是成为可受雇实施 DevOps 的 DevOps 工程师的最佳途径。

C) 因为关于 DevOps 的出版物和活动过少而无法形成你的意见。

D) 因为你最了解如何在自己的组织中实施 DevOps。

14 / 40

以下哪一项不是限制在制品(WiP)的原因?

A) 减少生产力的损失

B) 帮助消除约束

C) 有助于流的节奏

D) 提高资源利用率

15 / 40

商业现成软件(COTS)用于快速获取所需的结果,因为自主开发软件需要耗费大量时间。

关于 COTS 下列哪一项是正确的?

A) COTS 应该用于支持战略业务线。

B) COTS 需要定制,并使用脚本来配置系统。

C) 使用现成软件通常要便宜得多。

D) 使用现成软件更加灵活。

16 / 40

以下哪一项关于敏捷的说法不正确?

A) 在整个项目过程中,业务人员应与开发人员合作。

B) 响应变化胜于遵循计划。

C) 准确的实现客户的需求来满足客户是一个优先事项。

D) 可用的软件是衡量进度的首要标准。

17 / 40

配置管理可以扩展 IT 基础架构和软件系统,且不需要更多人员。在这样的扩展环境上,变更的理想完成方式是什么?

A) 通过持续集成

B) 通过完全控制的脚本

C) 通过测试自动化
D) 通过部署流水线

18 / 40

一家公司希望将产品上市时间从数年缩短至数月。一名员工说他们应该考虑在 IT 部门采用 DevOps 方法。为什么改用 DevOps 有助于缩短产品上市时间?

A) 因为 DevOps 将开发部和运维部集成到一个团队中,雇佣人员变少。
B) 因为 DevOps 团队的成本更高,他们加班更多,更快将产品上市。
C) 因为 DevOps 采用自给自足的专职团队,可以更灵活地应对不断变化的产品需求。

19 / 40

DevOps 为组织带来了哪些重要优势?

A) 消除业务系统的脆弱性
B) 降低客户的成本
C) 减少文化挑战

20 / 40

以下哪一项无法帮助 DevOps 团队成功开发和交付工作软件?

A) 在项目期间组建一支短期的 DevOps 团队
B) 识别、修复错误并立即吸取教训
C) 围绕组织使命组建 DevOps 团队
D) 编写代码,以软件具有内建品质作为主要目标

21 / 40

价值流图的最有价值信息来自三个关键指标。以下哪一项属于三个关键指标之一?

A) 结合流的前置时间(lead time)
B) 完成度与准确度百分比
C) 处理时间(process time)除以前置时间
D) 完成的价值减去浪费

22 / 40

一个好的版本控制系统是 DevOps 中最佳的高绩效预测器之一。以下哪一项是成功应用版本控制的必要条件？

A) 运用信息和配置的文化发生变化
B) 显著提高变更实施的速度
C) 刻意将混沌和不稳定引入生产
D) 采用正式的自动化变更管理流程

23 / 40

何时运用 DevOps 进行组织和技术变革会导致混沌和失控？

A) 当组织的核心业务高度依赖于信息技术时
B) 当组织变得复杂并想要解决长期累积形成的问题时
C) 当组织需要快速变更以测试新的商业构思或假设时
D) 当组织使用的信息技术变化率较高时

24 / 40

从 DevOps 的诞生来看，参与软件开发的各方之间出现新的互动方式，触发对新的 IT 管理方式的需求，从而产生 DevOps。找到新的互动方式的各方具体是指以下哪一项？

A) 企业和客户
B) IT 部门和客户
C) IT 开发部和运维部

25 / 40

以下哪一选项属 DevOps 被组织所采纳的困难因素？

A) 跨职能团队
B) 虚拟化技术的使用受限
C) 微服务架构

26 / 40

根据 DevOps 实践，以下哪一项是提高运维控制水平的最佳方法？

A) 将人工操作全部自动化
B) 定义适当的角色和职责
C) 设计控制流程和步骤
D) 改善运维治理

27 / 40

当组织转换到 DevOps 实践时，对 IT 回报的期望值会增加。DevOps 在达到这一预期方面与敏捷、Scrum 和精益的不同之处是什么？

A) DevOps 加速了新产品和改良产品在开发部门和运维部门之间的交付。
B) DevOps 加速了向市场和客户交付新产品和改良产品。
C) DevOps 确保在预算范围内更快地响应基础架构的变化。
D) DevOps 确保更快地响应阻碍组织价值流的突发事件。

28 / 40

一个组织拥有遗留 IT 基础架构，他们希望开始采用 DevOps。以下哪一项是针对此类组织的通常做法？

A) 开始将 DevOps 作为软件产品实施，安装并启动
B) 开始采用至少执行装配和初始测试的基本流水线
C) 首先选择优化机会最大的产品
D) 首先识别那些与其他系统松耦合的系统
E) 首先分配一定比例的工作时间进行改进

29 / 40

组织中的许多员工仍以单一实体的形式来开发和维护 IT 系统。在这种情况下，可以预知采纳 DevOps 实践会遇到什么困难？

A) 分配 DevOps 团队不同责任范围
B) 创建跨职能团队以处理组织结构
C) 维护和版本控制多个 API 以实现向后兼容

30 / 40

以下哪一项是 DevOps 解决突发事件的方式？

A) 上报至问题管理团队并创建解决方案，直到他们解决事件。

B) 调查突发事件，运行诊断程序，然后确定并实施变通方案。

C) 查看相关突发事件是否以前发生过并实施类似的问题解决方案。

D) 将事件追溯到最近的部署，并将系统回滚到先前的稳定状态。

31 / 40

DevOps 建议将实施的工作可视化。可视化可以实现以下哪两个目标？请记住选择 2 个备选答案。

A) 构建拉式系统

B) 划分工作

C) 激励承诺

D) 确定低效现象

E) 通知客户

32 / 40

一个公司采用持续部署。应该由谁决定何时发布新功能？

A) 业务

B) 客户

C) IT 部门

D) 用户

33 / 40

降低技术债务的两种常用做法是什么？

A) 正式变更和发布管理实践

B) 事件管理和请求完成实践

C) 增加预算和资源

D) 重构并正视问题

34 / 40

实施部署流水线时会遇到问题。起初，预先开发的测试不足以确保生产环境的稳定运维。以下哪一项是解决这个问题的最优解决方案？

A) 创建流水线和尽可能自动化,但在完成所有适当测试之前不要启用。

B) 增加代码的覆盖率,测试作为技术债务必须尽快予以解决。

C) 让流水线与开发的测试一起运行,并处理生产中出现的潜在问题。

D) 将流水线作为集成系统,仅将编写的代码交付至测试和质量保证(QA)。

35 / 40

在传统实践中,发布可能会出现许多问题:某些变更未记录,系统未完全备份,或者系统以前的状态未保存。DevOps 如何确保频繁发布的同时不出现此类问题?

A) 通过自动化发布

B) 通过让运维来发布

C) 通过小规模发布

D) 通过不记录所有变更

36 / 40

以下哪一项是价值流图的第一步?

A) 创建需求规范

B) 记录已完成的工作

C) 确定流程中的关键步骤

37 / 40

刚性或单体 IT 架构有什么困难?

A) 改变和开发 IT 架构本身很难做到

B) 修改架构内的服务需要独立完成

C) 在不禁用当前版本的情况下更新到新版本

D) 等待所有组件准备就绪进行大规模迁移

38 / 40

团队以一周为一个迭代周期,频频遭遇瓶颈。团队在识别瓶颈后下列哪一选修最恰当?

A) 尽快消除瓶颈
B) 延长发现瓶颈的迭代周期
C) 限制一个批次中的常规任务数
D) 运用可视化工具和在制品限制

39 / 40

DevOps 有时被认为是敏捷的一部分。DevOps 在回答下列哪一问题中给出了敏捷所不能给出的答案？
A) 如何快速发布我们开发的软件以占据更大市场份额？
B) 为了能更好的了解客户的需求，应与客户建立什么样的关系是必要的？
C) 如何才能让产品的发布和运维变得既有意义又易于操作？

40 / 40

配置管理的益处是什么？
A) 允许任何团队成员无风险地删除不需要的文件。
B) 允许主要团队成员缺席而不会出现问题。
C) 允许团队成员查看谁在哪个日期更改哪些代码。

答案解析

1 / 40

组织关注 DevOps 的原因有很多。
公司应该在什么情况下开始关注 DevOps？
A) 当敏捷实践不适合组织时
B) 当其他实践方法不能帮助组织实现预期结果时
C) 当组织在实施 Scrum 和精益实践之后

解析：

A) 错误。在这种情况下组织的确应该认真评估是否应该选择 DevOps 实践。在敏捷实践不适合企业时，尝试 DevOps 实践虽然没有任何害处但由于 DevOps 实践包含许多敏捷概念，因此 DevOps 也不一定适用于该组织。

B) 正确。当尝试过所有其他提高效率的方法不见效时，公司(应该)开始尝试 DevOps。即使这不是开始采用 DevOps 实践的最佳理由，但在没有其他有效方法时，绝对应该考虑 DevOps。(文献：A 5.1)

C) 错误。没有必要等到实施 Scrum 和精益实践后才开始 DevOps 实践。事实上，许多 DevOps 实践都依源自 Scrum 和精益概念。这些实践应该紧密结合。DevOps 提倡组织选择在该组织中最有效的方法。

2 / 40

在处理待办事项时，DevOps 团队应该考虑哪些需求？

A) 非功能性需求和功能性需求
B) 既不是非功能性需求也不是功能性需求
C) 仅功能性需求
D) 仅非功能性需求

解析：

A) 正确。应同时考虑功能性需求和非功能性需求。(文献：A 4.6)
B) 错误。应同时考虑功能性需求和非功能性需求。
C) 错误。应同时考虑功能性需求和非功能性需求。
D) 错误。应同时考虑功能性需求和非功能性需求。

3 / 40

从客户价值角度来讲，明确的"完成的定义"(Definition of Done)在 DevOps 中至关重要。以下哪一选项描述最符合 DevOps 中的"完成"？

A) 当创建完毕后即需求完成
B) 当测试完毕后即需求完成
C) 当产品通过验收后即需求完成
D) 当产品发布到生产环境时即需求完成

解析：

A) 错误。DevOps 中对完成的贴切描述是在成功为客户创造价值之后。构建只是 DevOps 流水线中的一个阶段，尚未获得任何附加值。

B) 错误。DevOps 中对完成的贴切描述是在成功为客户创造价值之后。测试只是 DevOps 流水线中的一个阶段，尚未获得任何附加值。

C) 错误。DevOps 中的完成的贴切描述是在实现客户价值增加时即视为某事已完成。验收只是 DevOps 流水线中的一个阶段，尚未获得任何附加值。

D) 正确。DevOps 中的完成的贴切描述是在实现客户价值增加时即视为某事已完成。产品处于生产环境中时即视为完成。(文献：A 3.5)

4 / 40

任务需要按优先级排序。这种优先级排序通常出现在价值流入口的队列中。为什么这种优先级排序通常会引发问题？

A) 因为到这个节点将决定如何为可自动执行的任务构建部署流水线。这需要时间，从而导致延期。

B) 因为对价值流中关键指标度量的不正确或低效，从而引发问题。

C) 因为可用于识别任务瓶颈的可视化工具和在制品限制的运用实施不恰当。

D) 因为必须创建价值流的原有版本和新版本，以及所需变更列表。这需要大量时间。

E) 例如传统方法，在工作开展之前需要做许多决策，这将导致大量的延期。

解析：

A) 错误。此步骤出现在流程的稍后阶段，并且不会在价值流入口的队列中引发问题。

B) 错误。这不是价值流第一步的目标(指标数量的最大化)，不应该在这个节点进行，因此不该引发所提到的问题。
C) 错误。通过这种方式，实现无延期均匀流的状态并显现出瓶颈，但是这不是在所述节点发生的问题。
D) 错误。这个是在价值流的稍后流程中实现，因此不会在所述的节点引发问题。
E) 正确。当一个组织继续采用许多传统实践，所有工作相关决策都是在开始工作之前做出的，这会引发上述问题。(文献：A 4.10)

5 / 40

为什么"价值流"概念在 DevOps 中如此重要？
A) 价值流有助于员工查看并清楚掌握他们的日常任务
B) 价值流有助于分析现状图(as-is map)并有助于改善指标的任何尝试
C) 价值流有助于明确某人何时完成了自己的工作任务
D) 价值流有助于流顺畅统一的经过所有流程和步骤
E) 价值流有助于在当前的工作实践中实现局部优化。

解析：
A) 错误。这是关于"他们的工作内容"，却错过了预期的结果"为什么"。
B) 错误。优化工作不应限于分析现状图。有必要绘制与当前工作实践大有不同的前景图(to-be map)。
C) 错误。重要的是要知道客户何时获得或开始获得他们期望的价值。
D) 正确。价值流的概念确保流程中各个步骤之间流畅且一致的流动。(文献：A 3.1)
E) 错误。这有助于识别和消除瓶颈，同时避免局部优化陷阱。

6 / 40

以下哪一项符合"部署流水线"概念的起源？
A) 流水线承载液体形成流
B) 汽车厂等装配线
C) 使用并行流水线的现代处理器

D) 使用多个装配线的理念

E) 部署人员负责不同工作的过程

解析：

A) 错误。这是一个常见的错误观点，不是概念的正确含义。

B) 错误。这是一个常见的错误观点，不是概念的正确含义。

C) 正确。Jez Humble 和 David Farley 明确表示，当他们创造这个术语时，灵感来源于现代处理器架构的管道传送，这种管道大幅加快了结果的产生。(文献：A 3.2)

D) 错误。这是一个常见的错误观点，不是概念的正确含义。

E) 错误。这是一个常见的错误观点，不是概念的正确含义。

7 / 40

找到快速开发与维护应用可靠性之间的平衡，对于 DevOps 而言非常重要。版本控制如何支持这一观点？

A) 通过让团队中的任何成员可以自由删除不必要的文件和文档

B) 通过允许组建小型独立和自给自足的开发团队

C) 通过应用专门的工具来消除或减少浪费并优化流程

解析：

A) 正确。版本控制让团队中的任何成员可以自由删除不必要的文件和文档，而不会有意外丢失重要信息或产品的风险。(文献：A 3.3)

B) 错误。组建小型、自给自足和多元化的团队是 DevOps 中的一个核心思想，但不是版本控制支持系统敏捷性和可靠性的方式。

C) 错误。这是精益生产理念在 IT 的实际应用。运用专门的工具识别浪费；然后应用其他专门的工具来消除或减少浪费。但是，这不是版本控制支持系统敏捷性和可靠性的方式。

8 / 40

根据美国国家标准与技术研究所(NIST)，以下哪一项不属于云计算的本质特征？

A) 广泛的网络访问权限(broad network access)
B) 按使用次数计费系统(pay-per-use system)
C) 快速弹性(rapid elasticity)
D) 资源池(resource pooling)

解析：
A) 错误。广泛的网络访问权限是美国国家标准与技术研究所提到的云计算本质特征之一。
B) 正确。按次计费系统被经常使用，但不是美国国家标准与技术研究所提到的云计算本质特征之一。其他类型的合同也是可能的。
(文献：A 1.1.2)
C) 错误。快速弹性是美国国家标准与技术研究所提到的云计算本质特征之一。
D) 错误。资源池是美国国家标准与技术研究所提到的云计算本质特征之一。

9 / 40

在 DevOps 中，当发现流程缺陷时应该怎么做？
A) 所有变更都应提交到待办事项列表，这样可以在项目或改善(Kaizen)事件中发布。
B) 必须在发现缺陷后尽快找到并实施修复措施。
C) 必须找到修复措施，经变更经理批准，按优先级发布。
D) 必须找到修复措施，经持续改进经理批准，并立即发布。
E) 应该推迟修复，直到变更可以包含在适当的冲刺中。

解析：
A) 错误。大型变更事件或改善事件可能会有用，但应尽快对过程进行定期变更，作为持续改进的一部分。
B) 正确。发现流程缺陷而不修复会导致更多不必要的问题。"因此，DevOps 采取了不同的做法：所有已识别的流程缺陷应立即消除。"(文献：A 4.1)
C) 错误。不存在变更经理，应立即实施修复措施。

D) 错误。不存在持续改进经理批准任何修复措施。

E) 错误。推迟不是一个好主意，会造成系统效率低下并对工作产生负面的影响。

10 / 40

价值流图清楚地显示价值流中的低效环节。为什么要制作价值流图？

A) 帮助优化业务流程

B) 查看工作不够努力的人

C) 加快在制品(WiP)

D) 将应该结束的产品线可视化

解析：

A) 正确。这是制作价值流图时应该考虑的原因，也是这个做法最有价值之处。(文献：A 3.1)

B) 错误。绘制价值流图的原因并非为了查看谁是多余的，谁应该先被解雇或者谁没有努力工作。相反，应该优化流程，这样公司员工可以开始增加产量，提高质量。

C) 错误。虽然流程可能会加快，但工作本身并不一定需要加快。相反，工作本身可能会减慢以避免错误并提高一次性成功率，从而省去质量控制环节。加快工作速度不是目标，消除浪费并为企业增加更多价值才是目标。

D) 错误。虽然企业可能根据价值流图决定结束业务线或产品线，但这绝不是价值流图的目标。相反，应仅针对可行产品绘制价值流图。

11 / 40

DevOps 在很大程度上依赖于精益生产的原则和实践。IT 中的一种浪费是"任务切换(task switching)"。这种 IT 浪费从以下哪类浪费转换而来？

A) 动作(motion)

B) 过度生产(overproduction)

C) 运输(transportation)

D) 等待(waiting)

解析：
A) 错误。IT 中的交接(hand-off)对应于精益中的动作。
B) 错误。IT 中的额外功能对应于精益中的过度生产。
C) 正确。IT 中的任务切换对应于精益中的运输。(文献：A 2.1.1)
D) 错误。IT 中的等待对应于精益中的等待。

12 / 40

以下哪一项属于让 DevOps 团队长期合作而带来的优势？

A) 团队不再需要改进流程。
B) 团队利用他们的经验来创新和改进流程。
C) 团队将开始更独立地工作。
D) 有时间更多地处理意外请求。

A) 错误。DevOps 团队总是希望改进。这是持续改进的目的。一个长期合作的团队甚至可以更自信地改变常规和改进流程。
B) 正确。长期合作的 DevOps 团队有机会在未来的开发中利用自己的经验，更快地交付并创新流程。(文献：A 4.9)
C) 错误。一起工作并不意味着团队更独立地工作。他们需要坚守指导方向的组织使命。除此之外，他们应该从一开始就自给自足。
D) 错误。根据优先级规划待办事项的批次。处理许多意外请求绝不该是 DevOps 中的目标。请求应列入待办事项列表并按优先级排序。然后再在下一个迭代周期中着手处理。

13 / 40

建议组织自定义并选择在该组织中有效的 DevOps 实践。必须提出关于组织的针对性问题，而且必须找到关于组织的针对性答案。为什么说这是一个好主意？

A) 因为 DevOps 出版物并不总是能反映组织的实际情况，还会隐藏困难和失败。
B) 因为这是成为可受雇实施 DevOps 的 DevOps 工程师的最佳途径。

C) 因为关于 DevOps 的出版物和活动过少而无法形成你的意见。

D) 因为你最了解如何在自己的组织中实施 DevOps。

解析：

A) 正确。绝大多数文献并不一定能让团队为现实可能带来的所有困难和失败做好准备。过滤掉多余的信息并选择最适合组织情况的信息非常重要。(文献：A 5.6)

B) 错误。DevOps 无法"实施"，也没办法雇佣工程师给 IT 带来新秩序。

C) 错误。相反，有许多出版物和活动可以帮助组织做出决定。

D) 错误。不存在实施 DevOps 这一说法。

14 / 40

以下哪一项不是限制在制品(WiP)的原因？

A) 减少生产力的损失

B) 帮助消除约束

C) 有助于流的节奏

D) 提高资源利用率

解析：

A) 错误。通过限制在制品，团队成员可以更专注于处理单个事项。这有助于阻止因任务切换带来的不必要的中断，并最终提高生产力。

B) 错误。限制在制品更便于快速修复错误并在任务间隔优化系统。

C) 正确。这不是限制在制品的益处之一。(文献：A 4.4、4.5)

D) 错误。通过限制在制品，团队成员可以更专注于处理单个事项。这有助于阻止因任务切换带来的不必要的中断，并最终优化资源利用率。

15 / 40

商业现成软件(COTS)用于快速获取所需的结果，因为自主开发软件需要耗费大量时间。关于 COTS 下列哪一项是正确的？

A) COTS 应该用于支持战略业务线。

B) COTS 需要定制，并使用脚本来配置系统。

C) 使用现成软件通常要便宜得多。

D) 使用现成软件更加灵活。

解析：

A) 错误。现成软件不会自动支持战略业务线。脚本语言是实现这一点(如有可能)的必要条件。建议不要将 COTS 用于战略业务线。

B) 正确。使用脚本语言可以配置此类软件。但是，可能存在限制，而且配置系统仍需要时间。(文献：A 5.2)

C) 错误。配置此类软件需要时间，这意味着额外工作量和额外费用。此外，企业实际需要的价值可能无法实现。

D) 错误。商业现成软件始终会限制灵活性。并不总是可以按照自己想要或需要的方式进行配置。

16 / 40

以下哪一项关于敏捷的说法不正确？

A) 在整个项目过程中，业务人员应与开发人员合作。

B) 响应变化胜于遵循计划。

C) 准确的实现客户的需求来满足客户是一个优先事项。

D) 可用的软件是衡量进度的首要标准。

解析：

A) 错误。"项目实施过程中，业务人员与开发人员必须始终通力协作"是敏捷宣言的一部分。

B) 错误。响应变化胜于遵循计划是敏捷宣言的一部分。

C) 正确。准确的实现客户的需求来满足客户并不是敏捷宣言的一部分，也不是敏捷的目标。(文献：A 1.1.1)

D) 错误。可用的软件是衡量进度的首要标准是敏捷宣言的一部分。

17 / 40

配置管理可以扩展 IT 基础架构和软件系统，且不需要更多人员。在这样的扩展环境上，变更的理想完成方式是什么？

A) 通过持续集成
B) 通过完全控制的脚本
C) 通过测试自动化
D) 通过部署流水线

解析：

A) 错误。持续集成是实施部署流水线的第二个阶段，但不是应该允许管理员更改生产中任何内容的唯一方式。理想情况下，这都是通过自动化脚本完成的。

B) 正确。事实上，可以说甚至连管理员在生产中也不应再拥有权限。除非通过完全控制(和自动化)的脚本，否则不应允许管理员进行任何更改。(文献：A 3.3、3.4)

C) 错误。测试自动化是实施部署流水线的第三个阶段，但不是应该允许管理员更改生产中任何内容的唯一方式。理想情况下，这都是通过自动化脚本完成的。

D) 错误。从抽象层面来说，一个运行良好且完全自动化的部署流水线自动化地表现将软件从版本控制转移到用户手中的过程。但是，可能出现手动部署流水线的情况。这个并不是说明应该允许管理员更改生产中任何内容的方式。理想情况下，这都是通过自动化脚本完成的。

18 / 40

一家公司希望将产品上市时间从数年缩短至数月。一名员工说他们应该考虑在 IT 部门采用 DevOps 方法。为什么改用 DevOps 有助于缩短产品上市时间？

A) 因为 DevOps 将开发部和运维部集成到一个团队中，雇佣人员变少。
B) 因为 DevOps 团队的成本更高，他们加班更多，更快将产品上市。
C) 因为 DevOps 采用自给自足的专职团队，可以更灵活地应对不断变化的产品需求。

解析：

A) 错误。雇佣人员通常不会变少，反倒有可能会变多，因为每个产品或产品线都有由开发人员、运维人员和其他专家组成的自给自足的专职团队。此外，集成本身并不一定能使 DevOps 成为更快的开发，却会在部署后使软件更具鲁棒性，因为开发可以更好地了解运维的需求。

B) 错误。虽然自给自足的专职团队可能成本更高，但 DevOps 实践从不依赖于结构性加班来更快地完成工作。恰恰相反：DevOps 喜欢尝试找到可持续的速度和节奏。

C) 正确。因为由一个自给自足的专职团队负责单一产品时，将减少对该产品工作的干扰和中断。此外，团队无须等待专家。这样可以减少等待时间形式的大量浪费，并帮助团队缩短产品上市时间。(文献：A 1.3.1)

19 / 40

DevOps 为组织带来了哪些重要优势？

A) 消除业务系统的脆弱性
B) 降低客户的成本
C) 减少文化挑战

解析：

A) 正确。"DevOps 预期将解决：缩短产品上市时间，降低技术债务并消除脆弱性。"(文献：A 1.3.3)

B) 错误。DevOps 实践可能成本更高，不专注于降低客户的成本。

C) 错误。虽然 DevOps 鼓励多元化的团队，但这并不能保证减少文化挑战。

20 / 40

以下哪一项无法帮助 DevOps 团队成功开发和交付工作软件？

A) 在项目期间组建一支短期的 DevOps 团队
B) 识别、修复错误并立即吸取教训
C) 围绕组织使命组建 DevOps 团队

D) 编写代码,以软件具有内建品质作为主要目标

解析:
A) 正确。DevOps 团队为更长的周期而组建。这使他们有机会在未来利用自己的经验更快地交付新软件并不断创新。(文献:A 4.2)
B) 错误。批次越小,越容易发现错误并立即纠正。DevOps 注重快速找到错误,过程中立即修复错误并优化流程的精益流程。
C) 错误。DevOps 的主要优势之一是团队通过让自己的工作符合特定的组织目标来为企业增加价值。
D) 错误。注重内建品质是 DevOps 所结合的精益生产特质。为了保证品质,编写代码可能需要更长的时间,但由于发现的错误变少,系统构建变强,最终会实现价值增加。

21 / 40

价值流图的最有价值信息来自三个关键指标。以下哪一项属于三个关键指标之一?

A) 结合流的前置时间(lead time)
B) 完成度与准确度百分比
C) 处理时间(process time)除以前置时间
D) 完成的价值减去浪费

解析:
A) 错误。前置时间是一个关键指标,但流并不是指标。它是速度的概念,可以通过前置时间和处理时间来衡量。
B) 正确。完成度与准确度百分比是价值流图的关键指标,有助于收集最有价值的信息。(文献:A 3.1)
C) 错误。处理时间和前置时间都是关键指标,但二者的比率并不是一个有用的指标。
D) 错误。完成的价值减去浪费并非指标。但二者都是 DevOps 概念。

22 / 40

一个好的版本控制系统是 DevOps 中最佳的高绩效预测器之一。以下哪一项是成功应用版本控制的必要条件?

A) 运用信息和配置的文化发生变化
B) 显著提高变更实施的速度
C) 刻意将混沌和不稳定引入生产
D) 采用正式的自动化变更管理流程

解析：
A) 正确。版本控制允许控制运行中系统的所有相关部分，而其他工具无法实现。完成出色的版本控制需要改变运用信息和配置的文化。(文献：A 3.3)
B) 错误。由于采用虚拟云技术，过去几年的自动化程度显著提高，变更实施也有所提速，但这不是版本控制的必要原则。
C) 错误。DevOps 中有关反脆弱性的一个重要实践是刻意将混沌和不稳定性引入生产环境。这种方法有多种叫法：Game Day、Chaos Monkey、Simian Army。但这些都不是版本控制的必要原则。
D) 错误。为了应对 IT 基础架构的脆弱性，一些组织利用形式化和自动化的变更管理流程，以构建变更流程，并尽可能降低与变更流程实施相关的风险，但这不是版本控制的必要原则。

23 / 40

何时运用 DevOps 进行组织和技术变革会导致混沌和失控？
A) 当组织的核心业务高度依赖于信息技术时
B) 当组织变得复杂并想要解决长期累积形成的问题时
C) 当组织需要快速变更以测试新的商业构思或假设时
D) 当组织使用的信息技术变化率较高时

解析：
A) 错误。当核心业务高度依赖信息技术时，组织(应该)开始关注 DevOps。
B) 正确。在复杂的情况下，DevOps 极有可能不会带来太多利益，势必无法速效致胜。长期累积的问题应该细心谨慎，策划周详，妥善明智解决。不应该奢望 DevOps 是解决所有问题的万能法宝。(文献：A 5.1)

C) 错误。当核心业务需要快速变更以测试新的商业构思或假设时，组织(应该)开始关注 DevOps。

D) 错误。当组织使用的信息技术变化率较高时，组织(应该)开始关注 DevOps。

24 / 40

从 DevOps 的诞生来看，参与软件开发的各方之间出现新的互动方式，触发对新的 IT 管理方式的需求，从而产生 DevOps。找到新的互动方式的各方具体是指以下哪一项？

A) 企业和客户
B) IT 部门和客户
C) IT 开发部和运维部

解析：

A) 错误。企业本身可能已经改变了与客户互动的方式，但这本身并没有触发 DevOps。DevOps 由 IT 部门与企业(客户)之间的互动所触发。

B) 正确。"首先，由于出现了与业务客户互动的新方式，以及敏捷开发技术得到充分应用，形成了对新的 IT 管理方式的需求。"根据市场的变化以及人们与钟爱品牌的关系，需要采用新的方式与客户互动，另外，敏捷技术的充分应用意味着企业的敏捷(而不仅仅是 IT)将得到更高的认知收益。(文献：A 1.1.3)

C) 错误。内部 IT 部门之间的互动并不是触发 DevOps 发展的原因。

25 / 40

以下哪一选项属 DevOps 被组织所采纳的困难因素？

A) 跨职能团队
B) 虚拟化技术的使用受限
C) 微服务架构

解析：

A) 错误。DevOps 团队是跨职能的；拥有跨职能团队给组织在 DevOps 实践中一个良好的开端。

B) 正确。少用虚拟化技术的组织将难以实施 DevOps 实践。(文献：A 5.1)

C) 错误。微服务架构源自一套通用的 DevOps 思想，给组织在 DevOps 实践中一个良好的开端。

26 / 40

根据 DevOps 实践，以下哪一项是提高运维控制水平的最佳方法？

A) 将人工操作全部自动化
B) 定义适当的角色和职责
C) 设计控制流程和步骤
D) 改善运维治理

解析：

A) 正确。将尽可能多的操作自动化将实现全面控制，因为所有操作都是即时且统一的。当操作未达最佳标准时，更改自动化也将改变所有未来操作。(文献：A 4.1.3)

B) 错误。尽管定义角色和职责很重要，但并不直接影响对所有操作的控制。

C) 错误。只是设计流程步骤无济于事。流程步骤设计后，应该实现自动化，从而避免出错，保证所有操作都是统一的。

D) 错误。虽然这可能以某种方式令人满意，但单单治理并不会给予更多控制。自动化确保完全控制。

27 / 40

当组织转换到 DevOps 实践时，对 IT 回报的期望值会增加。DevOps 在达到这一预期方面与敏捷、Scrum 和精益的不同之处是什么？

A) DevOps 加速了新产品和改良产品在开发部门和运维部门之间的交付。
B) DevOps 加速了向市场和客户交付新产品和改良产品。
C) DevOps 确保在预算范围内更快地响应基础架构的变化。
D) DevOps 确保更快地响应阻碍组织价值流的突发事件。

解析：

- A) 错误。加速部门之间产品交付是 DevOps 的结果。但是，由于这不能为客户创造价值，因此实现 IT 更高收益并非 DevOps 的预期价值。
- B) 正确。这就是 DevOps 增加 IT 收益的方式：加速在生产中向客户交付产品，帮助企业更快更好地实现价值。(文献：A 1.2)
- C) 错误。在预算范围内基础架构的变化是 IT 的内部需求。仅仅改变基础架构，企业无法获得更高的 IT 收益。
- D) 错误。这不是实现更高 IT 收益的方式。即使响应更快会带来更好的用户体验，但这本身无法产生更大的收益。

28 / 40

一个组织拥有遗留 IT 基础架构，他们希望开始采用 DevOps。以下哪一项是针对此类组织的通常做法？

- A) 开始将 DevOps 作为软件产品实施，安装并启动
- B) 开始采用至少执行装配和初始测试的基本流水线
- C) 首先选择优化机会最大的产品
- D) 首先识别那些与其他系统松耦合的系统
- E) 首先分配一定比例的工作时间进行改进

解析：

- A) 错误。DevOps 不是可以安装和启动的软件产品。
- B) 错误。这不是开始采用 DevOps 的方式，而是针对可自动化的流部分构建部署流水线所必需的。
- C) 错误。这是绘制价值流图的开端。
- D) 正确。DevOps 可以从任何阶段开始，无论企业现状如何。识别松耦合的系统是第一步。(文献：A 5.6)
- E) 错误。这与技术债务有关。

29 / 40

组织中的许多员工仍以单一实体的形式来开发和维护 IT 系统。在这种情况下，可以预知采纳 DevOps 实践会遇到什么困难？

A) 分配 DevOps 团队不同责任范围
B) 创建跨职能团队以处理组织结构
C) 维护和版本控制多个 API 以实现向后兼容

解析：
A) 正确。实施 DevOps 实践的一个重大障碍是单体、刚性结合的 IT 架构。引入小型团队需要能够为每个团队分配不同的责任范围。在我们所讨论的 IT 系统仍由数十或数百名员工作为单一实体进行开发和维护的情况下，将难以为不同步工作的各个独立团队划分工作。(文献：A 5.1)
B) 错误。跨职能团队本身的创建不存在任何障碍。
C) 错误。采用单体应用，开发人员只需更改分类名称和 API。采用微服务，开发人员则必须更改 API 的版本号并维护多个 API 以实现向后兼容。在本例中，微服务还未实施，所以并不是预期的问题。此外，尽管可能需要一个系统进行版本控制，但问题不在于此，而在于进展情况和预期结果以及实施 DevOps 实践的益处。

30 / 40

以下哪一项是 DevOps 解决突发事件的方式？
A) 上报至问题管理团队并创建解决方案，直到他们解决事件。
B) 调查突发事件，运行诊断程序，然后确定并实施变通方案。
C) 查看相关突发事件是否以前发生过并实施类似的问题解决方案。
D) 将事件追溯到最近的部署，并将系统回滚到先前的稳定状态。

解析：
A) 错误。此解决方案可能最终得到一项可用的变通方案，在这种情况下，真正的问题可能永远无法得到解决。
B) 错误。实施变通方案并不能解决事件，不应该采取这种操作。
C) 错误。这种解决方案很可能是一种变通方案，并不令人满意。不应该空等其他人来修复问题。
D) 正确。根据文献，"如果事件追溯到最近的部署，流水线控制系统将自动回滚到先前已知的稳定状态"。无论此过程是自动还是

仍然手动完成，都是必要合理的方式。(文献：A 4.1)

31 / 40

DevOps 建议将实施的工作可视化。可视化可以实现以下哪两个目标？请记住选择 2 个备选答案。

A) 构建拉式系统
B) 划分工作
C) 激励承诺
D) 确定低效现象
E) 通知客户

解析：

A) 正确。这是采用可视化的益处。可视化允许构建拉式系统，从而改善工作流程；减少停滞时间；降低协调需要。可视化还有助于识别低效现象。(文献：A 4.3)
B) 错误。团队可以有效地划分工作而无需可视化。
C) 错误。承诺不是通过可视化来激励的，尽管这点对于 DevOps 的成功十分重要。
D) 正确。可视化还有助于识别低效现象。(文献：A 4.3)
E) 错误。客户之声(Voice of the Customer)或企业之声(Voice of the Business)代表人应该更新客户。

32 / 40

一个公司采用持续部署。应该由谁决定何时发布新功能？

A) 业务
B) 客户
C) IT 部门
D) 用户

解析：

A) 正确。在采用持续部署时，发布待用的新功能将是一种业务决策。在业务决定是时候切换功能之前，该功能可能已经部署了一段时间。IT 部门按自己节奏发布，由业务来决定何时发布新功

能。(文献：A 4.1)

B) 错误。虽然这个利益干系人对决策很重要，但发布主要是业务决策。

C) 错误。虽然这个利益干系人对决策很重要，但发布主要是业务决策。

D) 错误。虽然这个利益干系人对决策很重要，但发布主要是业务决策。

33 / 40

降低技术债务的两种常用做法是什么？

A) 正式变更和发布管理实践

B) 事件管理和请求完成实践

C) 增加预算和资源

D) 重构并正视问题

解析：

A) 错误。这两个程序可能导致技术债务。

B) 错误。这两个流程可能导致技术债务。

C) 错误。这不会直接帮助降低技术债务，尽管开发人员增多时，可能会加快降低技术债务。

D) 正确。根据文献，两种常用做法是重构并直面问题。(文献：A 1.3)

34 / 40

实施部署流水线时会遇到问题。起初，预先开发的测试不足以确保生产环境的稳定运维。以下哪一项是解决这个问题的最优解决方案？

A) 创建流水线和尽可能多的自动化，但在完成所有适当测试之前不要启用。

B) 增加代码的覆盖率，测试作为技术债务必须尽快予以解决。

C) 让流水线与开发的测试一起运行，并处理生产中出现的潜在问题。

D) 将流水线作为集成系统，仅将编写的代码交付至测试和质量保证(QA)。

解析：

- A) 错误。创建流水线但在完成所有测试之前不要动用将花费大量时间，从而损失业务资金。应该尝试迭代方法，先完成最重要的测试，再持续产生新的测试以增加覆盖率。
- B) 正确。通过测试增加代码的覆盖率是解决此问题的唯一方法。(文献：A 3.2)
- C) 错误。通过流水线运行小规模测试会导致测试覆盖率不佳，并可能在生产环节中导致许多问题。这阻碍了流水线的采用。
- D) 错误。部署流水线旨在将可用代码交付至生产，而不仅仅是测试和 QA，因此与目标不符。

35 / 40

在传统实践中，发布可能会出现许多问题：某些变更未记录，系统未完全备份，或者系统以前的状态未保存。DevOps 如何确保频繁发布的同时不出现此类问题？

- A) 通过自动化发布
- B) 通过让运维来发布
- C) 通过小规模发布
- D) 通过不记录所有变更

解析：

- A) 正确。自动化是确保发布频繁并且发布流程成为常规的重要因素。如果备份、记录和回滚的所有人为因素都实现自动化，则发布出现问题的可能性将大大降低。如果无法成功实施发布，系统将提醒团队采取行动。(文献：A 4.1)
- B) 错误。给予运维部控制权并不能防止上述问题。考虑授权运维部并将开发部整合到运维部的实践中，可以清楚了解发布流程的哪些环节需要自动化和标准化。只是将发布交托给运维部并不能解决上述问题。
- C) 错误。在常规发布工作方面，发布的规模没有发布自动化重要。小规模发布不一定能防止所述的任何问题。频繁发布会使发布规模变小。

D) 错误。这会加剧问题。引入版本控制系统(最好是自动化系统)将有助于消除由于文件记录不当引起的问题。

36 / 40

以下哪一项是价值流图的第一步？

A) 创建需求规范
B) 记录已完成的工作
C) 确定流程中的关键步骤

解析：

A) 错误。第一步应该是确定特定流程和组织的关键步骤。

B) 错误。应该先确定关键步骤，再记录已完成的工作。在非必要步骤上完成的工作不是价值流图的一部分。

C) 正确。这应该是价值流图的第一步。组织应关注自己创建价值流图所针对的流程，并识别完成工作和增加价值的关键步骤。(文献：A 3.1)

37 / 40

刚性或单体 IT 架构有什么困难？

A) 改变和开发 IT 架构本身很难做到
B) 修改架构内的服务需要独立完成
C) 在不禁用当前版本的情况下更新到新版本
D) 等待所有组件准备就绪进行大规模迁移

解析：

A) 正确。这是刚性 IT 架构存在的问题。架构越大刚性越强，改变任何内容就越困难，同时还得看这种改变对架构的其余部分产生的影响。(文献：A 5.3)

B) 错误。这是问题的解决方案。当所有服务都可以独立修改时，架构不再具有刚性。

C) 错误。即使架构不具刚性，这也还是一个挑战。

D) 错误。当进行大规模迁移时，IT 架构并不一定是刚性的，所有组件都应该为此做好准备。这可能发生在任何类型的 IT 架构中。

38 / 40

团队以一周为一个迭代周期，频频遭遇瓶颈。团队在识别瓶颈后下列哪一选修最恰当？

A) 尽快消除瓶颈

B) 延长发现瓶颈的迭代周期

C) 限制一个批次中的常规任务数

D) 运用可视化工具和在制品限制

解析：

A) 正确。应尽快找到导致瓶颈的原因并将其消除。当瓶颈消除后，工作甚至可以在承诺的迭代周期内完成，尽管这并不常见。产品负责人可以针对当前迭代确定工作的优先级。(文献：A 4.11)

B) 错误。在这种情况下，这不是处理问题的最佳方式。Scrum 允许偶尔延长迭代周期。然而，DevOps 比 Scrum 更注重建立节奏。因此，只在万不得已的情况下延长迭代周期。

C) 错误。限制批次尺寸有助于识别导致瓶颈的问题。不过，这个应该作为 DevOps 实践的一部分来实施，而不是等到团队识别瓶颈之后才实施。

D) 错误。这有助于识别瓶颈，但应等到团队识别瓶颈之后才实施。

39 / 40

DevOps 有时被认为是敏捷的一部分。DevOps 在回答下列哪一问题中给出了敏捷所不能给出的答案？

A) 如何快速发布我们开发的软件以占据更大市场份额？

B) 为了能更好的了解客户的需求，应与客户建立什么样的关系是必要的？

C) 如何才能让产品的发布和运维变得既有意义又易于操作？

解析：

- A) 错误。产品的发布既是敏捷又是 DevOps 的一部分。敏捷有助于快速发布最终产品的功能性部分。DevOps 进一步探索了更好地为实际客户创造真正价值的方法。
- B) 错误。与客户的关系和需求收集都是敏捷和 DevOps 的一部分。产品负责人将与客户保持密切联系，以确保产品增加价值。
- C) 正确。在开发过程中考虑发布和运维阶段不一定是敏捷的一部分，但却是 DevOps 的重要部分。(文献：A 1.5.1)

40 / 40

配置管理的益处是什么？
- A) 允许任何团队成员无风险地删除不需要的文件。
- B) 允许主要团队成员缺席而不会出现问题。
- C) 允许团队成员查看谁在哪个日期更改哪些代码。

解析：

- A) 错误。版本控制允许任何团队成员自由删除信息。如果出现任何问题，可以恢复以前的版本。
- B) 正确。当所有变更都由配置管理控制时，系统会在必要时自动恢复到先前的稳定状态。此外，如果关键团队成员离队，他们的知识不会丢失，而是保留在配置中。(文献：A 3.4)
- C) 错误。记录何人在何时更改哪些内容属于版本控制，不属于配置管理。

试题答案

本套样题的正确答案如下，供参考使用。

题号	答案	题号	答案
1	B	5	D
2	A	6	C
3	D	7	A
4	E	8	B

续表

题号	答案	题号	答案
9	B	25	B
10	A	26	A
11	C	27	B
12	B	28	D
13	A	29	A
14	C	30	D
15	B	31	A & D
16	C	32	A
17	B	33	D
18	C	34	B
19	A	35	A
20	A	36	C
21	B	37	A
22	A	38	A
23	B	39	C
24	B	40	B

EXIN DevOps Master 认证指南、样题及解析

认证备考指南

201808 版

概述

EXIN DevOps Master(DEVOPSM.CH)

范围

EXIN DevOps Maste 认证证明专业人员具备以下方面的知识：

- DevOps 应用；
- 计划、要求和设计；
- 开发和部署；
- 运维和规模化；
- 生命周期结束。

总结

DevOps 是"开发"和"运维"这两个词的缩写。DevOps 是一套最佳实践方法论，旨在在应用和服务的生命周期中促进 IT 专业人员(开发人员、运维人员和支持人员)之间的协作和交流，最终实现：

1. 持续集成：每天多次将所有开发工作的副本合并进入共享的主线。
2. 持续部署：持续发布，或尽可能经常的发布。
3. 持续反馈：在应用和服务生命周期的各个阶段寻求来自利益相关方的反馈。

DevOps 改变了员工的工作思维方式；DevOps 重视所做工作的多样性，支持企业为加快实现业务价值，而创建的主观流程，并评估社会和技术变革产生的影响。DevOps 是能够让企业和个人建立和保持可持续工作实践的一种思维方式和工作方式。

成功的 DevOps 可实现以下可能。

- 能创造一个轻松的没有相互指责的企业文化环境，可以与他人分享自己

的经验和故事，并产生共识，使人员和团队能够以持续有效的方式发挥他们的特长

- 为企业准时制生产策略(Just-in-Time (JiT))提供应用和服务
- 通过基于风险的业务需求方案来确保 IT 服务的连续性
- 管理应用和服务的整个生命周期，包括生命周期的结束条件

该认证主要关注为理论知识增加实践技能，使 DevOps Master™ 能够成功地应用于一个企业团队中，并促成其实施法则在企业组织中的施行。

该认证的研发，集结了 EXIN 全球智库(EPG, EXIN Professional Group)中致力于 DevOps 工作领域的各方专家，协作完成。

背景

EXIN DevOps 认证项目如下。

目标群体

DevOps 不仅在软件开发领域享有盛名，其法则也同样被应用到 IT 服务项目和其他项目中。EXIN DevOps Master™培训与认证的目标人群是在组织内推进 DevOps 实践的专家。

EXIN DevOps Master™认证的适用于工作在 DevOps 环境中，或考虑向 DevOps 模式转型的组织中工作的任何人。目标群体包括(不限于)：敏捷项目经理、Agile Scrum Master、项目经理、测试经理、IT 服务经理、IT 流程经理、精益 IT 从业人员。

认证要求

- 顺利完成 EXIN 认可的 EXIN DevOps Master 培训，包括实践操作。
- 成功通过 DevOps Master 考试

考试细节

考试类型：计算机或笔试，单选题

题目数量：50

通过分数：65%

是否开卷考试：否

是否允许携带电子设备/辅助设备：否

考试时间：120 分钟

EXIN 的考试规则和规定适用于本次考试。

布鲁姆级别

EXIN DevOps Master 认证根据布鲁姆分类学修订版对考生进行布鲁姆 3 级和 4 级测试。

- 布鲁姆 3 级：应用——表明考生有能力在与学习环境不同的背景下使用所学信息。这类题目旨在证明考生能够以不同的方式或新的方式应用所掌握的知识、实例、方法和规则，在新的情况下解决问题。这类题目通常包含一个简短的场景。
- 布鲁姆 4 级：分析——表明考生有能力将所学信息拆分并加以理解。布鲁姆级别主要通过实践操作进行测试。实践操作是为了证明考生能够辨明动机或原因，作出推断并找到支持归纳的证据，从而检查并拆分信息。

培训

参加授权培训是获得该认证的必要条件。在参加培训之前，学员应掌握 DevOps 原理和精益及敏捷概念的基本知识。此类知识可通过以下渠道获得：

- 通过 EXIN DevOps Professional 认证

或者

- 阅读《凤凰项目》(*The Phoenix Project*，见文献列表)

培训时长

本培训课程要求的培训时长为不少于 24 小时。该时长包括学员分组、备考和短暂休息。该时长不包括家庭作业、备考的准备工作和午餐休息时间。

实践作业指南详见合作伙伴计划。实践操作时长不宜超过 8 小时。实践作业可在培训课程外完成。针对实践作业，培训师有以下选择：

- GamingWorks 的模拟(培训师需通过 GamingWorks 认证)
- 《从巧克力、乐高和 Scrum 游戏认识 DevOps》(Introduction to DevOps with Chocolate, LEGO and Scrum Game)一书中的游戏[①]
- 自主设计实践作业

---

① 《从巧克力、乐高和 Scrum 游戏认识 DevOps》，作者 Dana Pylayeva，ISBN：9781484225653

培训时长随培训范围内实践作业所需工作量而变化。培训时长可能包括但不限于：

- 2 天课堂理论课程和 1 天课堂实践作业
- 2 天在线理论课程和 8 小时职场实践作业；考生完成在线学习，并做好实践作业准备；培训师评估实践作业的表现
- 2 天课堂理论课程和 8 小时职场实践作业；培训师评估实践作业的表现

建议个人学时

120 小时，根据现有知识的掌握情况可能有所不同。本备考指南第 4 章文献中的文献矩阵提及了考试中会考察的知识体系。

授权培训机构

您可通过 EXIN 官网 www.exin.com 查找该认证的授权培训机构。

考试要求和规范

考试要求	考试规范	比重
1. DevOps 应用		28%
	1.1 DevOps 理念与益处	10%
	1.2 组织文化	12%
	1.3 原理和概念	6%
2. 计划、要求和设计		18%
	2.1 应用或服务生命周期管理	4%
	2.2 项目章程(定义范围)和视觉控制	4%
	2.3 基础设施和架构设计	4%
	2.4 服务等级要求和协议	2%
	2.5 实施一个测试策略	4%
3. 开发和部署		30%
	3.1 持续交付和持续集成	12%
	3.2 部署渠道	4%
	3.3 持续部署	4%

	3.4 Ji-Kotei-Kanketsu(质量检查), Rhythm(节奏), Work-in-Progress(在制品)和 One-piece-flow(单件流)	4%
	3.5 自动化、工具和测试	6%
4.运维和规模化		22%
	4.1 管理数据；基础设施和环境；组件和依赖性	10%
	4.2 配置管理和版本控制	4%
	4.3 云和不可变的基础设施	2%
	4.4 业务连续性	2%
	4.5 规模化	4%
5.生命周期结束		2%
	5.1 一个产品或服务的生命周期结束的条件	2%
总计		**100%**

考试规范

1. DevOps 应用

1.1 DevOps 思维模式和优势
考生能够……
- 1.1.1 在情景分析中对 DevOps 进行反模式分析
- 1.1.2 说明 DevOps 的优势
- 1.1.3 说明为什么 DevOps 非常适合当前的软件开发流程
- 1.1.4 说明为什么 DevOps 需要一个特定的思维模式
- 1.1.5 说明 DevOps 如何适合于精益和敏捷开发实践中

1.2 企业文化
考生能够……
- 1.2.1 说明为什么 DevOps 的四大组成部分(协作、亲和性、工具和规模化)如此重要
- 1.2.2 针对 DevOps 思维方式缺失部分进行情景分析
- 1.2.3 说明如何通过促进协作、DevOps 思维模式和共鸣及信任从一组人中创建一个团队
- 1.2.4 关于协作的错误概念的情况分析，并找出正确的解决办法
- 1.2.5 关于冲突管理的情况分析，并找出最佳的解决方案
- 1.2.6 说明人力资源管理如何能够促进多样化，以及这样会给企业带来哪些好处

1.3 DevOps 原理和概念
考生能够……

- 1.3.1 说明不同软件开发方法(Waterfall, Agile, Scrum)及其基本原理的使用和实用性
- 1.3.2 说明不同运维方法(IT 服务管理)的使用和实用性
- 1.3.3 说明精益系统方法的使用和实用性

2. 计划、要求和设计

2.1 应用或服务生命周期管理
考生能够……
- 2.1.1 说明 DevOps 如何为现代应用生命周期管理带来价值
- 2.1.2 说明 DevOps 在用于服务生命周期管理时如何提高客户体验

2.2 项目章程和视觉控制
考生能够……
- 2.2.1 说明应该如何确定一个 DevOps 项目的范围
- 2.2.2 为什么说 DevOps 项目的视觉控制能够促进 DevOps 实践

2.3 基础设施和架构设计
考生能够……
- 2.3.1 说明 DevOps 如何改变或影响 IT 基础设施和架构的设计
- 2.3.2 说明为什么云计算和虚拟化技术能够使 Dev 和 Ops 实现更轻松的集成

2.4 服务等级要求和协议
考生能够……
- 2.4.1 说明 DevOps 如何改变服务等级要求和协议

2.5 实施一个测试策略
考生能够……
- 2.5.1 说明在向 DevOps 迁移时为什么需要对测试策略进行修改以及如何修改
- 2.5.2 分析用户故事的完整性

3. 开发和部署

3.1 持续交付和持续集成
考生能够……
- 3.1.1 说明为什么持续交付对于 Effective DevOps 至关重要
- 3.1.2 在情景中分析如何整合 Continuous Delivery(持续交付)
- 3.1.3 在情景中分析如何采用 Continuous Delivery(持续交付)解决问题
- 3.1.4 说明为什么 Continuous Integration(持续集成)对于 Effective DevOps 至关重要
- 3.1.5 通过对一个分布式团队或分布式控制系统进行情景分析,分析如何实现 Continuous Integration(持续集成)
- 3.1.6 在情景中分析如何采用 Continuous Integration(持续集成)解决问题

3.2 部署渠道

考生能够……

3.2.1 说明一个 DevOps 部署渠道的分解逻辑

3.2.2 说明如何使用创建和部署脚本

3.3 持续部署

考生能够……

3.3.1 说明为什么要针对 effective DevOps 对迭代计划和发布计划进行修改

3.3.2 在情景中分析如何实施 Continuous Deployment(持续部署)

3.4 Ji-Kotei-Kanketsu(质量检查)、Rhythm（节奏）、Work-in-Progress(在制品)和 One-piece-flow(单件流)

考生能够……

3.4.1 说明 Ji-Kotei-Kanketsu(质量检查)、Rhythm（节奏）、Work-in-Progress(在制品)和 One-piece-flow(单件流)的概念

3.4.2 在情景中分析 Ji-Kotei-Kanketsu(质量检查)、Rhythm（节奏）、Work-in-Progress(在制品)和 One-piece-flow(单件流)遇到的具体问题，并找到适合的解决方案

3.5 自动化、工具和测试

考生能够……

3.5.1 为什么说自动化对 effective DevOps 是非常重要的

3.5.2 说明如何使用工具提高 DevOps 的整体效率

3.5.3 说明如何使用工具支持 DevOps 思维模式和文化

3.5.4 为什么说 DevOps 测试自动化非常重要

3.5.5 进行情景分析，选择正确的方式来实现验收测试自动化

4. 运维和规模化

4.1 管理数据；基础设施和环境；组件和依赖性

考生能够……

4.1.1 在 DevOps 内管理数据库中的数据时会遇到哪些问题

4.1.2 对 DevOps 中数据库的使用进行情景分析，并对遇到的问题提供最佳的解决方案

4.1.3 为实施一个部署需要准备一个基础设施环境，并且在部署后需要对其进行管理，对此进行情景分析，并找出进行此项工作的最佳方法

4.1.4 进行情景分析，建议一个管理组件的通用策略

4.1.5 说明如何管理依赖性

4.2 配置管理和版本控制

考生能够……

4.2.1 为什么说版本控制是 effective DevOps 的关键

	4.2.2	说明如何对数据、基础设施和组件进行版本控制
	4.2.3	进行情景分析，针对如何管理一个配置管理问题建议一个最佳策略
4.3	云和可不变的基础设施	
	考生能够……	
	4.3.1	说明在实现 effective DevOps 的过程中，何时需要向基于云的基础设施迁移以及何时不需要进行此类迁移
	4.3.2	在 DevOps 内应该如何对基于云的基础设施进行管理
4.4	业务连续性	
	考生能够……	
	4.4.1	DevOps 如何促进 Business Continuity (业务连续性)实践
4.5	规模化	
	考生能够……	
	4.5.1	进行情景分析，说明为什么在这种情况下扩大规模或减小规模是非常重要的，并找到最佳的实施方法
	4.5.2	对规模化过程中出现的问题进行情景分析，并找出解决该问题的最佳方法
	4.5.3	社会政策和雇佣实践如何支持 DevOps 的规模化

5. 生命周期结束

5.1 一个产品或服务的生命周期结束的条件

    5.1.1 在终止一项服务或一个产品之前应该满足哪些条件

考试术语表

本节包含考生应熟知的术语和缩写。

请注意，单靠这些术语并不能满足考试要求。考生必须了解这些概念，并能够举例。

英文	中文
A/B testing	A/B 测试
Acceptance Tests	验收测试
Affinity *(in DevOps)*	亲和
Agile	敏捷
Anti-pattern	反模式

英文	中文
Application Deployment	应用部署
Artifact Management	构件库管理
(Artifact) repository	构建库
ATAM	ATAM
Automated testing	自动化测试
Automation	自动化
Binary files	二进制文件
Blamelessness	免责
Blue-Green deployment	蓝绿部署
Build (Management)	构建(管理)
Build-time	构建时
Canary releasing	金丝雀发布
Capacity testing	容量测试
Change Management	变更管理
Check-in	签入
Cloud Computing	云计算
Collaboration (in DevOps)	协作
Conmit (stage)	提交(阶段)
Communication styles	沟通方式
Contract	契约
Component (tests)	组件(测试)
Configuration Management	配置管理
Containers	容器
Continuous Delivery	持续交付
Continuous Deployment	持续部署
Continuous Integration	持续集成
Cycle time	周期时间
Definition of Done (in Agile Scrum)	完成的定义
Dependency	依赖
(Deployment) Pipeline	(部署)流水线
Development Team	开发团队
DevOps Engineer	DevOps 工程师
Disciplined Agile	纪律性敏捷
Distributed Team	分布式团队

英文	中文
Effective DevOps	有效的 DevOps
Event Management	事件管理
Exploratory testing	探索性测试
Flow	流
Functional acceptance tests	功能验收测试
Forensic tools	取证工具
Gatekeeper	把关人
Happy path	乐观路径
Human error	人为错误
Incident Management	事故管理
Information radiators	信息辐射期
Infrastructure management	基础架构管理
Infrastructure Automation	基础架构自动化
INVEST	INVEST
Integration tests	集成测试
Iteration	迭代
ITSM (IT Service Management)	IT 服务管理
Ji-Kotei-Kanketsu (JKK)	质量检查(JKK)
Just-in-Time (JiT)	准时制
Kaizen *(in Lean)*	持续改善
Lean	精益
Libraries	库
Light-weight ITSM	轻量级 ITSM
Manual testing	人工测试
Minimum Viable Product	最小可用产品
Monitoring strategy	监控策略
Negotiation styles	谈判风格
Non-functional testing	非功能测试
Obeya	作战室
Orchestration	编排
One-piece-flow	单件流
Operations Team	运维团队
Organizational Learning	组织级学习
Plan-Do-Check-Act cycle (PDCA cycle)	计划-实施-检查-改进 (戴明环)

英文	中文
Process Master	流程负责人
(Product) Backlog	(产品)待办事项
Product Owner *(in Agile Scrum)*	产品负责人
Project charter	项目章程
Pull system	拉式系统
Quality Assurance (QA)	质量控制(QA)
Regression testing	回归测试
Release Coordinator	发布协调人
Reliability Engineer	可靠性工程师
Retrospective	回顾
Rhythm *(in Lean)*	节奏
Root Cause Analysis	根因分析
Run time	运行时
Sad path	悲观路径
Scaling *(of DevOps or Agile Scrum)*	规模化
Scrum	Scrum(保留)
Scrum Master *(in Agile Scrum)*	Scrum Master(保留)
Service Continuity	服务连续性
Service Level Agreement (SLA)	服务级别协议(SLA)
Service Master	服务负责人
Silos	竖井
Sprint	冲刺
System of Engagement (SoE)	交互型系统(SoE)
System of Record (SoR)	记录型系统(SoR)
System tests	系统测试
Test-Driven Development	测试驱动开发
Tools	工具
Toyota Production System (TPS)	丰田生产系统
Unit Test	单元测试
Usability tests	易用性测试
User Acceptance Testing (UAT)	用户验收测试(UAT)
User Story	用户故事
Value Stream Mapping (VSM)	价值流图(VSM)
Velocity *(in Agile Scrum)*	速率

续表

英文	中文
(Vendor) lock-in	(厂商)锁定
Version Control	版本控制
Virtualization	虚拟化
Waste	浪费
Waterfall	瀑布式
Work-in-Progress (WiP)	在制品

文献

必选教材

以下文献包含了 EXIN DevOps Master™ 考试要求掌握的知识。

A. Effective DevOps：Building a Culture of Collaboration, Affinity, and Tooling at Scale
Jennifer Davis, Katherine Daniels
O'Reilly Media，第 1 版 (2016 年 6 月 25 日)

B. 《持续交付：发布可靠软件的系统方法》
Jez Humble, David Farley　中文版译者：乔梁
Addison-Wesley Professional；第 1 版 (2010 年 8 月 6 日)

C. 《企业 DevOps 的成功之路》
户田孝一郎　中文版译者：刘颋　史鹏程　审校者：刘征 EXIN 中国
备注：白皮书可以从 EXIN 网站 DevOps 认证页面下载。

可选教材(仅供参考或深入学习之用)

D. 《凤凰项目：一个运维的传奇故事》
Gene Kim, Kevin Behr, George Spafford　中文版译者：成小留
IT Revolution Press (2013 年 1 月 10 日)

E. The DevOps Handbook: How to Create World-Class Agility, Reliability, and Security in Technology Organizations

Gene Kim, Jez Humble, Patrick Debois, John Willis

IT Revolution Press; 1 edition (2016)

F. 其他来源：

http://newrelic.com/devops

http://devops.com/

文献考点分布矩阵

考试要求 考试规范	教材参考章节
1. DevOps 应用	
1.1 DevOps 理念与益处	
1.1.1 在情景分析中对 DevOps 进行反模式分析	A：第 5 章 B：第 1 章 C：第 2 章
1.1.2 说明 DevOps 的优势	B：第 1 章 C：第 4 章
1.1.3 说明为什么 DevOps 非常适合当前的软件开发流程	A：第 3 章 B：第 1 章 C：第 4 章
1.1.4 说明为什么 DevOps 需要一个特定的思维模式	A：第 1，2，4 章 C：第 4 章
1.1.5 说明 DevOps 如何适合于精益和敏捷开发实践中	B：第 15 章 C：第 1 章和第 4 章
1.2 组织文化	
1.2.1 说明为什么 DevOps 的四大组成部分(协作、亲和性、工具和规模化)如此重要	A：第 6、7 章
1.2.2 针对 DevOps 思维方式缺失部分进行情景分析	A：第 7 章
1.2.3 说明如何通过促进协作、DevOps 思维模式和共鸣及信任从一组人中创建一个团队	A：第 7 章和第 9 章
1.2.4 关于协作的错误概念的情况分析，并找出正确的解决办法	A：第 7，8，9 章和第 16 章
1.2.5 关于冲突管理的情况分析，并找出最佳的解决方案	A：第 7 章和第 14 章

1.2.6 说明人力资源管理如何能够促进多样化，以及这样会给企业带来哪些好处	A：第 7 章	

1.3 原理和概念

1.3.1 说明不同软件开发方法(Waterfall，Agile，Scrum)及其基本原理的使用和实用性	A：第 4 章 B：第 1 章 C：第 5 章
1.3.2 说明不同运维方法(IT 服务管理)的使用和实用性	C：第 3 章和第 4 章
1.3.3 说明精益系统方法的使用和实用性	A：第 4 章

2. 计划、要求和设计

    2.1 应用或服务生命周期管理

2.1.1 说明 DevOps 如何为现代应用生命周期管理带来价值	C：第 1 章
2.1.2 说明 DevOps 在用于服务生命周期管理时如何提高客户体验	C：第 4 章

    2.2 项目章程(定义范围)和视觉控制

2.2.1 说明应该如何确定一个 DevOps 项目的范围	B：第 10 章 C：第 8 章
2.2.2 为什么说 DevOps 项目的视觉控制能够促进 DevOps 实践	B：第 5 章 C：第 7 章

    2.3 基础设施和架构设计

2.3.1 说明 DevOps 如何改变或影响 IT 基础设施和架构的设计	B：第 11 章
2.3.2 说明为什么云计算和虚拟化技术能够使 Dev 和 Ops 实现更轻松的集成	B：第 11 章

    2.4 服务等级要求和协议

2.4.1 说明 DevOps 如何改变服务等级要求和协议	B：第 12 章 C：第 4 章

    2.5 实施一个测试策略

2.5.1 说明在向 DevOps 迁移时为什么需要对测试策略进行修改以及如何修改	B：第 4 章
2.5.2 分析用户故事的完整性	B：第 4 章

3. 开发和部署

    3.1 持续交付和持续集成

3.1.1 说明为什么持续交付对于 Effective DevOps 至关重要	B：第 13 章和第 15 章

3.1.2 在情景中分析如何整合 Continuous Delivery(持续交付)	B：第3,5章和第15章
3.1.3 在情景中分析如何采用 Continuous Delivery(持续交付)解决问题	B：第15章
3.1.4 说明为什么 Continuous Integration(持续集成)对于 Effective DevOps 至关重要	B：第3章
3.1.5 通过对一个分布式团队或分布式控制系统进行情景分析，分析如何实现 Continuous Integration(持续集成)	B：第3章
3.1.6 在情景中分析如何采用 Continuous Integration(持续集成)解决问题	B：第3章

3.2 部署渠道

3.2.1 说明一个 DevOps 部署渠道的分解逻辑	B：第5章和第8章 C：第7章
3.2.2 说明如何使用创建和部署脚本	B：第1章和第6章

3.3 持续部署

3.4 Ji-Kotei-Kanketsu(质量检查), Rhythm(节奏), Work-in-Progress(在制品)和 One-piece-flow(单件流)

3.4.1 说明 Ji-Kotei-Kanketsu(质量检查)、Rhythm(节奏)、Work-in-Progress(在制品)和 One-piece-flow(单件流)的概念	C：第4章和第7章
3.4.2 在情景中分析 Ji-Kotei-Kanketsu(质量检查)、Rhythm(节奏)、Work-in-Progress(在制品)和 One-piece-flow(单件流)遇到的具体问题，并找到适合的解决方案	A：第1,2章和第9章 B：第1章 C：第4章

3.5 自动化、工具和测试

3.5.1 为什么说自动化对 effective DevOps 是非常重要的	B：第1章和第8章
3.5.2 说明如何使用工具提高 DevOps 的整体效率	B：第8章
3.5.3 说明如何使用工具支持 DevOps 思维模式和文化	A：第12章
3.5.4 为什么说 DevOps 测试自动化非常重要	A：第1章 B：第3章
3.5.5 进行情景分析，选择正确的方式来实现验收测试自动化	B：第8章

4.运维和规模化

4.1 管理数据；基础设施和环境；组件和依赖性

4.1.1 在 DevOps 内管理数据库中的数据时会遇到哪	B：第12章

些问题

4.1.2 对 DevOps 中数据库的使用进行情景分析，并对遇到的问题提供最佳的解决方案 　　B：第 12 章

4.1.3 为实施一个部署需要准备一个基础设施环境，并且在部署后需要对其进行管理，对此进行情景分析，并找出进行此项工作的最佳方法 　　B：第 11 章

4.1.4 进行情景分析，建议一个管理组件的通用策略 　　B：第 13 章

4.1.5 说明如何管理依赖性 　　B：第 13 章

4.2 配置管理和版本控制

4.2.1 为什么说版本控制是 effective DevOps 的关键 　　B：第 2 章

4.2.2 说明如何对数据、基础设施和组件进行版本控制 　　B：第 10 章和第 11 章

4.2.3 进行情景分析，针对如何管理一个配置管理问题建议一个最佳策略 　　B：第 2 章

4.3 云和不可变的基础设施

4.3.1 说明在实现 effective DevOps 的过程中，何时需要向基于云的基础设施迁移以及何时不需要进行此类迁移
　　A：第 17 章
　　B：第 11 章
　　C：第 5 章和第 7 章

4.3.2 在 DevOps 内应该如何对基于云的基础设施进行管理 　　B：第 11 章

4.4 业务连续性

4.4.1 DevOps 如何促进 Business Continuity (业务连续性)实践 　　C：第 4 章

4.5 规模化

4.5.1 进行情景分析，说明为什么在这种情况下扩大规模或减小规模是非常重要的，并找到最佳的实施方法 　　A：第 14 章

4.5.1 对规模化过程中出现的问题进行情景分析，并找出解决该问题的最佳方法
　　A：第 15 章
　　B：第 11 章

4.5.3 社会政策和雇佣实践如何支持 DevOps 的规模化 　　A：第 6，7 章和第 14 章

5. 生命周期结束

5.1 一个产品或服务的生命周期结束的条件

5.1.1 在终止一项服务或一个产品之前应该满足哪些条件 　　C：第 7 章

注：阅读《凤凰项目》对以下规范内容的理解将有特别的帮助：

- 1.1
- 1.2
- 3.1
- 3.3
- 3.4
- 4.4

联系 EXIN

www.exin.com

中英文样题

201808 版

考试说明

本试卷是基于 EXIN DevOps Master™ (DEVOPSM.CH)。EXIN 考试准则适用于该考试。

本试卷由 50 道单项选择题组成。每道选择题有多个选项，但这些选项中只有一个是正确答案。

本试卷的总分是 50 分，每道题的分数是 1 分。每答对一题获得 1 分。如果您获得的总分数为 33 分或以上，证明您通过本考试。

考试时间为 120 分钟。

祝您好运！

样题

1 / 50

在一个组织内实施 DevOps 有什么好理由？

A) 对于新的服务，DevOps 的反馈周期更为频繁，因为开发速度更快。

B) DevOps 会提高业务连续性和敏捷性，因为各过程得到优化，只完成有增值的活动。

C) DevOps 提供即时生产的新服务，因为发布软件更加频繁。

What is a good reason to implement DevOps in an organization?

A) DevOps has more frequent feedback cycles for new services, because the development speed is higher.

B) DevOps improves business continuity and agility, because the processes are optimized and only value-added activities are done.

C) DevOps provides the new services Just-in-Time, because it releases software more frequently.

D) DevOps 减少了开发团队和运维团队之间协作的浪费，因为它们得到了统一。

D) DevOps reduces waste in the collaboration between Development and Operations, because they are unified.

2 / 50

首席技术官认为，在实施 DevOps 时，最有效的方法是将精益的相关概念应用在 DevOps 过程中。
请问，在引入 DevOps 时，精益管理的哪些原则或实践方法**最有效**？

The CTO thinks that it would be most effective to apply certain Lean concepts when implementing DevOps. Which Lean principles or practices will be **most** effective when introducing DevOps?

A) Kaizen(专有词，意为小的、不花钱的持续改善)与 5S。 由于 Agile 和 DevOps 是以精益的核心思想为基础、而持续改善与 5S 是精益的基础，因此在引入 DevOps 时，使用这些概念最为有效。

A) Kaizen and 5S. Because Agile and DevOps are based on core Lean concepts and Kaizen and 5S are the basis of Lean, they will be most effective when introducing DevOps.

B) 先实施 Kaizen。 DevOps 要求运维团队对开发团队进行持续反馈。先实施 Kaizen 能够形成上溯反馈环路，有助于这一原则在 DevOps 实施中的应用。

B) Kaizen in advance. DevOps requires feedback from Operations to Development. Kaizen in advance creates an up-stream feedback loop, helping to apply this principle in DevOps.

C) Obeya 系统。 DevOps 整合了不同的管理流程。Obeya 系统提供了整个流程的可视化，为成功引入 DevOps 创造条件。

C) Obeya system. DevOps integrates different management style processes. The Obeya system helps visualize the entire process, allowing for a successful DevOps introduction.

D) 单件流与质量检查。 DevOps 从上溯流程和单一价值流的构建中获益。单件流实现了这一点，而质量检查有助于改善/简化和实施该流程。

D) One piece flow and JKK. DevOps benefits from building up-stream processes and a single value stream flow. One piece flow enables this and JKK helps streamline and implement the flow.

3 / 50

与采取传统方式的项目相比，若一个项目要成功实施 DevOps，需要改变哪些内容？

Compared to a project in a conventional manner, what must be changed for a project to be successful in DevOps?

A) 应该建立一个 IT 服务供应链，采用拉式系统和单件流。

A) An IT-services supply chain, using a pull system and one-piece-flow, should be built.

B) 为快速维护这些服务，开发人员应当加入运维团队。

B) Developers should join the Operations team for quick maintenance of the services.

C) 运维部门应当为开发团队服务。正因如此，才称之为 DevOps。

C) Operations must work for the Development team. That is why it is called DevOps.

D) 来自运维团队的团队成员应当加入开发团队。

D) Team members from the Operations team should join the Development team.

4 / 50

任何采用 DevOps 的团队都可以表述为契约 (Compact)。为发挥契约作用，什么原则**最**实用？

Any team that adopts DevOps, could be described as a Compact. What principle applies **best** to make a Compact work?

A) 动态协作

B) 持续沟通

C) 减少周期

D) 共同责任制

A) Dynamic collaboration

B) Ongoing communication

C) Reducing cycles

D) Shared accountability

5 / 50

为了实施 DevOps，有很多可用的知识来源、标准和实践。

To implement DevOps, there are many sources of knowledge, standards and

其中哪一项被认为是成功实施 DevOps 的关键？

A) CMMI 3 级

B) 纪律性敏捷

C) ISO 20001

D) PMI PMBok

practices available.
Which one is considered **key** for a successful DevOps implementation?

A) CMMI Level 3

B) Disciplined Agile

C) ISO 20001

D) PMI PMBok

6 / 50

协作是有效 DevOps 的四个支柱之一。为何合作如此重要？

A) 协作是实现 DevOps 单件流的唯一途径。

B) DevOps 商业价值通过团队之间的协作得以实现。

C) DevOps 组织较小，团队必须密切协作。

D) 它推动变革，这是一场容易取得的胜利。它还降低了开发成本。

Collaboration is one of the four pillars of Effective DevOps. Why is it so important?

A) Collaboration is the only way to achieve one-piece-flow in DevOps.

B) DevOps business value is achieved through cooperation between teams.

C) DevOps organizations are small, the teams must collaborate well.

D) It drives change and is an easy win. It also reduces development costs.

7 / 50

你是一家小型 DevOps 公司的所有者，公司共有 5 名同事，主营业务是为残障儿童构建移动端应用。你团队最引以为豪的应用之一是一个为自闭症儿童打造的应用，功能是让他们能够安排自己的日常生活。

因为这个应用大获成功，你的团队受到请求，有人希望应用的性能能够得

You are the owner of a small DevOps company of 5 co-workers, that builds mobile apps for children with disabilities. One of the apps your team is most proud of is an app for children with autism, that allows them to schedule their own day.

Because this app was so successful, your team is asked to extend the capabilities

到扩展，让其他人也可以从安排生活行程之中获益。这项请求肯定会使代码更加复杂，团队还会必须应对一些技术上的挑战。

按照你的预期，完成这项任务可以获得很高的报酬，所以你接受了任务。但是几个星期过后，你的团队陷入了争吵。你也生气了，并且开始更加注意所有团队成员所做的事情。你经常随团队一同工作，这样就可以快速修正所发现的任何代码错误。

虽然做了足够的工作，但是你的团队还是很愤怒，而且你意识到 DevOps 思维方式的部分缺失了。解决这一问题最好的策略是什么？

A) 通过雇佣互补性非技术人员，增加团队成员以寻求进一步多样性

B) 请公司外的 DevOps 领域专家资助和指导你的团队成员

C) 找到一个共同目标，并开始朝着目标努力，以增加协作

D) 预留几个月的时间，先开始团队建设，互相了解

of the app for other people that would benefit from scheduling their day. This request will certainly generate more complexity in the code and some technical challenges that will have to be tackled by the team.

You expect to be paid very well for this assignment, so you accept the assignment. However, after a few weeks, your team is fighting. You get angry as well and start paying more attention to what all the team members do. You regularly work along with them, so you can quickly correct any code error you spot. Although enough work gets done, your team stays angry and you recognize that part of the DevOps mindset is missing. What is the best strategy to solve your problem?

A) Add members to the team seeking more diversity, through hiring complementary non-technical personnel

B) Ask experts in DevOps outside your company to sponsor and mentor your team members

C) Find a common goal and start working towards that goal together to increase collaboration

D) Reserve a few months' time to start working on team-building first and learn about each other

8 / 50

您认为自己的开发团队是一支真正的团队。

您觉得有什么确切的特征表明这是一支团队而不只是一个小组呢?

A) 该团队遵守在团队会议中共同制定的规则。

B) 团队召开自己主持的高效会议。

C) 团队以稳定的工作节奏,朝着共同的目标推进。

D) 该团队通过质询负责某项工作的团队成员的方式来解决问题。

You feel that your Development team is really a team.

What is a sure sign that they are a team and not a group?

A) The team follows the rules they have agreed upon in their team meetings.

B) The team has effective meetings which they lead themselves.

C) The team keeps a steady working pace towards their common goal.

D) The team solves problems by questioning the responsible team member.

9 / 50

AppAtoZ 公司正以惊人的速度发展壮大,致力于为苹果手机和安卓平台开发和部署移动应用程序。

为使其当前的移动应用程序尽可能快速地提升功能,这家创业企业的开发团队经受了巨大的压力。过去六个月里,他们平均每周工作六十个小时。领导层不愿雇佣更多员工,他们更关心的是如何在提高收益的同时降低运维与开发成本。

AppAtoZ has been growing at phenomenal rates in developing and deploying mobile applications to the iPhone and Android platforms.

The Development teams for this startup have experienced tremendous pressures in deploying rapid enhancements to their current mobile applications on an aggressive timeline. They have been working on average 60 hours per week over the last six months. Leadership has been reluctant to hire more assistance, and is more concerned about increasing revenue while reducing operational and development costs.

最近几月，旷工、打电话请病假的员工均有所增加，有些员工甚至辞去了AppAtoZ的工作，从而导致现有员工的工作量剧增。二次雇佣新员工、缩短新员工的上手时间并不能快速缓解开发团队的工作压力。

In the recent months there has been an increased rate of employee absenteeism, employees calling in sick, and some employees even resigned from AppAtoZ, resulting in increased workloads on current employees. Rehiring and ramp up time of a new employee does not alleviate the work pressures quickly for the Development team.

要解决员工倦怠与压力的问题，应当考虑哪些长远的战略？

Which long term strategies must be considered to address employee burnout and stress?

A) 应在团队中同时采用永久雇员和合同工，以更好地控制工作量。

A) Add a mix of permanent and contract employees to the team to better manage the workload.

管理层与开发部门应当找出工作环境中导致员工倦怠的因素并制定解决员工倦怠和压力的计划。

Have leadership and Development identify factors in the work environment that contribute to burnout. Develop a plan to address burnout and stress.

B) 解雇领导团队，原因是他们无法胜任工作。
聘用一支更具能力的领导团队，他们知道如何促使工作与生活达成平衡，并创造可持续的、切合实际的企业文化。
为开发团队提供时机，使其逐渐获取工作与生活之间的平衡。

B) Fire the leadership team, because they are incapable.
Hire a more competent leadership team that knows how to create a work-life balance and culture that is sustainable and realistic.
Provide the opportunity for the Development team to take time to find their balance.

C) 让开发团队成员暂时停止工作。

招聘合同开发人员，以应对每年高峰时期增加的开发工作量。

鼓励开发人员在必要时寻求专业的心理援助。

D) 让开发团队成员暂时停止工作。

让领导层与开发部门找出工作环境中可能导致倦怠的所有因素。

制定解决员工倦怠和压力的计划。

你作为开发者在一个 DevOps 团队中工作。你试图促进所有团队成员之间的协作。你的团队有两名资深的男性开发者和一名资历较浅的女性系统管理员。

你的团队成员起步并不顺利，并且相处不融洽。此时你介入其中，试图帮助他们改善关系。这起到了效果，因为他们停止了争吵，并完成了更多的工作。

C) Have the Development team members take a time out.

Contract developers for managing the increased development workload at peak periods of the year.

Have developers reach out for professional mental help as needed.

D) Have the Development team members take a time out.

Have leadership and development identify all factors in the work environment that might be contributing to burnout.

Develop a plan to address employee burnout and stress.

You work in a DevOps team as a developer. You try to facilitate collaboration between all of your team members. Your team has two male senior developers and one junior female systems administrator.

Your team members had a rocky start and could not get along. You intervened at the time, to try to help them get along better. That worked, because they stopped fighting and got a lot more work done.

现在你开始注意到存在一种模式，其中资浅的管理员一直赞成资深开发人员。

你对这种模式应当有何反应？

A) 只要团队成员未发生争端，你就应该置身事外。他们只是在相互磨合，你不应该干扰。

B) 让运维说出对任何建构版本的担忧是很重要的，这样才能指导管理员停止通融，更加坚定自信。

C) 资深开发人员责任更大，所以你应当让他们态度友好点，在资浅管理员考虑不周时应关注运维问题。

D) 您应该暂时开始在运维团队中工作，即使您自己是一个开发人员，这样您才可以为初级管理员领路。

Now you start noticing a pattern where the junior administrator keeps agreeing with the senior developers.

How should you react to this pattern?

A) As long as the team members are not fighting, you should leave the situation alone. They are just getting along and you should not disrupt this.

B) It is important that Operations voices any concerns with builds, so you should coach the administrator to stop accommodating and be more assertive.

C) The senior developers have more responsibility, so you should ask them to be nicer and to think of Operations concerns if the junior does not.

D) You should start working in the Operations team for now, even though you are a developer yourself, so you can show the junior administrator the way.

11 / 50

敏捷和 Scrum 为什么可以承诺使软件开发速度加快，更加可预测？

A) 通过在设计之前允许更好、更完整地收集和处理需求

Why do Agile and Scrum promise faster and more predictable software development?

A) By allowing better and complete requirements gathering and handling prior to design

B) 通过允许组成自治、自我组织和自我规划的小团队

C) 通过允许产品负责人参与每日立会

D) 允许项目经理根据需要快速改变优先级别

B) By allowing small autonomous, self-organizing and self-planning teams

C) By allowing the Product Owner to participate in daily standup meetings

D) By allowing the Project Manager to quickly change priorities as needed

12 / 50

什么是轻量型 IT 服务管理？

A) 以业务连续性为中心的 IT 服务管理

B) 新一版标准化的 ITIL

C) ITIL 流程实施不力

D) 以发布管理为导向的 IT 服务管理

What is light-weight ITSM?

A) A business-continuity focused ITSM

B) A new ITIL version proposed as standard

C) A poor implementation of ITIL processes

D) A release-management oriented ITSM

13 / 50

你为一家实施了精益与敏捷实践的公司工作。你的首席执行官对实施一件新事物的价值还存有疑虑：那就是 DevOps。

你是一名 DevOps 专家。你感觉 DevOps 对任何开发软件的工作都有好处。

DevOps 可以为你工作的公司增加什么？

A) 创建更好的用户故事和功能需求

You work for a company that has implemented Lean and Agile practices. Your CEO is not convinced of the value of implementing yet another new thing: DevOps.

You are a DevOps expert. You feel that DevOps is beneficial to any company that develops software.

What does DevOps add to the company you work for?

A) Creating better User Stories and functional requirements

B) 减少发布的频次，使客户免受经常更新的困扰

C) 培训专业人员从事开发和运营工作

D) 编写发布更快以支持业务结果的代码

B) Releasing less often, so customers do not have to suffer regular updates

C) Training professionals to do both Development and Operations

D) Writing code that is released faster supporting business outcomes

14 / 50

高级业务管理要求 IT 部门提供更好的业务支持，并与业务目标对齐。作为一名首席信息官，在其他的方法中，你还要决定减少运维中的管理工作量。

DevOps 将如何最好地帮助你提高现有的服务级别管理？

A) 通过摈弃 ITSM 最佳实践，因为它们只是重量级方法。

B) 通过设计更好的开发与运维间运营级别协议(OLA)

C) 通过实施一套新的 IT 服务管理过程(以信息技术基础架构库 ITIL 第 3 版为基础)

D) 重组 ITSM 来使用一套最低要求信息(MRI)

Senior business management is requesting better business support and alignment to business objectives from the IT department. As a CIO, among other measures, you decide to reduce management workload in Operations.

How will DevOps best help you to improve your existing Service Level Management?

A) By abandoning ITSM best practices as they are just a heavyweight approach

B) By designing better Operating Level Agreements (OLA) between Dev and Ops

C) By implementing a new set of ITSM processes based on ITIL version 3

D) By realigning ITSM to use a set of minimum required information (MRI)

15 / 50

哪种 DevOps 内容的实施最适合采用记录型系统(SoR)的企业？

Which DevOps implementation is most suitable for an enterprise that uses the System of Record (SoR) approach?

A) 协作

B) 持续交付

C) 丰田方式(Toyota Way)

A) Collaboration

B) Continuous Delivery

C) Toyota Way

16 / 50

使用 Obeya 系统的主要益处是什么？

What is the main benefit of using the Obeya system?

A) 协助客户投诉，确保团队得到充分的反馈，以便持续改进

B) 处理团队内部的压力，使团队成员可以保持可持续的节奏

C) 每日改善错误报告，确保减少返工，减少将错误传递到其他工作站的几率

D) 基于当前状态，通过快速的信息收集和共享，快速决策

A) Facilitates customer complaints, to ensure that the team gets enough feedback to continuously improve

B) Handles stress within teams, so that team members can keep up a sustainable pace

C) Improves daily bug reporting, which ensures less rework and reduces passing bugs to other workstations

D) Quick decision making, based upon current status, by speedy information gathering and sharing

17 / 50

你在一家刚刚开始使用 DevOps 的软件公司工作。你意识到应当改变的不仅是这个组织的文化，而且还有其实践和工具。公司已经在监控软件项目中的任何问题。

你提出添加以下方式：

You work in a software company that is just starting to work with DevOps. You realize that not only the culture of the organization should change, but also its practices and tools. The company does already monitor the software projects for any issues.

You propose to add the following measures:

- 使变更管理过程自动化实施访问控制，以避免任何人在未经批准的情况下进行变更

- 为什么这是必须的？

- automate the Change Management process implement access controls to prevent anyone for making changes without approval

- Why is this necessary?

A) 自动化可以在维持信心的同时，促进变更得以更快地实施。访问控制对于防止启发式问题解决和计划外服务中断来说是必要的。

A) Automation enables faster change implementations while maintaining confidence. Access control is necessary to prevent problem-solving heuristics and unplanned service disruptions.

B) 要放慢变更的数量，自动化是必要的。访问控制应能防止客户在你不知道和未加控制的情况下自行更改软件。

B) Automation is necessary to slow down the number of changes. Access control should prevent customers from changing the software by themselves, without your knowledge and control.

C) 自动化将有助于使得运维变得没有必要。必须实施访问控制，因为 DevOps 项目是在云环境中工作，具有更高的风险。

C) Automation will help to make Operations unnecessary. Access control must be implemented, because DevOps projects work in a Cloud environment, which has higher risks involved.

18 / 50

虚拟化与云计算是可以帮助和推动 DevOps 实践的技术。

这些技术如何起到帮助 DevOps 的作用？

Virtualization and Cloud computing are techniques that could help and facilitate DevOps practices.
How do they help DevOps?

A) 云计算使远程访问成为可能，这给了客户更多的控制权。

A) Cloud computing makes remote access possible, which gives customers more

B) 虚拟环境更易用于标准化，并使软件的使用更加有效。

C) 虚拟基础设施更容易理解，且无需任何维护。

B) Virtual environments are easier to standardize and use hardware more efficiently.

C) Virtualized infrastructure is easier to understand and needs zero maintenance.

19 / 50

服务级别协议(SLA)对于每个项目都很重要，因为其中详细规定了你与客户协商一致的事项。但是在 DevOps 中，服务级别协议还有另一个重要目的。
这个目的是什么？

Service Level Agreements (SLAs) are important for every project, because they specify what you agree on with the customer. However, in DevOps, the SLAs serve another important purpose. What is this purpose?

A) 客户负责为 DevOps 团队创建 SLA。因此，它将正式任务替换为运维责任。

A) Customers are responsible to create the SLA for the DevOps team. Therefore, it replaces a formal task as an Operations responsibility.

B) 在服务级别协议中，客户可以指定所有非功能性的需求，使开发团队专注于这些方面。

B) In the SLA, the customer can specify all the non-functional requirements they have, so Development can focus on those.

C) 服务水平协议(SLA)规定了可接受的服务水平。开发团队应理解服务水平协议并支持运营团队来维护服务水平协议。

C) The SLA specifies the acceptable Service Level. Development should understand the SLA and support Operations to maintain it.

20 / 50

您的团队需要为新产品开发一个部署流水线。作为持续集成的一部分，您需要明确定义流水线的提交阶段。

For a new product, your team needs to develop a Deployment Pipeline. As part of Continuous Integration, you need to define the Commit stage of the pipeline.

您与团队成员讨论这一阶段时,流程主管说道:"'完成'一词的定义应在提交阶段开始之前或进行时确定。若编码在提交时未能达到定义的'完成',该工作就应停止。"

是这样吗?

A) 是的。若这项工作未能完成,就意味着流程主管未能履行职责。应当立即予以解决。

B) 是的。尚未完成的工作不得提交,因为这样的工作不会给客户带来增值。

C) 不是,"完成"的定义只能在客户会议上确定。等待会大幅减缓工作进度。

D) 不是,应持续进行部署流水线上的工作。如果编码没有完成,只需使之处于非激活状态。

You discuss this stage with your team members.
The Process Master says: "The Definition of Done should be defined during or before the Commit stage. When code is not Done when it is committed, the work should be stopped".

Is this true?

A) Yes. If the work is not Done, the Process Master is not doing a good job. This should be solved immediately.

B) Yes. Work that is not Done should not be committed, because it does not add customer value.

C) No. The Definition of Done is only defined during customer meetings. Waiting for it would slow work too much.

D) No. Work in a Deployment Pipeline should always continue. If code is not Done, it just needs to be inactive.

21 / 50

通过吸纳具有更广泛的个人背景和文化的人才来提高团队的多元性,这种做法有哪些显著的益处?

A) 能够带来更多的经验与观点。

B) 使得团队内部的摩擦减少。

What is the main benefit of increasing the diversity of the team to include a wider range of personal backgrounds and cultures?

A) It brings a greater number of experiences and points of view.

B) It leads to decreased friction amongst the team.

C) 限制了创造力的发挥，也限制了人们提出新见解的能力。

D) 使得达到某一决策点需要更长时间。

C) It limits originality and ability to come up with new insights.

D) It takes longer to come to a specific decision point.

22 / 50

你在一家小公司工作，这家公司只有一个 DevOps 团队。你的 DevOps 团队正在处理一个由多个组件构成的应用。一些组件是新的，另一些则只需要更新。

此时此刻，每一个组件都有其自己的部署流水线。团队对于自己在大部分部署流水线中所做的持续交付感到自豪，他们的产量很高，质量也很好。

你应该怎么做？

A) 保持不同的流水线，鼓励团队扩大持续交付。

B) 仅留下有持续交付的流水线，并将其他无持续交付的流水线融合。

C) 只需保留两条不同的流水线：一条用于开发，一条用于维护。

D) 解释多条流水线的风险，与您的团队一起努力建立单流水线。

You work for a small company, that has a single DevOps team. Your DevOps team works on an application that consists of multiple components. Some are new and some just need updates.

At the moment, each component has its own Deployment Pipeline. The team is proud of the Continuous Delivery they do within most of the Deployment Pipelines and their production is high and of good quality.

What should you do?

A) Keep the different pipelines and encourage the team to expand Continuous Delivery

B) Only keep pipelines that have Continuous Delivery and merge the other pipelines without Continuous Delivery

C) Only keep two different pipelines: one for development and one for maintenance

D) Work towards a single pipeline with your team, by explaining the risks of multiple pipelines

您目前正为一家数年前采用了 DevOps 的实践方法的大中型企业评估"公司建设者"。

他们聘请您为他们当前的成熟状态做一个评判。完成此项工作后，您应提出改进建议。他们希望了解应当重点关注哪一领域才能达到下一个成熟阶段：即第二阶段——量化管理。

您发现多数领域都达到第一阶段——一致，但其中有两个例外：

一是环境与部署。该领域负责精心策划部署，并检测了发布与回退流程。

二是构建管理与持续集成。在该领域，您发现定期的自动化构建与测试，任何构建都可以通过源代码管理，采用自动化流程重建。

依据上述信息评定这两个领域的成熟程度。接着您应针对改进需求提出建议。

You are assessing Company Builders, which is a medium to large organization that has adopted DevOps practices a couple of years ago.

They have hired you to determine their current maturity state. When you are done, you should give suggestions for improvement. They want to know on which area they should focus to reach the next maturity level: *Level 2 - Quantitatively Managed*.

You find that most areas are within *Level 1 - Consistent*, with two exceptions:

1. Environments and Deployment. This area manages orchestrated deployments and has tested release and rollback processes.
2. Build Management and Continuous Integration. In this area, you find regular automated builds and testing, and any build can be re-created from source control using an automated process.

First, determine the level of maturity in these two areas, based on the information given. Then give your recommendation for the focus of improvement.

在这两个领域中,"公司建设者"应选择哪一个来进行持续改进才能提升至第二阶段?

A) 环境与部署、构建管理及持续集成都处于零水平。这项工作应在两个环境中同时进行。

B) 环境与部署及构建管理和持续集成处于一级或一级以上水平。其他领域也应开展工作以获得进步。

C) 环境与部署处于零级水平。构建管理和持续集成处于一级水平。重点应当首先放在环境和部署上。

D) 环境与部署处于二级水平。构建管理与持续集成处于零级水平。重点只需放在构建管理与持续集成上。

Which of these two areas should Company Builders work on, before progressing to Level 2?

A) Environments and Deployment, and Build Management and Continuous Integration are both at level 0. The work should be done on both environments at the same time.

B) Environments and Deployment, and Build Management and Continuous Integration are either at level 1 or above. The work should be done in the other areas to progress.

C) Environments and Deployment is at level 0. Build Management and Continuous Integration is at level 1. The focus should be on Environments and Deployment first.

D) Environments and Deployment is at level 2. Build Management and Continuous Integration is at level 0. The focus should be on Build Management and Continuous Integration only.

24 / 50

你的公司向客户出售在线备份服务。现在,其中一个客户要求在服务中实现新的功能。他们希望新功能在一周内实施,否则就会去找别家。

Your company sells an online back-up service to its customers. Now, one of the customers has asked to implement new features in your service. They want the new features within a week, or they will seek business elsewhere.

你相信新功能很重要，而且你知道开发团队可以很快构建这些功能。但是你遇到了下列问题：

1. 测试人员关闭程序错误需要花费很长时间。

2. 测试人员一直在找到开发者很久以前就修复了的程序错误。

3. 应用很少出现可以正常运行的情况。结果展示很少发生。

你的问题是什么，你又应当如何解决？

A) 你部署错误代码。你应该通过增加对部署过程的了解、增加协作和以更规范的方式工作来解决这个问题。

B) 你的配置管理很糟糕。你应当通过增加开发和运维之间的合作、增加监控与记录以及虚拟化解决这一问题。

C)·你的持续集成流程管理不当。您应该通过加快自动化测试和提交阶段、增加并理解持续集成过程，来解决这个问题。

You believe that the new features are important and you know the Development team can build it quickly. However, you encounter the following problems:
It takes a long time for bugs to be closed by testers.

Testers are finding bugs that developers fixed a long time ago.

The application can rarely be demonstrated to be working.
Showcases rarely happen.

What is your problem and how should you solve it?

A) You deploy buggy codes. You should solve this by increasing the understanding of the deployment process, increasing the collaboration and by working in a more disciplined manner.

B) You have poor Configuration Management. You should solve this by increasing the collaboration between Development and Operations, by increasing monitoring and logging as well as virtualization.

C) Your Continuous Integration process is not managed properly. You should solve this by speeding up automated tests and the Commit stage, and increase the understanding of the Continuous Integration process.

D) 你的测试策略没有效果。您应该通过自动化测试、加强测试人员和团队其他成员之间的协作来解决这个问题。

D) Your testing strategy is not effective. You should solve this by automating tests and increasing the collaboration between testers and the rest of the team.

25 / 50

在有效的 DevOps 中，持续集成的一个好处是什么？

Which is a benefit of Continuous Integration within Effective DevOps?

A) 主版本发布之前，具有较长的测试周期

A) Extensive testing cycles before feature releases

B) 功能发布间隔时间较长

B) Long periods of time between feature releases

C) 更加频繁和及时的功能发布

C) More frequent and timely feature releases

26 / 50

一个跨国企业，要将分布各地的任务合并提交到总部位于德克萨斯州达拉斯的中央代码库，面临着诸多挑战。这些地方包括墨西哥城、巴黎、圣地亚哥和英格兰地区。这些地区何时运行提交并无规律可循，有时人们并不清楚是否有测试失败。

A multinational organization is having many challenges in merging commits from their distributed locations into a central repository based in Dallas, TX. The distributed locations include Mexico City, Paris, San Diego and England. There have been inconsistent manners on when the regions are running their commits and at times it is not clear if some tests failed or not.

可行的做法有以下四种：
1. 失败的构建不提交；
2. 在提交之前务必在本地运行所有提交包含的测试，或利用持续集成服务器替你完成这一工作；
3. 待提交测试通过后再进行下一步；

There are four possible practices:
1. Do not check in on a broken build
2. Always run all commit tests locally before committing, or get your Continuous Integration server to do it for you
3. Wait for commit tests to pass before moving on

4. 不要注释掉失败的测试。

这四种实践中哪一个最适用于分布式地点解决当前主要痛点？

A) 1 和 2
B) 1，2 和 3
C) 2 和 3
D) 2，3 和 4

4. Do not comment out failing tests

Which of these are most applicable to make sure that the distributed locations address their current pain points?

A) 1 & 2
B) 1, 2 & 3
C) 2 & 3
D) 2, 3 & 4

考虑对基本部署流水线进行具体解析。

哪个阶段表明该系统在功能性与非功能性层面均发挥作用？

A) 自动化验收测试
B) 构建与单元测试
C) 手动验收测试
D) 版本控制

Consider the anatomy of a basic Deployment Pipeline.

Which stage asserts that the system works at the functional and non-functional level?

A) Automated acceptance test
B) Build and unit test
C) Manual acceptance test
D) Version Control

DevOps 的最佳实践是利用同一流程针对应用的不同运行环境进行部署。这将确保构建得到有效测试。您使用脚本去构建和部署流程自动化。

完成这一任务的最好方法是什么？

It is a DevOps best practice to use the same process to deploy to every environment in which your application runs. This ensures that the build is tested effectively. You are using scripts to automate your build and deployment process.

What is the best way to do this?

A) 每种环境采用一个脚本，并将其作为版本控制系统的一部分加以维护。

A) Use one script for each environment and maintain them as part of the Version Control system

B) 不同环境使用不同的特定脚本，以解决环境之间的差异问题。

B) Use one specific script for each environment to address the differences between environments

C) 不同环境采用同样的脚本，对特定的配置采用手动参数。

C) Use the same scripts for each environment, taking manual parameters for specific configurations

D) 采用同一脚本在不同环境中进行部署，并单独管理配置信息。

D) Use the same scripts to deploy to each environment and manage configuration information separately

在发布一项新的 IT 服务后，一项进行中的工作意外结束了。

这件事合理的原因不可能是什么？

Upon release of a new IT service, a job in operation ends unexpectedly.

What could not be a valid cause for this?

A) 把关人没有考虑到工作项目和 SAC 之间的相互关系。

A) The Gatekeeper did not take the interrelation between work items and SAC into account.

B) 由于不完善的用户故事，非功能性需求不清楚。

B) The non-functional requirements were not clear, due to an imperfect User Story.

C) 服务负责人不同意用户结束待发布的服务。

C) The Service Master did not agree with the user on the End of Life of the service to be released.

D) 在开发过程中缺少由服务验收标准(SAC)支持的工作。

D) There was a lack of work in the development processes, as is supported by the Service Acceptance Criteria (SAC).

30 / 50

AppBC 公司正在使用 DevOps。该公司实施了持续部署，并具备高度自动化验收测试和每日向生产部交付新软件的稳定部署流水线。

AppBC 公司有一个巨大的数据库及众多用户。该公司具备全面可靠的容量测试策略。由于该公司环境广大而复杂，随着每个新版本的发布，生产部就会出现一些小故障。

什么策略能够最有效地帮助 AppBC 预防这些故障？

A) 采用金丝雀发布
B) 自动化容量测试
C) 降低交付率
D) 采用蓝绿部署

Company AppBC is using DevOps. They have implemented Continuous Deployment and a solid Deployment Pipeline, with highly automated acceptance tests and are delivering daily new software to production.

AppBC has a large database and many users. They have a comprehensive and solid capacity testing strategy in place. As their environment is quite large and complex, with each new version some bugs appear in production.

What strategy could best help AppBC prevent these bugs?

A) Adopt canary releasing
B) Automate capacity testing
C) Decrease the delivery rate
D) Use Blue-Green deployment

31 / 50

DevOps 从源自丰田生产系统的"敏捷"中获得了十分重要的概念。

为什么单件流对于 DevOps 的应用是很重要的？

A) 它允许您的团队以可预测的以可持续的速度工作。
B) 这可以帮助团队专注于添加商业价值最大的功能。

DevOps takes very important concepts from Agile, derived from the Toyota Production System.

Why is one-piece-flow important for a DevOps adoption?

A) It allows your team to work in a sustainable pace with predictable velocity.
B) It helps the team to focus on adding features with the most business value possible.

C) 会增加不同团队成员之间的共同工作责任。

D) 它通过限制同时执行的任务数量来减少瓶颈。

C) It increases the shared responsibility of work between the different team members.

D) It reduces bottlenecks by limiting the number of tasks you are doing simultaneously.

32 / 50

S 公司是一家中型汽车零部件供应商，为一家大型企业 T 汽车公司提供产品。该公司向 T 汽车公司供应汽车零部件，这部分销售量占其总销售额的 60%。

董事会召开会议，商讨新的合作方式。T 汽车公司要求 S 公司将其交付方式转变为即时交付，否则将中断与 S 公司的业务往来。失去这个客户意味着 S 公司将无力为继，因此该公司必须尽快转变为即时交付。这一转变必须在六个月内完成，因此最多只有五个月的时间准备。

其中需要实施的一项工作是通过射频识别(RFID)技术追踪各个零部件。这将有助于保持生产流程的透明化。快速回顾当前的流程能够帮助尽快向 RFID 支持流程转变。

The S Corporation, a medium sized automobile parts supplier, supplies a large company, T Motors Corporation. They supply automobile parts to T Motors Corporation, which amounts to almost 60% of their total sales.

The board meets to discuss the new partnership. T Motors Corporation demands that S Corporation change their way of delivery to Just-in-Time delivery, or they will stop their business with S Corporation. S Corporation would not survive this loss of business, so there is a sense of urgency to change to Just-in-Time. This change must happen within 6 months, so there are 5 months at most to prepare.

One of the things to be implemented is tracking of parts through Radio Frequency ID's (RFID). This should help keep the production process transparent. A quick review of the current process is in order to facilitate the change to an RFID enabled process.

首席信息官应控制转变流程。她认为如果采用 DevOps 方法来实现最低限度发布，这是可以做到的。原则上应当首先确立 RFID 的生产概念。最后一步是：使用 RFID 数据的生产控制系统应当得以执行。但是，已经没有足够的按先后顺序来完成这些步骤。因此，这三项工作必须同时执行。

首席信息官指派 Scrum Master 恩姆先生来负责这一项目。开发团队准备构建部署流水线。恩姆认为开发团队满怀热情，工作努力，但应更加自律。此外，发布频率应当提高。

恩姆应当首先关注什么内容？

A) 恩姆应当把注意力集中在沟通方面，这是 DevOps 实践中最重要的元素。恩姆首先应当做的是打破团队中的僵局，并明确沟通规则。

B) 恩姆应当首先与团队商议如何编制价值流图，并构建单件流程，因为流程和精简进程都很重要。

The CIO is asked to manage the change process. She believes this will be possible, if a DevOps approach is used to create a minimal release. Ideally, the concept for production with RFID should be developed first. As a last step, a production control system using the RFID data should be implemented. However, there is not enough time to do these steps sequentially. Therefore, these three things should be done concurrently.

The CIO assigns Em, who is a Scrum Master, to the project. Development prepares to build a Deployment Pipeline.

Em can see that Development is enthusiastic and works hard, but they could use more discipline. In addition, the release frequency needs to be higher.
What should Em focus on first?

A) Em should focus on communication, since it is the most important thing in DevOps. Em should start with breaking the ice with the team and setting some rules for communication.

B) Em should start with discussing a value stream map and building one-piece-flow with the team, since flow and a streamlined process are very important.

C) 恩姆应当首先与团队成员讨论基础设施与工作环境问题，因为在所有工具和实践方法都良好运作时，DevOps 效率最高。

D) 恩姆应当首先召集所有利益相关者，对他们进行有关 DevOps 的培训，并请他们协助传播企业文化方面的调整，因为文化调整是 DevOps 必不可少的部分。

C) Em should start with discussing the infrastructure and the working environment with the team members, since DevOps is most effective when all tools and practices work.

D) Em should start with gathering all stakeholders, educate them on DevOps and ask for their support in spreading the cultural change, since cultural change is required for DevOps.

33 / 50

你的 DevOps 团队合作得很好，并且有一种可持续的开发节奏。通过在过程中预留充分缓冲时间，团队就有时间和精力来认真检查和测试构建了。目前，你的团队采用人工进行测试和部署。他们的节奏足够快，可以定期向业务交付很高的价值。

你的首席执行官就团队内部的自动化向你征求意见。

你会给出哪种意见？

A) 尽可能地实现自动化，这样团队就可以增加更多的特性，并更快地展示业务价值

B) 使验收测试自动化，但不要自动化部署，因为人工过程更加可靠

Your DevOps team works well together at a sustainable pace. By building enough slack into the process, the team has the time and concentration to carefully check and test the builds. Currently, your team tests and deploys manually. Their pace is high enough to deliver high value to the business on a regular basis.

Your CEO has requested your advice on automation within this team.

Which advice should you give?

A) Automate as much as you can, so that the team can add more features and sooner demonstrate business value

B) Automate the acceptance tests, but not the deployments, because the manual process is more secure

C) 自动化部署以改进周期时间，而不是测试，以允许从错误中学习

D) 不要将自动化添加到这个团队的方法中，因为团队当前执行的方法具有很不错的结果

C) Automate the deployments to improve cycle time, but not the tests, to allow learning from bugs

D) Do not add automation to the methods of this team, because the methods currently executed by the team are providing amazing results

34 / 50

一位首席信息官将她最信赖的员工、担任 Scrum 主管的迈克尔指派往某个项目。开发团队打算构建一条部署流水线。

迈克尔相信开发团队的好意与主动性，但希望他们更为自律。此外，发布频率也应有所提高。迈克尔希望开发团队可以实现更加频繁的发布。

有一名团队成员说："这条部署流水线最需要的是自动化。我们首先要做的是让它自动化起来。"
这种说法对吗？

A) 是的，这是正确的。部署流水线自动化是提升效率的最重要因素。

A CIO assigns her most reliable employee, Michael, who is a Scrum Master, to a project. The Development team prepares to build a Deployment Pipeline.

Michael has confidence in the good intentions and spontaneity of the Development team, but would like them to become more disciplined. In addition, there should be a higher release frequency. Michael wants the Development team to implement more frequent releases.

One of the team members says: "The most important thing about this new Deployment Pipeline is automating it. We should first automate the Deployment Pipeline".

Is this statement correct?

A) Yes, this is correct. Automating the Deployment Pipeline is the most important factor for increasing the efficiency.

B) 是的，这是正确的。关注自动化部署流水线的创建，克服之后可能遇到的潜在问题。

C) 不，这是错误的。完成单件流及一个可靠的部署流程是优先级最高的任务。该流程的自动化可以暂缓实施。

D) 不，这是错误的。首先应当自动化的是测试流程而非部署流水线。

B) Yes, this is correct. By focusing on creating a Deployment Pipeline that is automated, you overcome potential problems that you may encounter later.

C) No, this is not correct. Achieving single-piece-flow and a solid deployment process should be the first priority. Automation of the process can come later.

D) No, this is not correct. Instead of automating the Deployment Pipeline, the testing process should be automated first.

35 / 50

贵公司正在尝试转变，并开始使用 DevOps 的方式开展工作。您的团队也在经历这一转变。您正在参与讨论代码提交阶段的最佳实践。

您的同事孙说："当某一构建遭到破坏且无人担责时，我们应当找出造成破坏的人并要求他们展开工作，以保证他们能修复这一构建。"

这样做合适吗？

A) 是的。只有破坏构建的人才能够修复它，因此您应当找到负责人，即使这样可能会让人感觉不舒服。

Your company is changing its ways and starting to work with DevOps. Your team is on board with this change. You are discussing best practices for the Commit stage of the code.

Your co-worker Sun says: "When a build breaks, and nobody takes responsibility, we should find out who did it and call them out on it, so that they can fix the build."

Is this a good idea?

A) Yes. Only the person to break a build can fix it, so you should identify them, even if this makes them uncomfortable.

B) 是的。您应当始终找到破坏构建的负责人。如果您不负责，您的同事将可能强制执行这项规定。

C) 不，DevOps 环境中不存在追责。若同事不承担责任，不要强迫他们。

D) 不，你应当首先修复构建。然后抽出时间，确定相关负责人并进行处罚。

B) Yes. You should always find the person responsible for breaking a build. If you do not, your co-workers may enforce this rule.

C) No. DevOps is a blame free environment. If a co-worker does not take responsibility, do not force them to.

D) No. You should fix the build first. Then make time to identify the person responsible and punish them for it.

36 / 50

X-AppGo 开发团队当前在测试中遇到诸多挑战。目前他们使用人工验收测试流程。开发者认为他们所创建的单元测试是十分周密的，可以避免回退。

在每次发布时，开发团队都需要花费 100 万在人工验收测试环节。高级领导层要求开发团队实施自动化验收测试，以降低测试的总成本并尽可能减少引入生产环境中的代码缺陷数量和回退次数。

在依照自动化需求确定应用程序的验收标准时，应当遵循什么原则？

The Development team at X-AppGo has been running into numerous challenges with their current testing practices. Currently, they use a manual acceptance testing process. The developers believe that the unit test suite that they have created is thorough enough to protect against regressions.

The Development team has to spend 1 million dollars on manual acceptance testing for every release. Senior leadership has mandated that the Development team should implement automated acceptance testing to reduce overall costs of testing and also minimize the number of code defects and regressions introduced into the production environment.

What principles must be followed when defining acceptance criteria for your application with automation in mind?

A) Agile(敏捷)原则
B) ATAM(架构权衡分析法)原则
C) INVEST 原则

A) Agile principles
B) ATAM principles
C) INVEST principles

37 / 50

以自动化形式迁移数据最有效的机制是什么？

What is the most effective mechanism for migrating data in an automated way?

A) 创建数据库版本控制模式，并将其置于版本控制之下。

B) 创建与管理较小型的数据组，以使得迁移更加简单

C) 在迁移数据之前，确保所有脚本都经过了适当的测试

D) 确保您有回滚程序，以防迁移失败

A) Create a database versioning schema and keep it under Version Control

B) Create and manage smaller datasets, so that the migration becomes easier

C) Ensure all your scripts have been properly tested prior to migrating the data

D) Ensure you have a rollback procedure in place in case the migration fails

38 / 50

X-AppGo 公司在回滚过程中遇到了挑战。这常常是由于在执行回滚脚本的时候，生产应用数据库内部关键数据缺失而导致的。

在什么时候不可能在不损失关键数据的情况下运行回滚脚本？

Company X-AppGo has been having challenges with their roll-back processes. This often results in critical data losses within their production application databases, when executing roll-back scripts.

When is it not possible to run roll-back scripts without losing critical data?

A) 回滚脚本删除只有新版本使用的数据。

B) 回滚脚本涉及到在表格之间移动一列。

A) The roll-back script deletes data that only the new version uses.

B) The roll-back script involves moving a column between tables.

C) 回滚脚本将从暂存资料表中添加数据。

C) The roll-back script will add data back from temporary tables.

39 / 50

在路由器和交换机部署应用软件升级和硬件刷新后，ACMECONST 遇到了很多应用和硬件故障。

ACMECONST has encountered many application and hardware failures after deploying application software upgrades and hardware refreshes to their routers and switches.

在维护窗口有了这些故障，他们很难恢复回到原本的状态。这导致了恢复时间的延长，超出正常的维护窗口，以及关键应用的停工时间延长。

It has been very difficult for them to recover back to their original state, after having these failures during their maintenance windows. This has resulted in extended hours of recovery, beyond the normal maintenance windows, and extended downtime for their critical applications.

自动化配置和自动基础架构在这种情况下会有所帮助，但是还有一些注意事项。

Automated provisioning and autonomic infrastructure can help within this situation, but some considerations apply.

哪些事项需要认真管理，以减少部署到生产环境时的中断风险？

Which items need to be managed carefully to reduce the risk of disruption when deploying to the production environment?

A) 详细记录监控日志，以排除应用程序升级失败的故障

B) 外部集成点，例如外部系统和服务

C) 服务器配置和基础用户帐户信息

A) Detailed monitoring logs to troubleshoot application upgrade failures

B) External integration points, such as external systems and services

C) Server configurations and underlying user account information

D) 全套自动化配置工具和自主架构

D) The set of automation provisioning tools and autonomic architecture

40 / 50

X-AppGo 公司在核心应用中遇到了挑战。应用与其他外部应用没有正确对接。这些外部应用需要有效获取特定的数据变量，以此执行特定调用。核心应用正由一个团队进行开发，公司处于良好业务原因希望保持这一点。

Company X-AppGo has been having challenges in their core application. The application is not properly interfacing with other external applications. These external applications need to effectively obtain specific data variables, so that specific calls can be executed. The core application is being developed by one team, and the company wants to maintain that for very good business reasons.

其中一名开发者建议分出 X-AppGo 代码库中的一个组件，以处理对接问题。
在这种情况下，分出组件有什么好的理由？

One of the developers suggests to separate out a component from the X-AppGo codebase to tackle the interfacing issues. What are good reasons to separate out a component in this case?

A) 将代码库中的一组插件转换为一个整体代码库

B) 限制变更的影响，并使改变代码库更简单

C) X-AppGo 代码库将必须由不同的团队进行拆分和管理

D) 没有好的理由，这将需要更多的时间来编译

A) Convert a set of plugins in the codebase into a monolithic codebase

B) Limit the impact of changes and make changing the codebase easier

C) The X-AppGo codebase will have to be split and managed by different teams

D) There are no good reasons and this will require more time to compile

41 / 50

即使是最小的应用，也需要某种程度上依赖于其他的组件或程序库。因

Even the smallest applications will have a dependency on other components or

此，理解和管理依赖性是持续部署中的一项保持部署流水线正常运行的关键活动。

你构建了一个应用，使用了两个程序库。这两个程序库每个都依赖于第三个隐含的数据库，虽然涉及的是不同的版本。这就创造了一种特定的依赖关系。

解决或防止这种依赖性最好的方案是什么？

A) 将所有的库综合到一个库中，以便您可以直接引用库并防止问题的发生

B) 采用版本控制管理程序库，以此直接知悉是否创造了这类依赖关系

C) 用便利贴记录您所有依赖的可视化资料并粘贴在一个大的板子上，以便跟踪流程

D) 只签入您工具链的一小部分，以便您可以轻松地调试签入时可能发生的问题

42 / 50

在一个持续部署环境中，一切都受版本控制是很重要的，这样才能快速找到错误，或在必要时回滚。

libraries. Therefore, understanding and managing dependencies is a key activity within Continuous Deployment in order to keep flow within the Deployment Pipeline.

You have built an application, that uses two libraries. Each of these libraries rely on a third, underlying library, although they refer to different versions. This creates a specific dependency.

What is the best solution to solve or prevent this dependency?

A) Assemble all libraries into a single library, so that you can refer to the library directly and prevent the problem

B) Manage the libraries by using Version Control, so that you see it directly if you create this type of dependency

C) Keep a visual overview of all your dependencies on sticky notes on a big board, so you can track the flow

D) Only check in small parts of your toolchain, so that you can easily debug problems that may occur upon check-in

Within a Continuous Deployment environment, it is important that everything is version controlled, so that you can find errors quickly, or roll back whenever necessary.

但是，不推荐在版本控制中保持二进制输出。

为什么这会是一个例外？

A) 二进制输出通常在大文件中，这些文件随每次构建而更改，并自动更新。

B) 多名团队成员做二进制文件方面的工作，所以在其中保持版本控制是不切实际的。

C) 二进制输出信息是您编译程序的输入信息，这些信息已经保存在版本控制中。

D) 不需要这样做，因为重新编译是作为正常构建过程的常规部分进行的。

However, it is not recommended to keep binary output within Version Control.

Why is this exception made?

A) Binary output tends to be in large files that change with every build and are updated automatically.

B) Multiple team members work on the binary files, so it is not practical to keep this in version control.

C) The binary output is the input for your compilers, which are already kept in version control.

D) There is no need to do this, since recompilation is done as a regular part of the normal build process.

您希望采用整体方法管理所有 IT 基础设施。

哪两条原则能在这方面帮助到你？

A) 您的基础设施应具备的状态需要通过变更控制配置来确定。

您应当通过监控与事件管理，及时了解基础设施的准确状态。

B) 需要通过变更控制配置来确定您的基础设施应具备的状态。

You want to take a holistic approach to managing all of your IT infrastructure.

On which two principles can this approach be based best?

A) The desired state of your infrastructure should be specified through change-controlled configuration.
You should always know the actual state of your infrastructure through monitoring and Event Management.

B) The desired state of your infrastructure should be specified through change-

您应当通过仪器仪表及事件管理，始终了解基础设施的确切状态。

controlled configuration.
You should always know the actual state of your infrastructure through instrumentation and Incident Management.

C) 您的基础设施应具备的状态需要通过版本控制配置来确定。
您应当通过当前事件与事件管理，始终了解基础设施的确切状态。

C) The desired state of your infrastructure should be specified through version-controlled configuration.
You should always know the actual state through current Incident and Event Management.

D) 您的基础设施应具备的状态需要通过版本控制配置来确定。
您应当通过仪表盘与监控始终了解基础设施的确切状态。

D) The desired state of your infrastructure should be specified through version-controlled configuration.
You should always know the actual state of your infrastructure through instrumentation and monitoring.

44 / 50

有着良好合作实践的团队具有同步的工作单。一名首席信息官使用了 Go and See 的方式调查运维团队如何工作。在发布后，运维团队总是会重新定义运维基础设施。

Teams with good collaboration practices have synchronized work tickets. A CTO used 'Go and See', to investigate how the Operations team functions. After releasing, the Operations team always redefines the Operational infrastructure.

对于在这一实践中进行改善提升，最好的建议是什么？

What is the best advice to improve upon this practice?

A) 他们什么也不应该做。没有改进的可能，因为总是会完成重新定义这一步骤。

A) They should do nothing. There is no improvement possible, because the redefinition step should always be done.

B) 他们应当检查一种构建运维基础设施模型，以及运维环境访问控制的方式。

B) They should examine a way to model the operational infrastructure and access control of the operational environment.

C) 他们应当审核运维基础设施，以使其成为自动化过程。

D) 他们应该开始与开发团队分享他们对部署过程的了解。

C) They should review the operational infrastructure, so that that becomes an automated process.

D) They should start to share their knowledge of the deployment process with the Development team.

当有运维侧变更时，运维部门告知开发部门的最佳时间是何时？

When is a good time for Operations to inform Development of an operational change?

A) 无需告知开发团队。运维侧的变更仅运维团队知晓即可。

B) 立刻执行。应当尽快通知开发部门。

C) 次日早晨的 Scrum 会议中。

D) 当运维团队已经完成验收测试时。

A) Development does not have to be informed. Operational changes are for the Operations team only.

B) Immediately. Development must be informed as soon as possible.

C) In the Scrum of the Scrum's meeting the next morning.

D) When the Operations team has done the acceptance testing.

您希望您的 DevOps 组织更趋成熟。有很多方法都能做到这一点。

下列哪种方法不会使您的 DevOps 组织更趋成熟？

You want your DevOps organization to mature. There are many ways to do this.

What is not a way to help your DevOps organization mature?

A) 明确定义目标定和里程碑，帮助团队成员判断其日常活动是否有价值。

B) 明确定义流程，支持并促使团队

A) Clearly define targets as milestones to help your team members judge if their daily activities are valuable

B) Define processes clearly and support

成员逐日改进流程。

C) 对会议的所有内容进行记录，使您的团队成员可以很方便的了解到每次沟通的内容信息。

D) 监控并记录每天的活动，以找出小范围内每天取得的进步并予以赞扬。

and enable the team members to improve the process daily

C) Keep recordings of all meetings so that your team members have easy access to all communication

D) Monitor and record daily activities to help identify small areas of day-to-day progress and celebrate them

47 / 50

您为 IT 服务提供商效力。作为您"业务连续性计划"的一部分，您希望确保自己总能达到最低要求的服务水平。

您希望确保 IT 服务的连续性。

在 IT 服务连续性管理方面，DevOps 能为您提供哪些帮助？

A) DevOps 的文化价值观"亲和"与"协作"保证"服务"得到 DevOps 团队成员的高度重视。

B) 通过在体系中有意的制造一些混乱，DevOps 实践帮助团队进行日常灾难演练和作战室(Obeya)实践。

C) 因为运维部门与开发部门要协同工作，可能需要将降低风险的措施和应急预案进行编码。

You work for an IT service provider. As a part of your business continuity plan, you want to guarantee that you can always meet the minimum agreed service levels.

You want to ensure IT service continuity.

How can DevOps help you with IT Service Continuity Management?

A) DevOps cultural values, affinity and collaboration, make sure that service is highly valued by the DevOps team members.

B) DevOps prepares the team's disaster routines and Obeya practices by deliberately introducing chaos in the system.

C) Risk reduction measures and recovery options are likely coded in, because Operations is working together with Development.

D) 服务水平管理在 DevOps 中变得更为重要，因为流程主管的任务是监控这一项目。

48 / 50

ACMECONST 通过在世界范围内增加雇员和工程队数量积极参与国际市场竞争。该公司也一直在快速扩大客户基础，每年增长速度为 30%。

过去一个房间就可以容纳整个工程队的时候，决策相对容易；而现在需要投入大量的时间来做决策，导致整个组织的工作受阻。现在需要多层管理者的审批，这一流程变得更加宽泛，导致许多工程师对于整个决策流程大失所望。

目前出现的众多问题的归属也愈发令人困惑，导致决策中常常踌躇不决。工程师还感觉到，额外的流程和官僚主义扼杀了他们的创造力并开始影响他们的士气。

应对这一局面的最好方法是什么？

D) Service Level Management becomes more important in DevOps, because the Process Master's task is to monitor this.

ACMECONST has aggressively expanded its global presence by increasing the number of hires and engineering teams distributed throughout the world. It also has been increasing its customer base at a dramatic pace of 30% per year.

Decisions that were once easily made when the engineering team was in one room are now taking much longer, causing frustration across the organization. There are more layers of management approvals to go through and the process is more extensive, which is causing many of the engineers to get disenchanted with the entire decision-making process.

There is also increased confusion around the ownership of the various problems that are presented, causing a hesitation on making decisions. The engineers also feel their creativity has been stifled by the additional processes and bureaucracy, which has started to impact their morale.

What is the best way to address this scenario?

A) 责任和归属权，明确权衡生产率与风险的有效方法，促进渐进式变化，并营造一个安全的环境尝试和实验。

B) 重新检查流程，明确哪些事项能够简化，确立每个流程的角色、责任与归属权，明确权衡生产率与风险的有效方法，促进渐进式变化，并营造一个安全的环境尝试和实验。

C) 重新检查各个流程，明确哪些事项可以简化，确立每个流程的作用、责任与归属权，明确权衡生产率与风险的有效方法，促进渐进式变化，尽可能减少实验的次数以避免出现不必要的应用程序故障。

A) Keep current processes, but establish clear roles, accountability and ownership for each process, establish an effective method for weighing productivity versus risk, make incremental changes and create safe places for experiments

B) Re-examine processes to identify where things can be streamlined and establish clear roles, accountability and ownership for each process, establish an effective method for weighing productivity versus risk, make incremental changes and create safe places for experiments

C) Re-examine processes to identify where things can be streamlined and establish clear roles, accountability and ownership for each process, establish an effective method for weighing productivity versus risk, make incremental changes and minimize the amount of experimentation to prevent unnecessary application failures

49 / 50

在 X-AppGo 公司里，哥伦比亚的运维团队和爱尔兰的开发团队之间存在冲突，这是由于他们有不同的优先级和目标。由于这一冲突的存在，该公司就需要更多的时间和精力解决影响其业务的问题。

Within company X-AppGo there is a conflict between the Operations team in Colombia and the Development team in Ireland, caused by the fact that they have different priorities and goals. Due to this conflict, the amount of time and effort it takes to resolve issues that impact the business is increasing.

为了减少冲突并促进开发与运维团队之间的协作，X-AppGo 应当考虑采取哪些主要实践措施？

Which key practices should X-AppGo consider in order to reduce conflict and improve collaboration between the Development and Operations teams?

A) 如果开发与运维团队愿意，允许它们分别单独开展工作以避免相互冲突。
获取董事会对开发与运维团队的全力支持。

A) Allow Development and Operations teams to work separately from each other, if they prefer, to avoid conflicts.
Obtain complete executive board buy-in on supporting the Development and Operations teams.

B) 从公司董事会邀请一名支持者与 DevOps 团队商讨团结协作的重要性。

为开发团队与运维团队组织 DevOps 实践培训，以便他们学会通力协作。

B) Get a sponsor from the executive board of the company to talk to the DevOps team about the importance of working together.
Train the Development and Operations teams in DevOps practices, so they learn to do each other's work.

C) 支持开发团队与运维团队拜访那些 DevOps 实践良好的企业。
增加经费以便更好地帮助运维团队与开发团队应对日益增长的需求。

C) Make sure that the Development and Operations teams visit other companies where DevOps works well.
Increase funding to better support the increased demands that both the Operations and Development teams are facing.

D) 建议开发团队和运维团队之间展开实地考察，以建立融洽关系、促进互信与谅解。
在开发团队和运维团队之间传播知识，以使他们更有效地合作。

D) Recommend site visits between the Development and Operations teams to build rapport, develop trust and understanding.
Spread knowledge between Development and Operations teams so they work together more effectively.

50 / 50

有一个开发团队对 DevOps 感兴趣。他们的兴趣主要在于持续集成(CI)。目前，他们开发和维护着 3 个主要的解决方案和 4 个较小的解决方

A Development team is interested in DevOps. They are mainly interested in Continuous Integration (CI). They currently develop and maintain 3 major solutions

案。他们采用 Scrum 实践。每个冲刺均需 4 周时间，平均每 10 天或 15 天完成 1 次发布提交至测试环境，平均每 1 个月完成 1 次发布提交至生产。他们希望为管理层创造定性的商业案例，以支持投资，并努力创造持续集成实践。

持续集成的哪一种有形效益可以最大程度上帮助这家公司？

A) 每天一次部署到测试环境可以增加业务收益，并大大降低开发成本。

B) 有助于培养团队精神。已经在使用 Scrum 的情况下，持续集成将不会为业务产生可衡量的利益。

C) 这能增加发布的稳定性和质量，有更好的自动测试，并且促进和增加整体发布速度。

D) 每天发布生产一次，可以增加业务效益，并大大降低开发成本。

and 4 smaller ones. They use Scrum practices. Each Sprint takes 4 weeks, creating an average of 1 committed release to the test environment each 10 or 15 days and 1 release to production per month. They want to create a qualitative business case for their management to support their investment and effort to create a CI practice.

Which tangible benefits of CI help that business case most?

A) Deploying to test environment once per day could increase business benefits and greatly decrease development costs.

B) It helps the team spirit. As they are already using Scrum, CI will not generate measurable benefits for the business.

C) It increases release stability and quality with better and automated testing, facilitating and increasing the overall release speed.

D) Releasing to production once per day could increase business benefits and greatly decrease development costs.

中英文答案解析

1 / 50

在一个组织内实施 DevOps 有什么好理由？

A) 对于新的服务，DevOps 的反馈周期更为频繁，因为开发速度更快。

What is a good reason to implement DevOps in an organization?

A) DevOps has more frequent feedback cycles for new services, because the development speed is higher.

B) DevOps 会提高业务连续性和敏捷性，因为各过程得到优化，只完成有增值的活动。

C) DevOps 提供即时生产的新服务，因为发布软件更加频繁。

D) DevOps 减少了开发团队和运维团队之间协作的浪费，因为它们得到了统一。

解析：

A) 错误。当开发速度较高时，反馈周期更频繁，但这通常是由于 Scrum 或其他敏捷方法造成的，而非 DevOps 本身。

B) 正确。增加价值和优化流程是提高业务连续性和公司灵活性的关键。您应该想一想 IT 服务应该始终支持业务的含义，DevOps 的价值和目的是什么。(文献：C 第 2 章)

C) 错误。及时交付是很好的，但它本身并不是实施 DevOps 的好理由。实施精益流程将更好地实现这一目标。

B) DevOps improves business continuity and agility, because the processes are optimized and only value-added activities are done.

C) DevOps provides the new services Just-in-Time, because it releases software more frequently.

D) DevOps reduces waste in the collaboration between Development and Oper-ations, because they are unified.

A) Incorrect. Feedback cycles are more frequent when development speed is higher, but this is usually due to Scrum or other Agile methodology, not DevOps per se.

B) Correct. Adding value and optimizing processes are the keys to improving business continuity and the agility of the company. You should think of what it means that IT services should always support the business, what the value and purpose are of DevOps. (Literature: C, Chapter 2)

C) Incorrect. Delivering Just-in-Time is great, but it is not a good reason on its own to implement DevOps. Implementing Lean processes would work better for this goal.

D) 错误。仅仅增加两个团队不能确保清除 Muda(浪费)他们需要改变他们的做法，开始清除浪费。

D) Incorrect. Just adding two teams together will not ensure removal of Muda (waste). They need to change their practices to start removing waste.

2 / 50

首席技术官认为，在实施 DevOps 时，最有效的方法是将精益的相关概念应用在 DevOps 过程中

请问，在引入 DevOps 时，精益管理的哪些原则或实践方法最有效？

The CTO thinks that it would be most effective to apply certain Lean concepts when implementing DevOps.

Which Lean principles or practices will be most effective when introducing DevOps?

A) Kaizen(专有词，意为小的、不花钱的持续改善)与 5S。由于 Agile 和 DevOps 是以精益的核心思想为基础、而持续改善与 5S 是精益的基础，因此在引入 DevOps 时，使用这些概念最为有效。

B) 先实施 Kaizen。DevOps 要求运维团队对开发团队进行持续反馈。先实施 Kaizen 能够形成上溯反馈环路，有助于这一原则在 DevOps 实施中的应用。

C) Obeya 系统。DevOps 整合了不同的管理流程。Obeya 系统提供了整个流程的可视化，为成功引入 DevOps 创造条件。

A) Kaizen and 5S. Because Agile and DevOps are based on core Lean concepts and Kaizen and 5S are the basis of Lean, they will be most effective when introducing DevOps.

B) Kaizen in advance. DevOps requires feedback from Operations to Development. Kaizen in advance creates an upstream feedback loop, helping to apply this principle in DevOps.

C) Obeya system. DevOps integrates different management style processes. The Obeya system helps visualize the entire process, allowing for a successful DevOps introduction.

D) 单件流与质量检查。DevOps 从上溯流程和单一价值流的构建中获益。单件流实现了这一点，而质量检查有助于改善/简化和实施该流程。

解析：

A) 错误。虽然精益、敏捷和 DevOps 是相互关联的，Kaizen 和 5S 并不是启动 DevOps 时的最佳选择。当引入 DevOps 之后，Kaizen 可用于实现持续改进，5S 通常通过日常良好的实践来维持 Kaizen 改善的效果。但是，这两者都出现在成功引入 DevOps 之后。

B) 错误。反馈总是受欢迎的。但这并不能保证在 DevOps 实施时，精益思想能获得最有效的利用。

C) 错误。虽然可视化对管理有帮助，但在 DevOps 实施中，它不是最有效的精益实践。

D) 正确。创建一个可行的、单件部署流水线将有助于成功实施 DevOps。DevOps 中最重要的工作在于构建从开发部门到运维部门的上游流程，尤其是针对单一部署流水线。质量检查(JKK)是能够达成这一目标的最有效的工作行为。(文献：C 第 4 章)

D) One piece flow and JKK. DevOps benefits from building up-stream processes and a single value stream flow. One piece flow enables this and JKK helps streamline and implement the flow.

A) Incorrect. Although Lean, Agile and DevOps are interconnected, Kaizen and 5S are not best suited to help support the success of the launch DevOps. Once DevOps has been introduced, Kaizen can be used for Continuous Improvement and 5S can be used to maintain good practices. However, both of these are after successful introduction of DevOps.

B) Incorrect. Feedback is always welcome, but this does not necessarily guarantee the most effective application of Lean when implementing DevOps.

C) Incorrect. Visualization can be helpful, but it is not the most impactful Lean practice when implementing DevOps.

D) Correct. Building a workable, single piece, deployment pipeline will help implement successful DevOps. The most important thing in DevOps is building up-stream processes from Development to Operations, specifically for a single deployment pipeline. JKK is the most effective working behavior to achieve this. (Literature: C, Chapter 4)

3 / 50

| 与采取传统方式的项目相比，若一个项目要成功实施 DevOps，需要改变哪些内容？ | Compared to a project in a conventional manner, what must be changed for a project to be successful in DevOps? |

A) 应该建立一个 IT 服务供应链，采用拉式系统和单件流。

A) An IT-services supply chain, using a pull system and one-piece-flow, should be built.

B) 为快速维护这些服务，开发人员应当加入运维团队。

B) Developers should join the Operations team for quick maintenance of the services.

C) 运维部门应当为开发团队服务。正因如此，才称之为 DevOps。

C) Operations must work for the Development team. That is why it is called DevOps.

D) 来自运维团队的团队成员应当加入开发团队。

D) Team members from the Operations team should join the Development team.

解析：

A) 正确。当流程使用基于 Jidoka 的拉式系统来创建有价值的 IT 服务(产品)时，项目就是成功的。(文献：C 第 4 章和文献 B 第 1 章)

A) Correct. A project is a success when the process uses a Jidoka based pull system to create valuable IT services (or products). (Literature: C, Chapter 4 and Literature B, Chapter 1)

B) 错误。DevOps 并不意味着开发人员参与运维。

B) Incorrect. DevOps does not mean that a Developer joins Operations.

C) 错误。仅仅协作并不能使得项目成为 DevOps 的成功。

C) Incorrect. Just collaborating does not make the project a DevOps success.

D) 错误。DevOps 并不仅仅意味着运维团队参与了开发团队。

D) Incorrect. DevOps does not just mean that Operations joins Development.

4 / 50

任何采用 DevOps 的团队都可以表述为契约(Compact)。

为发挥契约作用，什么原则最实用？

Any team that adopts DevOps, could be described as a Compact.

What principle applies best to make a Compact work?

A) 动态协作
B) 持续沟通
C) 减少周期
D) 共同责任制

A) Dynamic collaboration
B) Ongoing communication
C) Reducing cycles
D) Shared accountability

解析：

A) 错误。动态协作并非契约原则。

A) Incorrect. Dynamic collaboration is not a compact principle.

B) 正确。DevOps 契约的原则是持续的沟通，共同的、明确的目标以及动态调整和修正的理解。(文献：A 第 2 章)

B) Correct. The principles of a DevOps compact are ongoing communication, shared, clearly defined goals and dynamic adjustment and repairs of understanding. (Literature: A, Chapter 2)

C) 错误。减少周期并非契约原则。

C) Incorrect. Reducing cycles is not a compact principle.

D) 错误。共同责任制并非契约原则。

D) Incorrect. Shared accountability is not a compact principle.

5 / 50

为了实施 DevOps，有很多可用的知识来源、标准和实践。

To implement DevOps, there are many sources of knowledge, standards and practices available.

其中哪一项被认为是成功实施 DevOps 的关键？

Which one is considered key for a successful DevOps implementation?

A) CMMI 3 级	A) CMMI Level 3
B) 纪律性敏捷	B) Disciplined Agile
C) ISO 20001	C) ISO 20001
D) PMI PMBok	D) PMI PMBok

解析：

A) 错误。CMMI 认证可能会有所帮助，但对 DevOps 实施来说并非关键。更不用说特定的 CMMI 级别。

A) Incorrect. CMMI certification could help but is not key for a DevOps implementation. Even less a specific CMMI Level.

B) 正确。纪律性敏捷是成功实施 DevOps 的关键要求。(文献：C 第 4i 章)

B) Correct. Disciplined Agile is a key requirement for a successful DevOps implementation. (Literature: C, Chapter 4i)

C) 错误。ISO 20001 认证可能会有所帮助，但对于 DevOps 实施来说并不重要。

C) Incorrect. ISO 20001 certification could help but is not key for a DevOps implementation.

D) 错误。PMI PMBok 是一个项目管理参考文献，不是 DevOps 实施的关键。

D) Incorrect. PMI PMBok is a Project Management reference literature that is not key for a DevOps implementation.

6 / 50

协作是有效 DevOps 的四个支柱之一。

为何合作如此重要？

Collaboration is one of the four pillars of Effective DevOps.

Why is it so important?

A) 协作是实现 DevOps 单件流的唯一途径。

A) Collaboration is the only way to achieve one-piece-flow in DevOps.

B) DevOps 商业价值通过团队之间的协作得以实现。

B) DevOps business value is achieved through cooperation between teams.

C) DevOps 组织较小，团队必须密切协作。

D) 它推动变革，这是一场容易取得的胜利。它还降低了开发成本。

C) DevOps organizations are small, the teams must collaborate well.

D) It drives change and is an easy win. It also reduces development costs.

解析：

A) 错误。您可以在无协作的情况下实现单件流。这是一种不同的机制。

B) 正确。所有相关团队(包括开发团队和运维团队)之间的协作对于通过增加沟通、自动化和高质量软件来实现更高的业务价值来说是至关重要的。(文献：A 第 6 章和第 7 章)

C) 错误。DevOps 组织可能非常庞大。团队需要协作来增加足够的业务价值。

D) 错误。工具推动变更，容易获得成功。协作很难。协作可以降低开发成本，但这不是主要目标。目标是提高质量。

A) Incorrect. You can achieve one-piece-flow without collaborating. It is a different mechanism.

B) Correct. Collaboration between all the teams involved (Development and Operations, included) is of key importance to achieve higher business value, through increased communication, automatization and higher quality software. (Literature: A, Chapter 6 and 7)

C) Incorrect. DevOps organizations can be very large. Teams need to collaborate to add enough business value.

D) Incorrect. Tools drive change and are easy wins. Collaboration is hard. Collaboration can reduce development costs, but this is not the main goal. The goal is to increase quality.

7 / 50

你是一家小型 DevOps 公司的所有者，公司共有 5 名同事，主营业务是为残障儿童构建移动端应用。你团队最引以为豪的应用之一是一个为自闭症儿童打造的应用，功能是让他们能够安排自己的日常生活。

You are the owner of a small DevOps company of 5 co-workers, that builds mobile apps for children with disabilities. One of the apps your team is most proud of is an app for children with autism, that allows them to schedule their own day.

因为这个应用大获成功，你的团队受到请求，有人希望应用的性能能够得到扩展，让其他人也可以从安排生活行程之中获益。这项请求肯定会使代码更加复杂，团队还会必须应对一些技术上的挑战。

按照你的预期，完成这项任务可以获得很高的报酬，所以你接受了任务。但是几个星期过后，你的团队陷入了争吵。你也生气了，并且开始更加注意所有团队成员所做的事情。你经常随团队一同工作，这样就可以快速修正所发现的任何代码错误。

虽然做了足够的工作，但是你的团队还是很愤怒，而且你意识到 DevOps 思维方式的部分缺失了。

解决这一问题最好的策略是什么？

A) 通过雇佣互补性非技术人员，增加团队成员以寻求进一步多样性

B) 请公司外的 DevOps 领域专家资助和指导你的团队成员

C) 找到一个共同目标，并开始朝着目标努力，以增加协作

Because this app was so successful, your team is asked to extend the capabilities of the app for other people that would benefit from scheduling their day. This request will certainly generate more complexity in the code and some technical challenges that will have to be tackled by the team.

You expect to be paid very well for this assignment, so you accept the assignment. However, after a few weeks, your team is fighting. You get angry as well and start paying more attention to what all the team members do. You regularly work along with them, so you can quickly correct any code error you spot.

Although enough work gets done, your team stays angry and you recognize that part of the DevOps mindset is missing.

What is the best strategy to solve your problem?

A) Add members to the team seeking more diversity, through hiring complementary non-technical personnel

B) Ask experts in DevOps outside your company to sponsor and mentor your team members

C) Find a common goal and start working towards that goal together to increase collaboration

D) 预留几个月的时间，先开始团队建设，互相了解

D) Reserve a few months' time to start working on team-building first and learn about each other

解析：

A) 错误。当没有专业知识来完成需要完成的工作时，建议可以扩展团队。但是不建议也不应雇佣没有技术职责的人来维持团队的效率。然而，在这种情况下，已经完成了足够的工作，所以这只会增加您现在遇到的任何问题，因为没有信任，也没有协作。

A) Incorrect. Expanding the team may be advisable when there is no expertise to achieve what needs to be done. But hiring people with no technical duties is never advisable nor desirable to maintain the team efficient. However, in this case, enough work is getting done, so this is only going to increase any problems that you experience now, because there is no trust and no collaboration.

B) 错误。这是一个很棒的主意，但它不能解决您的公司存在的缺少协作和 DevOps 思维模式的亲和力部分。通过共同的目标和成功来增加协作。

B) Incorrect. This is a great idea, but it will not solve the missing collaboration and affinity part of the DevOps mindset in your company. Collaboration is increased by sharing a goal and succeeding together.

C) 正确。这是解决当前问题的一个好办法。应该减少争斗，而不需要花费很多时间来解决问题，也不会失去任务。共同的目标可以建立信任、亲和力和协作。(文献：A 第 7 章)

C) Correct. This is a good way to solve the current problems. It should reduce the fighting, without taking a lot of time to solve the problem and potentially losing the assignment. Sharing goals builds trust, affinity and collaboration. (Literature: A, Chapter 7)

D) 错误。这可能会起作用，建立一个相互信任和协作的团队，这应该才是您的目标。这并不是解决问题的最佳方法，因为您可能会因为花太多时间来解决问题而失去任务。

D) Incorrect. This may work and build a team that trusts each other and collaborates, which should be your goal. It is not the best way to solve the problem, though, because you risk losing the assignment by taking too much time to resolve the issue.

8 / 50

您认为自己的开发团队是一支真正的团队。

您觉得有什么确切的特征表明这是一支团队而不只是一个小组呢？

You feel that your Development team is really a team.

What is a sure sign that they are a team and not a group?

A) 该团队遵守在团队会议中共同制定的规则。

B) 团队召开自己主持的高效会议。

C) 团队以稳定的工作节奏，朝着共同的目标推进。

D) 该团队通过质询负责某项工作的团队成员的方式来解决问题。

A) The team follows the rules they have agreed upon in their team meetings.

B) The team has effective meetings which they lead themselves.

C) The team keeps a steady working pace towards their common goal.

D) The team solves problems by questioning the responsible team member.

解析：

A) 错误。很多群体都可以非常好地遵循规则，但他们未必能被称作一个团队。

B) 错误。很多群体可以举行十分高效的会议，这并不一定是一个团队的标志。

A) Incorrect. Groups of people can be very good in following rules. This does not necessarily make a team.

B) Incorrect. Groups of people can hold very effective meetings. This is not necessarily a sign of a team.

C）正确。一支真正的团队能够维持稳定的工作节奏，并能够始终向着共同的目标努力。(文献：A 第 9 章)

D）错误。各个团队共同解决问题，并不从质询团队成员开始。DevOps 拥有一种免责文化。

C) Correct. A true team ensures a steady working pace and will keep working towards their common goal. (Literature: A, Chapter 9)

D) Incorrect. Teams solve problems together and do not start questioning a team member. DevOps has a blame-free culture.

9 / 50

AppAtoZ 公司正以惊人的速度发展壮大，致力于为苹果手机和安卓平台开发和部署移动应用程序。

为使其当前的移动应用程序尽可能快速地提升功能，这家创业企业的开发团队经受了巨大的压力。过去六个月里，他们平均每周工作六十个小时。领导层不愿雇佣更多员工，他们更关心的是如何在提高收益的同时降低运维与开发成本。

最近几月，旷工、打电话请病假的员工均有所增加，有些员工甚至辞去了 AppAtoZ 的工作，从而导致现有员工的工作量剧增。二次雇佣新员工、缩短新员工的上手时间并不能快速缓解开发团队的工作压力。

AppAtoZ has been growing at phenomenal rates in developing and deploying mobile applications to the iPhone and Android platforms.

The Development teams for this startup have experienced tremendous pressures in deploying rapid enhancements to their current mobile applications on an aggressive timeline. They have been working on average 60 hours per week over the last six months. Leadership has been reluctant to hire more assistance, and is more concerned about increasing revenue while reducing operational and development costs.

In the recent months there has been an increased rate of employee absenteeism, employees calling in sick, and some employees even resigned from AppAtoZ, resulting in increased workloads on current employees. Rehiring and ramp up time of a new employee does not alleviate the work pressures quickly for the Development team.

要解决员工倦怠与压力的问题，应当考虑哪些长远的战略？	Which long term strategies must be considered to address employee burnout and stress?
A) 应在团队中同时采用永久雇员和合同工，以更好地控制工作量。 管理层与开发部门应当找出工作环境中导致员工倦怠的因素 并制定解决员工倦怠和压力的计划。	A) Add a mix of permanent and contract employees to the team to better manage the workload. Have leadership and Development identify factors in the work environment that contribute to burnout. Develop a plan to address burnout and stress.
B) 解雇领导团队，原因是他们无法胜任工作。 聘用一支更具能力的领导团队，他们知道如何促使工作与生活达成平衡，并创造可持续的、切合实际的企业文化。 为开发团队提供时机，使其逐渐获取工作与生活之间的平衡。	B) Fire the leadership team, because they are incapable. Hire a more competent leadership team that knows how to create a work-life balance and culture that is sustainable and realistic. Provide the opportunity for the Development team to take time to find their balance.
C) 让开发团队成员暂时停止工作。 招聘合同开发人员，以应对每年高峰时期增加的开发工作量。 鼓励开发人员在必要时寻求专业的心理援助。	C) Have the Development team members take a time out. Contract developers for managing the increased development workload at peak periods of the year. Have developers reach out for professional mental help as needed.

D) 让开发团队成员暂时停止工作。让领导层与开发部门找出工作环境中可能导致倦怠的所有因素。制定解决员工倦怠和压力的计划。

D) Have the Development team members take a time out.
Have leadership and development identify all factors in the work environment that might be contributing to burnout.
Develop a plan to address employee burnout and stress.

解析：

A) 正确。当所有选择都着眼于长远时，这是唯一的答案。其他答案都至少有一项短期选择。（文献：A 第 8 章）

A) Correct. This is the only answer where all choices are long-term. The rest of the answers have at least one short-term choice. (Literature: A, Chapter 8)

B) 错误。长远看来，开除领导团队无法解决任何潜在问题。这可以是短期内的权宜之计。逐渐获得平衡才是明智之举，但若没有实施方案，这样的平衡无法自然形成。

B) Incorrect. Firing the leadership team does not solve any underlying issues in the long term. It may be a fix in the short term. Taking time to find balance is a wise idea, but without a plan it may not spontaneously work.

C) 错误。暂停工作可能是个不错的想法，但仅在短期内有效。心理辅导也很不错，但同样地，不会产生根本的变化，仅是权宜之计。招聘合同开发人员会有一定作用，是个不错的想法。

C) Incorrect. Taking a time-out may be a great idea, but it only works in the short-term. Mental help is also great, but again, without underlying changes, a short-term solution. Contracting developers may work and is a great idea.

D) 错误。创建计划并确定工作环境要素是不错的想法。不过，除了这种解决方式外，还有其他更好的方案，因为暂时停止工作只能在短期内奏效。

D) Incorrect. Developing a plan and identifying work-environment factors are great ideas. There is a better answer than this answer though, because taking a time-out works only short-term.

10 / 50

你作为开发者在一个 DevOps 团队中工作。你试图促进所有团队成员之间的协作。你的团队有两名资深的男性开发者和一名资历较浅的女性系统管理员。

你的团队成员起步并不顺利,并且相处不融洽。此时你介入其中,试图帮助他们改善关系。这起到了效果,因为他们停止了争吵,并完成了更多的工作。

现在你开始注意到存在一种模式,其中资浅的管理员一直赞成资深开发人员。

你对于这种模式应当作何反应?

A) 只要团队成员未发生争端,你就应该置身事外。他们只是在相互磨合,你不应该干扰。

B) 让运维说出对任何建构版本的担忧是很重要的,这样才能指导管理员停止通融,更加坚定自信。

C) 资深开发人员责任更大,所以你应当让他们态度友好点,在资浅管理员考虑不周时应关注运维问题。

You work in a DevOps team as a developer. You try to facilitate collaboration between all of your team members. Your team has two male senior developers and one junior female systems administrator.

Your team members had a rocky start and could not get along. You intervened at the time, to try to help them get along better. That worked, because they stopped fighting and got a lot more work done.

Now you start noticing a pattern where the junior administrator keeps agreeing with the senior developers.

How should you react to this pattern?

A) As long as the team members are not fighting, you should leave the situation alone. They are just getting along and you should not disrupt this.

B) It is important that Operations voices any concerns with builds, so you should coach the administrator to stop accommodating and be more assertive.

C) The senior developers have more responsibility, so you should ask them to be nicer and to think of Operations concerns if the junior does not.

D) 您应该暂时开始在运维团队中工作，即使您自己是一个开发人，这样您才可以为初级管理员领路。

D) You should start working in the Operations team for now, even though you are a developer yourself, so you can show the junior administrator the way.

解析：

A) 错误。这种情况需要解决冲突。资浅团队成员采用和解作为解决冲突的方式，这不是一种有效的方式。每个角色都必须履行自己的职责，以避免在构建过程中出现未及时处理的问题的风险。

B) 正确。这是解决这种情况的正确方法。这种情况需要解决冲突。资浅团队成员采用和解作为解决冲突的方式，这不是一种有效的方式。此外，它带来的运营风险，未表达对构建的任何关注。（文献：A 第 7 章和第 14 章）

C) 错误。每个人都同样负有责任。这并不取决于资历或性别。此外，开发人员不可能像运营人员那样看到构建的问题。这就是为什么 DevOps 需要不同领域的交互。

A) Incorrect. This situation needs conflict resolution. The junior team member uses accommodation as a conflict resolution style, and that is not a productive style. Each role has to perform its responsibility to avoid introducing risks of concerns not being addressed on time in the build.

B) Correct. This is the correct solution for this situation. This situation needs conflict resolution. The junior team member uses accommodation as a conflict resolution style, and that is not a productive style. In addition, it brings a risk of Operations not voicing any concerns with the build. (Literature: A, Chapter 7 and 14)

C) Incorrect. Everyone is just as responsible. This does not depend on the seniority or gender. In addition, developers cannot see problems with builds in the same way as operators can. This is why DevOps needs the interaction of the different areas.

| D) 错误。您不能只是换团队，即使领路是一种很好的培训方式。开发人员不可能像运营人员那样看到构建的问题，因此这样做会损害构建的质量。 | D) Incorrect. You cannot just switch teams, even though showing the way is a great way to coach. Developers cannot see problems with builds in the same way as operators can, so it will harm the quality of the builds by doing this. |

11 / 50

敏捷和 Scrum 为什么可以承诺使软件开发速度加快、更加可预测？	Why do Agile and Scrum promise faster and more predictable software development?
A) 通过在设计之前允许更好、更完整地收集和处理需求	A) By allowing better and complete requirements gathering and handling prior to design
B) 通过允许组成自治、自我组织和自我规划的小团队	B) By allowing small autonomous, self-organizing and self-planning teams
C) 通过允许产品负责人参与每日立会	C) By allowing the Product Owner to participate in daily standup meetings
D) 允许项目经理根据需要快速改变优先级别	D) By allowing the Project Manager to quickly change priorities as needed

解析：

A) 错误。这种方法更像是瀑布模型。	A) Incorrect. This approach is more of a Waterfall model.
B) 正确。这是 Scrum 和敏捷原则提出的方法，使得能够更快更好地交付。(文献：A 第 4 章)	B) Correct. This is the way proposed by Scrum and Agile principles to be able to deliver faster and better. (Literature: A, Chapter 4)
C) 错误。即使产品负责人可以参与，这也与实现更快、更可预测的软件开发的承诺无关。	C) Incorrect. Even though the Product Owner can participate, this is not relevant to deliver on the promise of faster and more predictable software development.

D) 错误。项目经理不应该改变优先级别，改变优先级别的应该是产品负责人。

D) Incorrect. The Project Manager should not change priorities, it is the Product Owner who does.

12 / 50

什么是轻量型 IT 服务管理？

What is light-weight ITSM?

A) 以业务连续性为中心的 IT 服务管理

A) A business-continuity focused ITSM

B) 新一版标准化的 ITIL

B) A new ITIL version proposed as standard

C) ITIL 流程实施不力

C) A poor implementation of ITIL processes

D) 以发布管理为导向的 IT 服务管理

D) A release-management oriented ITSM

解析：

A) 正确。ITIL 似乎过于笨重，不适于 DevOps 的快速处理。轻量型 IT 服务管理是为适应 DevOps 而重组的 IT 服务管理，其重点在于业务连续性，包含一系列的最低限度的必要信息。（文献：C 第 4iii 章）

A) Correct. ITIL seems heavyweight and not suited for the quick processes of DevOps. Light-weight ITSM is ITSM realigned for DevOps focused on business continuity with a set of Minimum required information. (Literature: C, Chapter 4iii)

B) 错误。目前尚未提出这样的 ITIL 版本。

B) Incorrect. There is not such ITIL Version yet proposed.

C) 错误。轻量型 IT 服务管理并不是指 ITIL 实施不力，而是"瘦身版 ITIL"，其焦点在于业务连续性和管理工作量的减少。

C) Incorrect. Light-weight ITSM is not a poor implementation, rather a skimmed version, focused on business continuity and reducing management workload.

D) 错误。IT 服务管理针对服务管理而非发布管理。在 IT 服务管理概念中，发布是一种支撑服务的流程。

D) Incorrect. ITSM is oriented to Service Management, not Release management. Within the ITSM concept, Release is a process that underpins the Service.

13 / 50

你为一家实施了精益与敏捷实践的公司工作。你的首席执行官对实施一件新事物的价值还存有疑虑：那就是 DevOps。

你是一名 DevOps 专家。你感觉 DevOps 对任何开发软件的工作都有好处。

DevOps 可以为你工作的公司增加什么？

A) 创建更好的用户故事和功能需求

B) 减少发布的频次，使客户免受经常更新的困扰

C) 培训专业人员从事开发和运营工作

D) 编写发布更快以支持业务结果的代码

You work for a company that has implemented Lean and Agile practices. Your CEO is not convinced of the value of implementing yet another new thing: DevOps.

You are a DevOps expert. You feel that DevOps is beneficial to any company that develops software.

What does DevOps add to the company you work for?

A) Creating better User Stories and functional requirements

B) Releasing less often, so customers do not have to suffer regular updates

C) Training professionals to do both Development and Operations

D) Writing code that is released faster supporting business outcomes

解析：

A) 错误。敏捷实践已经让您编写了好的用户故事和功能需求。DevOps 以敏捷原则为基础。即使有运营团队的早期参与，后续敏捷创建的用户故事和功能需求在 DevOps 中也不会有太大的改变。

A) Incorrect. Agile practices already have you writing great User Stories and functional requirements. DevOps adheres to Agile principles as its foundation. Even with the addition of early operations engagement, the user stories and functional requirements created by following Agile will not be much changed within DevOps.

B) 错误。DevOps 使用更快、持续的发布，以更快的速度为业务带来价值。这也是一个精益原则。如果新特性真正增加了价值，客户更新通常不是问题。此外，您可以经常发布，并且仍然只允许最终用户在预定的时间进行更新。

C) 错误。DevOps 的目标是运营团队和开发团队可以一起工作，而不是单独履行各自的角色。尽管理论上这在很小的公司是可能的，但它本身并不是 DevOps。

D) 正确。精益和敏捷实践已经确保将重点放在业务价值和不断变化的特性需求上。通过将重点放在创建有运营团队早期参与且有尽可能自动化的持续部署流水线，DevOps 增加了发布到生产频率，以直接支持业务结果。(文献：C 第 1 章)

B) Incorrect. DevOps uses faster, continuous releasing, to bring value to the business faster. This is also a Lean principle. Customers updating often is not a problem, if the new features really add value. In addition, you can release often and still only have the end-users update on scheduled times.

C) Incorrect. The goal of DevOps is that Operations and Development work together, not as individuals fulfilling both roles. Even though this is theoretically possible in very small companies, it is not DevOps per se.

D) Correct. Lean and Agile practices already ensure focus on business value and changing feature requests. DevOps adds the increased release to production frequency in direct support of business outcomes, by focusing on creating a Continuous Deployment Pipeline with early Operations involvement and as much automation as possible. (Literature: C, Chapter 1)

高级业务管理要求 IT 部门提供更好的业务支持，并与业务目标对齐。作为一名首席信息官，在其他的方法中，你还要决定减少运维中的管理工作量。

Senior business management is requesting better business support and alignment to business objectives from the IT department. As a CIO, among other measures, you decide to reduce management workload in Operations.

DevOps 将如何最好地帮助你提高现有的服务级别管理？	How will DevOps best help you to improve your existing Service Level Management?
A) 通过摈弃 ITSM 最佳实践，因为它们只是重量级方法。	A) By abandoning ITSM best practices as they are just a heavyweight approach
B) 通过设计更好的开发与运维间运营级别协议(OLA)	B) By designing better Operating Level Agreements (OLA) between Dev and Ops
C) 通过实施一套新的 IT 服务管理过程(以信息技术基础架构库 ITIL 第 3 版为基础)	C) By implementing a new set of ITSM processes based on ITIL version 3
D) 重组 ITSM 来使用一套最低要求信息(MRI)	D) By realigning ITSM to use a set of minimum required information (MRI)

解析：

A) 错误。放弃 ITSM 最佳实践并不能改善 SLM。

A) Incorrect. Abandoning ITSM best practices is not something that will improve SLM.

B) 错误。在开发和运维之间设计更好的运营级别协议(OLA)对于减少工作量不会有任何帮助，反而会产生更多的官僚作风。这当然不是 DevOps 的重点。

B) Incorrect. Designing better OLA between Dev and Ops will not help to reduce the workload, it will rather create more bureaucracy. It is certainly not a focus of DevOps.

C) 错误。这将创建更多不适合 DevOps 的重型流程。

C) Incorrect. This will create more Heavyweight processes unfitted for DevOps.

D) 正确。这是 DevOps 实施的一个关键要求，以便生产轻型 ITSM。(文献：C 第 4iii 章)

D) Correct. This is a key requirement for a DevOps implementation, to produce a light-weight ITSM. (Literature: C, Chapter 4iii)

15 / 50

哪种 DevOps 内容的实施最适合采用记录型系统(SoR)的企业？

A) 协作

B) 持续交付

C) 丰田方式(Toyota Way)

Which DevOps implementation is most suitable for an enterprise that uses the System of Record (SoR) approach?

A) Collaboration

B) Continuous Delivery

C) Toyota Way

解析：

A) 正确。其重点只在于提供快速和频繁的 IT 服务和可靠的运营，最适合于交互系统(SoE)和记录系统(SoR)。(文献：C 第 8 章)

B) 错误。最适合数字产品供应商。

C) 错误。最适合 IT 服务提供商。

A) Correct. This focuses on just providing quick and frequent IT Services and reliable operation, most suited for SoE and SoR. (Literature: C, Chapter 8)

B) Incorrect. Most suitable for Digital product vendors.

C) Incorrect. Most suitable for IT Service providers.

16 / 50

使用 Obeya 系统的主要益处是什么？

A) 协助客户投诉，确保团队得到充分的反馈，以便持续改进

B) 处理团队内部的压力，使团队成员可以保持可持续的节奏

C) 每日改善错误报告，确保减少返工，减少将错误传递到其他工作站的几率

What is the main benefit of using the Obeya system?

A) Facilitates customer complaints, to ensure that the team gets enough feedback to continuously improve

B) Handles stress within teams, so that team members can keep up a sustainable pace

C) Improves daily bug reporting, which ensures less rework and reduces passing bugs to other workstations

D) 基于当前状态，通过快速的信息收集和共享，快速决策	D) Quick decision making, based upon current status, by speedy information gathering and sharing

解析：

A) 错误。Obeya 不方便客户投诉。	A) Incorrect. Obeya does not facilitates customer complaints.
B) 错误。虽然它有助于处理应激情境，但这不是主要益处。	B) Incorrect. Even though it could help to handle stressful situations, this is not a main benefit.
C) 错误。Obeya 对改进错误报告没有帮助。	C) Incorrect. Obeya does not help to improve bug reporting.
D) 正确。Obeya room 或 War room 是一款丰田生产系统/精益工具，可帮助项目团队获得即期可用的所有相关信息，还可促进小团队之间的快速交互和信息共享，加快信息收集，以便决策。(文献：C 第 7iii 章)	D) Correct. Obeya room or War room is a Toyota Production System / Lean tool that helps project teams to have all relevant information available at sight and also promotes quick interactions and information sharing among small teams, speeding the information gathering for decision making. (Literature: C, Chapter 7iii)

17 / 50

你在一家刚刚开始使用 DevOps 的软件公司工作。你意识到应当改变的不仅是这个组织的文化，而且还有其实践和工具。公司已经在监控软件项目中的任何问题。 你提出添加以下方式： 使变更管理过程自动化	You work in a software company that is just starting to work with DevOps. You realize that not only the culture of the organization should change, but also its practices and tools. The company does already monitor the software projects for any issues. You propose to add the following measures:

实施访问控制，以避免任何人在未经批准的情况下进行变更

为什么这是必须的？

A) 自动化可以在维持信心的同时，促进变更得以更快地实施。访问控制对于防止启发式问题解决和计划外服务中断来说是必要的。

B) 要放慢变更的数量，自动化是必要的。访问控制应能防止客户在你不知道和未加控制的情况下自行更改软件。

C) 自动化将有助于使得运维变得没有必要。必须实施访问控制，因为 DevOps 项目是在云环境中工作，具有更高的风险。

解析：

A) 正确。引述：“虽然一般来说，我们不喜欢把事情锁定，并建立审批流程，但就您的生产基础设施而言，这是必不可少的。作为一个推论，由于我们认为您应该像对待您的生产环境一样对待您的测试环境，所以这两个环境应该采用同一个流程。锁定生产环境是至关重要的，不仅可以防止您组织外部人员，也可以防止组织内部人员——甚至是运维人员——的未

automate the Change Management process implement access controls to prevent anyone for making changes without approval

Why is this necessary?

A) Automation enables faster change implementations while maintaining confidence. Access control is necessary to prevent problem-solving heuristics and unplanned service disruptions.

B) Automation is necessary to slow down the number of changes. Access control should prevent customers from changing the software by themselves, without your knowledge and control.

C) Automation will help to make Operations unnecessary. Access control must be implemented, because DevOps projects work in a Cloud environment, which has higher risks involved.

A) Correct. Quote: "While in general we are not fans of locking things down and establishing approval processes, when it comes to your production infrastructure it is essential. As a corollary of that, since we believe that you should treat your testing environments the same way you treat your production environments, the same process should apply to both. It is essential to lock

经授权的访问。否则，当发生问题时，很容易登录到有问题的环境中，四处试探以解决问题(这个过程有时被礼貌地称为启发式问题解决方式)。这几乎总是一个糟糕的想法，原因有两个。首先，这通常会导致服务中断(人们倾向于尝试重新启动或随机地应用服务包)。第二，如果以后出现了问题，没有记录表明什么人什么时候做了什么，这意味着无论您面临什么问题，都不可能找到原因。在这种情况下，您不妨重新创建环境，使其处于已知状态。"(文献：B 第 11 章)

B) 错误。自动化有助于加快您可以进行的变更数量，而不会对流程失去信心。访问控制可能会将客户拒之门外，但这并不是主要目标。

C) 错误。运维团队从来都是必要的。虽然他们可能烦恼和负担都较少。DevOps 项目可能在云环境中，也可能不在云环境中。即使访问控制有助于保护云环境中的软件，但这并不是主要目标。

down the production environments to prevent unauthorized access not only from people outside your organization, but also from people within it—even operations staff. Otherwise it is just too tempting, when something goes wrong, to log into the environment in question and poke around to resolve problems (a process sometimes politely called a problem-solving heuristic). This is almost always a terrible idea for two reasons. First, it usually leads to service disruptions (people tend to try rebooting or applying service packs at random). Second, if something goes wrong later, there is no record of who did what when, which means it's impossible to work out the cause of whatever problem you're facing. In this situation, you may as well re-create the environment from scratch so it is in a known state." (Literature: B, Chapter 11)

B) Incorrect. Automation helps speed up the number of changes you can make, without losing confidence in the process. Access control may keep customers out, but this is not the main goal.

C) Incorrect. Operations is never unnecessary. They may feel less annoyed and burdened, though. DevOps projects may or may not be in a Cloud environment. Even though access control helps secure software in a Cloud environment, this is not the main goal.

虚拟化与云计算是可以帮助和推动 DevOps 实践的技术。

Virtualization and Cloud computing are techniques that could help and facilitate DevOps practices.

这些技术如何起到帮助 DevOps 的作用？

How do they help DevOps?

A) 云计算使远程访问成为可能，这给了客户更多的控制权。

A) Cloud computing makes remote access possible, which gives customers more control.

B) 虚拟环境更易用于标准化，并使软件的使用更加有效。

B) Virtual environments are easier to standardize and use hardware more efficiently.

C) 虚拟基础设施更容易理解，且无需任何维护。

C) Virtualized infrastructure is easier to understand and needs zero maintenance.

解析：

A) 错误。当然，云计算会使远程访问更容易，但这本身并不意味着客户将拥有更多的控制权。这两件事在任何方面均不会对 DevOps 有任何帮助。

A) Incorrect. Cloud computing makes remote access easier, certainly, but that on its own does not means customers will have more control at all. Both things do not help DevOps in any way.

B) 正确。虚拟化使得巩固持续集成和测试基础设施变得容易，因此可以将其作为服务提供给交付团队。它在硬件使用方面也更高效。虚拟化使您能够规范物理环境的单个硬件配置，但可以事实上运行各种异构环境和平台。(文献：B 第 11 章)

B) Correct. Virtualization makes it easy to consolidate CI and testing infrastructure so it can be offered as a service to delivery teams. It is also more efficient in terms of hardware usage. Virtualization allows you to standardize on a single hardware configuration for physical environments but run a variety of heterogeneous environments and platforms virtually. (Literature: B, Chapter 11)

C) 错误。虚拟化基础设施本身并不容易理解。此外，它还需要维护和管理。但与现场基础设施不同。所以，这不是一个令人信服的理由。

C) Incorrect. Virtualized infrastructure is not easier to understand per se. In addition, it needs maintenance and management as well. Not the same as on-premise infrastructure though. So, this is not a valid reason.

19 / 50

服务级别协议(SLA)对于每个项目都很重要，因为其中详细规定了你与客户协商一致的事项。但是在 DevOps 中，服务级别协议还有另一个重要目的。

这个目的是什么？

Service Level Agreements (SLAs) are important for every project, because they specify what you agree on with the customer. However, in DevOps, the SLAs serve another important purpose.

What is this purpose?

A) 客户负责为 DevOps 团队创建 SLA。因此，它将正式任务替换为运维责任。

A) Customers are responsible to create the SLA for the DevOps team. Therefore, it replaces a formal task as an Operations responsibility.

B) 在服务级别协议中，客户可以指定所有非功能性的需求，使开发团队专注于这些方面。

B) In the SLA, the customer can specify all the non-functional requirements they have, so Development can focus on those.

C) 服务水平协议(SLA)规定了可接受的服务水平。开发团队应理解服务水平协议并支持运营团队来维护服务水平协议。

C) The SLA specifies the acceptable Service Level. Development should understand the SLA and support Operations to maintain it.

解析：

A) 错误。服务水平协议(SLA)始终是客户和服务提供区域之间的契约，因此双方都可对内容发表意见。

A) Incorrect. The SLA is always a contract between the customer and the area that provides the service, so both sides have something to say about the content.

B) 错误。一些非功能性和功能性的需求可能来自服务水平协议(SLA)，但大多数需求直接给了 DevOps 团队，而不是通过服务水平协议。而且，提供非功能性需求本身并不是服务水平协议的目的。

C) 正确。通常，服务水平协议(SLA)中描述的术语与运营相关度最高。开发团队应该支持运营团队，尽可能使他们的工作变得容易。这就是 DevOps 与常规开发的不同之处。(文献：B 第 12 章)

B) Incorrect. Some of the non-functional and functional requirements may come from the SLA, but the most are given directly to the DevOps team, not via the SLA. Also providing non-functional requirements is not the purpose of the SLA by itself.

C) Correct. Usually, the terms described in the SLA are most relevant for Operations. Development should support Operations, by making their job as easy as possible. This is what makes DevOps different than regular development. (Literature: B, Chapter 12)

20 / 50

您的团队需要为新产品开发一个部署流水线。作为持续集成的一部分，您需要明确定义流水线的提交阶段。

您与团队成员讨论这一阶段时，流程主管说道："'完成'一词的定义应在提交阶段开始之前或进行时确定。若编码在提交时未能达到定义的'完成'，该工作就应停止。"

是这样吗？

A) 是的。若这项工作未能完成，就意味着流程主管未能履行职责。应当立即予以解决。

For a new product, your team needs to develop a Deployment Pipeline. As part of Continuous Integration, you need to define the Commit stage of the pipeline. You discuss this stage with your team members.

The Process Master says: "The Definition of Done should be defined during or before the Commit stage. When code is not Done when it is committed, the work should be stopped".

Is this true?

A) Yes. If the work is not Done, the Process Master is not doing a good job. This should be solved immediately.

B) 是的。尚未完成的工作不得提交，因为这样的工作不会给客户带来增值。

C) 不是，"完成"的定义只能在客户会议上确定。等待会大幅减缓工作进度。

D) 不是，应持续进行部署流水线上的工作。如果编码没有完成，只需使之处于非激活状态。

解析：

A) 错误。流程主管的职责之一是确保"完成"得以定义；当编码提交而未完成时，应当立即停止工作。但是，编码提交却并未完成，并不一定意味着流程主管表现不佳。

B) 正确。工作未能达到"完成"时，意味着还没有足够的顾客价值启动部署流水线。就单件流而言，这将推迟更有工作价值的流。（文献：B 第 3 章）

C) 错误。对"完成"下定义是一个项目中需要首先商定的事项之一，而不是在客户会议中才确定。开始编码时，我们应当已经清楚"完成"的定义。否则如何能够知道何时停止编码呢？

B) Yes. Work that is not Done should not be committed, because it does not add customer value.

C) No. The Definition of Done is only defined during customer meetings. Waiting for it would slow work too much.

D) No. Work in a Deployment Pipeline should always continue. If code is not Done, it just needs to be inactive.

A) Incorrect. The Process Master has a job to ensure that there is a Definition of Done and when code is committed that is not Done, work should be stopped. However, the Process Master is not necessarily doing a bad job when code is committed that is not Done.

B) Correct. When work is not Done, there is not enough value for the customer to start it in the Deployment Pipeline. Considering one-piece-flow, this would delay the flow of more valuable work. (Literature: B, Chapter 3)

C) Incorrect. Definition of Done is one of the first things that is agreed upon in a project. It is not defined during customer meetings. When starting coding, we should already know a Definition of Done. Otherwise, how would you know when to stop coding?

D) 错误。若编码出现问题或是没有注入价值，这便足以成为中断部署流水线并予以修复的理由，或是应当在单件流的流水线中引入更具价值的工作。

D) Incorrect. When there is something wrong with the code, or it does not add value, this is enough reason to stop the Deployment Pipeline and get it fixed, or get something more valuable in the one-piece-flow pipeline.

21 / 50

通过吸纳具有更广泛的个人背景和文化的人才来提高团队的多元性，这种做法有哪些显著的益处？

What is the main benefit of increasing the diversity of the team to include a wider range of personal backgrounds and cultures?

A) 能够带来更多的经验与观点。

A) It brings a greater numbe of experiences and points of view.

B) 使得团队内部的摩擦减少。

B) It leads to decreased friction amongst the team.

C) 限制了创造力的发挥，也限制了人们提出新见解的能力。

C) It limits originality and ability to come up with new insights.

D) 使得达到某一决策点需要更长时间。

D) It takes longer to come to a specific decision point.

解析：

A) 正确。多样性包含各种各样的背景，涉及种族、性别、性取向、阶级、教育水平、语言和工作经历等方面的内容。所有这些独特的内容都能使一个组织具有更多维的经历与观点可供讨论。(文献：A 第 7 章)

A) Correct. Diversity includes a wide range of backgrounds that includes aspects of race, gender, sexuality, class, education level, language, and amount work experience. All of these unique aspects bring to an organization a greater number of experiences and points of view to the table. (Literature: A, chapter 7)

B) 错误。有这样一种可能：提高团队多样性可能导致压力和摩擦的增长，因为不同文化价值观需要相互合作。

C) 错误。更大的多样性意味着更多不同的观点。通常这会带来更多创意。

D) 错误。这常被看作是不利条件。(尽管缓慢的决策流程可能是有益的。)更大的多样性意味着可能需要更多时间才能达成共识。

B) Incorrect. There is a possibility that increasing the diversity might even lead to increased pressure and friction, because different cultural values have to work together.

C) Incorrect. More diversity means more different viewpoints. Usually, this leads to more originality.

D) Incorrect. This is considered a disadvantage, usually. (Although slower decision processes could be beneficial.) More diversity might lead to taking longer to reach consensus.

22 / 50

你在一家小公司工作，这家公司只有一个 DevOps 团队。你的 DevOps 团队正在处理一个由多个组件构成的应用。一些组件是新的，另一些则只需要更新。

此时此刻，每一个组件都有其自己的部署流水线。团队对于自己在大部分部署流水线中所做的持续交付感到自豪，他们的产量很高，质量也很好。

你应该怎么做？

A) 保持不同的流水线，鼓励团队扩大持续交付。

You work for a small company, that has a single DevOps team. Your DevOps team works on an application that consists of multiple components. Some are new and some just need updates.

At the moment, each component has its own Deployment Pipeline. The team is proud of the Continuous Delivery they do within most of the Deployment Pipelines and their production is high and of good quality.

What should you do?

A) Keep the different pipelines and encourage the team to expand Continuous Delivery

B) 仅留下有持续交付的流水线，并将其他无持续交付的流水线融合。

C) 只需保留两条不同的流水线：一条用于开发，一条用于维护。

D) 解释多条流水线的风险，与您的团队一起努力建立单流水线。

B) Only keep pipelines that have Continuous Delivery and merge the other pipelines without Continuous Delivery

C) Only keep two different pipelines: one for development and one for maintenance

D) Work towards a single pipeline with your team, by explaining the risks of multiple pipelines

解析：

A) 错误。每个团队有一个以上的部署流水线是有风险的。很难对不同的流水线进行优先级排序，如果其他流水线中的某些事情获得优先级，则必须停止处理某些项目。这就造成了一定程度的混乱和多重任务，这些是 DevOps 试图避免的。使用单部署流水线可以提高效率和业务价值。

B) 错误。任何部署流水线都极大地得益于持续交付。然而，持续交付实践的存在并未减少多条部署流水线的风险。

C) 错误。即使您只有两个部署流水线，并且即使它们在功能上是分离的，同样的风险也会发生。

A) Incorrect. Having more than one Deployment Pipeline per team has risks. It is difficult to prioritize the different pipelines and work on some items will have to be stopped if something in another pipeline gets priority. That brings back a certain level of chaos and multi-tasking that DevOps tries to avoid. Efficiency and business value is increased using a single Deployment Pipeline.

B) Incorrect. Any Deployment Pipeline greatly benefits from Continuous Delivery. However, the existence of Continuous Delivery practices do not reduce the risks of multiple Deployment Pipelines.

C) Incorrect. Even if you just have two Deployment Pipelines, and even if they are split functionally, the same risks apply.

D) 正确。这是一个可行的方法。希望您的团队已经从他们在持续交付的实践中学习到足够的经验，以将其构建到整个流水线中。(文献：B 第 13 章)

D) Correct. This is the way to go. Hopefully, your team has learned enough from their practice with Continuous Delivery to build this into the entire pipeline. (Literature: B, Chapter 13)

23 / 50

您目前正为一家数年前采用了 DevOps 的实践方法的大中型企业评估"公司建设者"。

他们聘请您为他们当前的成熟状态做一个评判。完成此项工作后，您应提出改进建议。他们希望了解应当重点关注哪一领域才能达到下一个成熟阶段：*即第二阶段——量化管理*。

您发现多数领域都达到*第一阶段——一致*，但其中有两个例外：

一是环境与部署。该领域负责精心策划部署，并检测了发布与回退流程。
二是构建管理与持续集成。在该领域，您发现定期的自动化构建与测试，任何构建都可以通过源代码管理，采用自动化流程重建。

You are assessing Company Builders, which is a medium to large organization that has adopted DevOps practices a couple of years ago.

They have hired you to determine their current maturity state. When you are done, you should give suggestions for improvement. They want to know on which area they should focus to reach the next maturity level: *Level 2 - Quantitatively Managed*.

You find that most areas are within *Level 1 - Consistent*, with two exceptions:

1. Environments and Deployment. This area manages orchestrated deployments and has tested release and rollback processes.
2. Build Management and Continuous Integration. In this area, you find regular automated builds and testing, and any build can be re-created from source control using an automated process.

依据上述信息评定这两个领域的成熟程度。接着您应针对改进需求提出建议。

在这两个领域中,"公司建设者"应选择哪一个来进行持续改进才能提升至第二阶段?

A) 环境与部署、构建管理及持续集成都处于零水平。这项工作应在两个环境中同时进行。

B) 环境与部署及构建管理和持续集成处于一级或一级以上水平。其他领域也应开展工作以获得进步。

C) 环境与部署处于零级水平。构建管理和持续集成处于一级水平。重点应当首先放在环境和部署上。

D) 环境与部署处于二级水平。构建管理与持续集成处于零级水平。重点只需放在构建管理与持续集成上。

解析:

A) 错误。区域 1 位于二级水平,区域 2 位于零级水平。

First, determine the level of maturity in these two areas, based on the information given. Then give your recommendation for the focus of improvement.

Which of these two areas should Company Builders work on, before progressing to Level 2?

A) Environments and Deployment, and Build Management and Continuous Integration are both at level 0. The work should be done on both environments at the same time.

B) Environments and Deployment, and Build Management and Continuous Integration are either at level 1 or above. The work should be done in the other areas to progress.

C) Environments and Deployment is at level 0. Build Management and Continuous Integration is at level 1. The focus should be on Environments and Deployment first.

D) Environments and Deployment is at level 2. Build Management and Continuous Integration is at level 0. The focus should be on Build Management and Continuous Integration only.

A) Incorrect. Area 1 is at level 2 and Area 2 is at Level 0.

B) 错误。区域 1 处于二级水平，区域 2 处于零级水平。

C) 错误。环境和部署已经处于二级水平，无需更多操作。

D) 正确。区域 2 处于零级水平，首先应当发展到一级水平，以使该组织能够向二级水平发展。(文献：B 第 15 章)

B) Incorrect. Area 1 is at level 2 and Area 2 is at Level 0.

C) Incorrect. Environments and Deployment is already at level 2 and does not need more work.

D) Correct. Area 2 is at Level 0 and it should be first matured to Level 1 in order for the organization to aim for Level 2. (Literature: B, Chapter 15)

24 / 50

你的公司向客户出售在线备份服务。现在，其中一个客户要求在服务中实现新的功能。他们希望新功能在一周内实施，否则就会去找别家。

你相信新功能很重要，而且你知道开发团队可以很快构建这些功能。但是你遇到了下列问题：

- 测试人员关闭程序错误需要花费很长时间。
- 测试人员一直在找到开发者很久以前就修复了的程序错误。
- 应用很少出现可以正常运行的情况。

Your company sells an online back-up service to its customers. Now, one of the customers has asked to implement new features in your service. They want the new features within a week, or they will seek business elsewhere.

You believe that the new features are important and you know the Development team can build it quickly. However, you encounter the following problems:

- It takes a long time for bugs to be closed by testers.
- Testers are finding bugs that developers fixed a long time ago.
- The application can rarely be demonstrated to be working.

结果展示很少发生。

你的问题是什么，你又应当如何解决？

A) 你部署错误代码。你应该通过增加对部署过程的了解、增加协作和以更规范的方式工作来解决这个问题。

B) 你的配置管理很糟糕。你应当通过增加开发和运维之间的合作、增加监控与记录以及虚拟化解决这一问题。

C) 你的持续集成流程管理不当。您应该通过加快自动化测试和提交阶段、增加并理解持续集成过程，来解决这个问题。

D) 你的测试策略没有效果。您应该通过自动化测试、加强测试人员和团队其他成员之间的协作来解决这个问题。

Showcases rarely happen.

What is your problem and how should you solve it?

A) You deploy buggy codes. You should solve this by increasing the understanding of the deployment process, increasing the collaboration and by working in a more disciplined manner.

B) You have poor Configuration Management. You should solve this by increasing the collaboration between Development and Operations, by increasing monitoring and logging as well as virtualization.

C) Your Continuous Integration process is not managed properly. You should solve this by speeding up automated tests and the Commit stage, and increase the understanding of the Continuous Integration process.

D) Your testing strategy is not effective. You should solve this by automating tests and increasing the collaboration between testers and the rest of the team.

解析：

A) 正确。部署错误代码或部署不足会导致部署时间长、速度慢、对发布日期的怀疑、对持续集成环境失去信任、修复错误的时间过长、发现开发人员很久以前修复的错误以及论证和展示减少。给出的解决方案解决了这些问题。(文献：B 第 15 章)

B) 错误。糟糕的配置管理尤其会导致生产中发生无法解释的故障、不可管理的部署事件、环境配置时间更长以及发生故障情况下恢复时间过长。给出的解决方案解决了这些问题。

C) 错误。未正确地管理持续集成流程尤其会导致每天的部署少于一次、提交阶段发生故障，以及发布之间的集成阶段变长。给出的解决方案解决了这些问题。

D) 错误。一个无效的测试策略会导致反复出现的错误、花费大量时间修复错误、收到客户很多投诉、低质量的产品和压力过大的开发人员。给出的解决方案解决了这些问题。

A) Correct. Deploying buggy code or not deploying enough leads to long deployment times, low velocity, skepticism about release dates, loss of trust in the Continuous Integration environment, extended time to fix bugs, finding bugs that developers fixed a long time ago, and few demonstrations and showcases. The solution given solves these problems. (Literature: B, Chapter 15)

B) Incorrect. Poor Configuration Management specifically leads to unexplained failures in production, unmanageable deployment events, more time for environment configuration and a long recovery time in the event of failure. The solution given solves these problems.

C) Incorrect. Not managing the Continuous Integration process properly specifically leads to fewer than once-a-day deployments, broken commit stage, and long integration phase between releases. The solution given solves these problems.

D) Incorrect. A non-effective testing strategy leads to recurring bugs, much time spent fixing bugs, many complaints from customers, a low-quality product and stressed developers. The solution given solves these problems.

25 / 50

在有效的 DevOps 中，持续集成的一个好处是什么？

A) 主版本发布之前，具有较长的测试周期

B) 功能发布间隔时间较长

C) 更加频繁和及时的功能发布

Which is a benefit of Continuous Integration within Effective DevOps?

A) Extensive testing cycles before feature releases

B) Long periods of time between feature releases

C) More frequent and timely feature releases

解析：

A) 错误。有必要进行良好的测试实践，但是不一定具有较长的周期。此外，这不是一种益处。

B) 错误。这与发生的正好相反。

C) 正确。持续集成有助于更快、更频繁地发布，因为集成是自动的。
(文献：B 第 3 章)

A) Incorrect. There is need for sound testing practices, but they do not have to be extensive cycles. In addition, this is not a benefit.

B) Incorrect. This is the opposite of what happens.

C) Correct. Continuous Integration helps to release quicker and more frequent, because integration is automated. (Literature: B, Chapter 3)

26 / 50

一个跨国企业，要将分布各地的任务合并提交到总部位于德克萨斯州达拉斯的中央代码库，面临着诸多挑战。这些地方包括墨西哥城、巴黎、圣地亚哥和英格兰地区。这些地区何时运行提交并无规律可循，有时人们并不清楚是否有测试失败。

A multinational organization is having many challenges in merging commits from their distributed locations into a central repository based in Dallas, TX. The distributed locations include Mexico City, Paris, San Diego and England. There have been inconsistent manners on when the regions are running their commits and at times it is not clear if

可行的做法有以下四种：
1. 失败的构建不提交；
2. 在提交之前务必在本地运行所有提交包含的测试，或利用持续集成服务器替你完成这一工作；
3. 待提交测试通过后再进行下一步；
4. 不要注释掉失败的测试。

这四种实践中哪一个最适用于分布式地点解决当前主要痛点？

A) 1 和 2
B) 1、2 和 3
C) 2 和 3
D) 2、3 和 4

some tests failed or not.
There are four possible practices:
1. Do not check in on a broken build
2. Always run all commit tests locally before committing, or get your Continuous Integration server to do it for you
3. Wait for commit tests to pass before moving on
4. Do not comment out failing tests

Which of these are most applicable to make sure that the distributed locations address their current pain points?

A) 1 & 2
B) 1, 2 & 3
C) 2 & 3
D) 2, 3 & 4

解析：

A) 错误。1 在此处不适用。3 和 4 也很重要。

B) 错误。1 并不重要。

C) 错误。4 也很重要。

D) 正确。这三种实践都是最适用于当前场景的。没有证据表明它们能够在失败的构建中检入，因此并不具有同样的适用性。(文献：B 第 3 章)

A) Incorrect. 1 is not applicable here. 3 & 4 are also important.

B) Incorrect. 1 is not important.

C) Incorrect. 4 is also important.

D) Correct. All three of these practices are most applicable to the current scenario. There is no evidence they are checking in on broken builds, so this is not as applicable. (Literature: B, Chapter 3)

27 / 50

考虑对基本部署流水线进行具体解析。 哪个阶段表明该系统在功能性与非功能性层面均发挥作用？	Consider the anatomy of a basic Deployment Pipeline. Which stage asserts that the system works at the functional and non-functional level?

A) 自动化验收测试　　　　A) Automated acceptance test
B) 构建与单元测试　　　　B) Build and unit test
C) 手动验收测试　　　　　C) Manual acceptance test
D) 版本控制　　　　　　　D) Version Control

解析：

A) 正确。自动化验收测试阶段表明，系统在功能性与非功能性层面上工作正常，在行为上它能满足用户的需求和客户的规格要求。（文献：B 第 8 章）

A) Correct. The automated acceptance test stage asserts that the system works at the functional and nonfunctional level, that behaviorally it meets the needs of its users and the specifications of the customer. (Literature: B, Chapter 8)

B) 错误。构建测试与单元测试保证新代码本身的合理性。测试并不检查新代码与现有构建的集成程度。

B) Incorrect. Build tests and unit tests ensure that the new piece of code is sound in itself. It does not check the integration with the existing build.

C) 错误。这可能是正确的解决方式。但是，在运转中的部署流水线中，我们期望验收测试得以自动化。

C) Incorrect. This could be a correct answer. However, in a functioning Deployment Pipeline we expect the acceptance tests to be automated.

D) 错误。版本控制用于修复失败的构建或解决问题与争议。该项目并不用于表明系统是在功能性还是非功能性层面上工作。

D) Incorrect. Version Control is used to fix broken builds or problems and issues. It is not used to show that the system works at a functional or non-functional level.

28 / 50

DevOps 的最佳实践是利用同一流程针对应用的不同运行环境进行部署。这将确保构建得到有效测试。您使用脚本去构建和部署流程自动化。

完成这一任务的最好方法是什么？

A) 每种环境采用一个脚本，并将其作为版本控制系统的一部分加以维护。

B) 不同环境使用不同的特定脚本，以解决环境之间的差异问题。

C) 不同环境采用同样的脚本，对特定的配置采用手动参数。

D) 采用同一脚本在不同环境中进行部署，并单独管理配置信息。

It is a DevOps best practice to use the same process to deploy to every environment in which your application runs. This ensures that the build is tested effectively. You are using scripts to automate your build and deployment process.

What is the best way to do this?

A) Use one script for each environment and maintain them as part of the Version Control system

B) Use one specific script for each environment to address the differences between environments

C) Use the same scripts for each environment, taking manual parameters for specific configurations

D) Use the same scripts to deploy to each environment and manage configuration information separately

解析：

A) 错误。维持该流程所需的努力、加入这一复杂事物后可能造成的错误，都使得这一解决方案成为不佳的选择。

B) 错误。不同的脚本可能对修改造成困难，从而导致流程内出现问题，不易追踪和解决。

A) Incorrect. The amount of effort to maintain this and the potential errors you can introduce by adding this complexity makes this answer a bad choice.

B) Incorrect. Different scripts could create a problem with modifications thus generating problems within the process that are not easy to track and solve.

C) 错误。在进行构建与部署时不应开展手动交互，因为该流程应当是自动化的，这既是为了提升速度，也是为了避免出错。

D) 正确。脚本应当保持一致，才能保证构建和交付流程得到有效测试。环境之间(如 URI 和 IP 等等)的差异应当作为配置管理流程的一部分予以处理。(文献：B 第 6 章)

C) Incorrect. No manual interaction should be done when building and deploying, as this process should be automated, both for celerity and to make it error free.

D) Correct. Scripts should be the same to ensure both the build and the delivery process can be tested effectively. The differences between environments, such as URI, IP, etc., should be managed as part of the Configuration Management process. (Literature: B, chapter 6)

29 / 50

在发布一项新的 IT 服务后，一项进行中的工作意外结束了。

这件事合理的原因不可能是什么？

Upon release of a new IT service, a job in operation ends unexpectedly.

What could not be a valid cause for this?

A) 把关人没有考虑到工作项目和 SAC 之间的相互关系。

B) 由于不完善的用户故事，非功能性需求不清楚。

C) 服务负责人不同意用户结束待发布的服务。

D) 在开发过程中缺少由服务验收标准(SAC)支持的工作。

A) The Gatekeeper did not take the interrelation between work items and SAC into account.

B) The non-functional requirements were not clear, due to an imperfect User Story.

C) The Service Master did not agree with the user on the End of Life of the service to be released.

D) There was a lack of work in the development processes, as is supported by the Service Acceptance Criteria (SAC).

解析：

A) 错误。这可能是一个原因。

B) 错误。这可能是一个原因。

C) 正确。这不是一个可能的原因，因为这不能事先确定，并且始终必须在服务上线时确定。(文献：C 第 7 章)

D) 错误。这可能是一个原因。

A) Incorrect. This is a possible cause.

B) Incorrect. This is a possible cause.

C) Correct. This is not a possible cause, because this cannot be determined beforehand and will always have to be determined once the service is live. (Literature: C, Chapter 7)

D) Incorrect. This is a possible cause.

30 / 50

AppBC 公司正在使用 DevOps。该公司实施了持续部署，并具备高度自动化验收测试和每日向生产部交付新软件的稳定部署流水线。

AppBC 公司有一个巨大的数据库及众多用户。该公司具备全面可靠的容量测试策略。由于该公司环境广大而复杂，随着每个新版本的发布，生产部就会出现一些小故障。

什么策略能够最有效地帮助 AppBC 预防这些故障？

Company AppBC is using DevOps. They have implemented Continuous Deployment and a solid Deployment Pipeline, with highly automated acceptance tests and are delivering daily new software to production.

AppBC has a large database and many users. They have a comprehensive and solid capacity testing strategy in place. As their environment is quite large and complex, with each new version some bugs appear in production.

What strategy could best help AppBC prevent these bugs?

A) 采用金丝雀发布

B) 自动化容量测试

C) 降低交付率

D) 采用蓝绿部署

A) Adopt canary releasing

B) Automate capacity testing

C) Decrease the delivery rate

D) Use Blue-Green deployment

解析：

A) 正确。金丝雀发布包括向生产服务商中的一小部分推出新版本的应用程序，以快速收集反馈。这能够快速发现新版本中出现的所有问题，而不会对大多数用户产生影响，因为工作量是逐渐增长的；同时这一做法还能确定响应时间及其他工作表现衡量标准，减少新版本发布的风险，并帮助尽快发现与修复漏洞。(文献：B 第 10 章)

A) Correct. Canary releasing involves rolling out a new version of an application to a subset of the production servers to get fast feedback. This quickly uncovers any problems with the new version without impacting the majority of users by gradually ramping up the load, while measuring response times and other performance metrics, reducing the risk of releasing a new version and helping to find and fix the bugs quicker. (Literature: B, Chapter 10)

B) 错误。在这一情况下，容量测试可能已经自动化，但这些测试的自动化无助于发现这一环境下的故障。

B) Incorrect. Within this context capacity testing should already be automated, but automation of these tests will not help to detect the bugs in this scenario.

C) 错误。这与 DevOps 实践相悖。

C) Incorrect. This is against DevOps practices.

D) 错误。蓝绿部署需要大量资源，因而在该情境中代价高昂。此外，若需要回退，在大型数据库中采用这一策略可能导致故障或只读情况发生。另外，这也无助于容量测试效率的提高。

D) Incorrect. Blue-Green will require too much resources that will be very expensive in this scenario. Also using this strategy with a large database could produce down-times or read-only situations if rollback is needed. Also, it will not help produce better capacity testing.

31 / 50

DevOps 从源自丰田生产系统的"敏捷"中获得了十分重要的概念。

DevOps takes very important concepts from Agile, derived from the Toyota Production System.

为什么单件流对于 DevOps 的应用是很重要的?

A) 它允许您的团队以可预测的以可持续的速度工作。

B) 这可以帮助团队专注于添加商业价值最大的功能。

C) 会增加不同团队成员之间的共同工作责任。

D) 它通过限制同时执行的任务数量来减少瓶颈。

解析:

A) 错误。这是节拍的作用。通过设定一个可持续的节拍,您可以确保您的步调是可预测的,您的团队不会精疲力竭,您的员工能够在工作与生活之间维持良好的平衡。

B) 正确。这就是单件流所实现的。单件流允许您选择或更新能够提供最大价值的特性,并将其放在流水线中的下一个位置。这使得您能够保持敏捷。通过使用单一特性,您就可以限制正在进行的工作,这样特性也就可以真正完成了。(文献:C 第 7 章)

Why is one-piece-flow important for a DevOps adoption?

A) It allows your team to work in a sustainable pace with predictable velocity.

B) It helps the team to focus on adding features with the most business value possible.

C) It increases the shared responsibility of work between the different team members.

D) It reduces bottlenecks by limiting the number of tasks you are doing simultaneously.

A) Incorrect. This is what rhythm does. By setting a rhythm that is sustainable, you can ensure that your pace stays predictable, your team does not burnout and that your employees have a good work-life balance.

B) Correct. This is what one-piece-flow achieves. One-piece-flow lets you pick the feature or update the feature that provides the most value and puts it next in the pipeline. This keeps you agile. By working on a single feature, you tend to be able to limit the Work-in-Progress so the features also actually get finished. (Literature: C, Chapter 7)

C) Incorrect. This is something that is important for DevOps, but is not directly related to Work in Progress, one-piece-flow, rhythm or Ji Koutei Kanketsu.

D) Incorrect. This is what Work-in-Progress is all about. By limiting the number of tasks you can work on simultaneously with your team, you actually successfully finish the assigned tasks. You avoid bottlenecks, because you regulate the Work-in-Progress limit so that there is always someone waiting for the finished work.

The S Corporation, a medium sized automobile parts supplier, supplies a large company, T Motors Corporation. They supply automobile parts to T Motors Corporation, which amounts to almost 60% of their total sales.

The board meets to discuss the new partnership. T Motors Corporation demands that S Corporation change their way of delivery to Just-in-Time delivery, or they will stop their business with S Corporation. S Corporation would not survive this loss of business, so there is a sense of urgency to change to Just-in-Time. This change must happen within 6 months, so there are 5 months at most to prepare.

其中需要实施的一项工作是通过射频识别(RFID)技术追踪各个零部件。这将有助于保持生产流程的透明化。快速回顾当前的流程能够帮助尽快向 RFID 支持流程转变。

首席信息官应控制转变流程。她认为如果采用 DevOps 方法来实现最低限度发布,这是可以做到的。原则上应当首先确立 RFID 的生产概念。最后一步是：使用 RFID 数据的生产控制系统应当得以执行。但是，已经没有足够的按先后顺序来完成这些步骤。因此，这三项工作必须同时执行。

首席信息官指派 Scrum Master 恩姆先生来负责这一项目。开发团队准备构建部署流水线。恩姆认为开发团队满怀热情，工作努力，但应更加自律。此外，发布频率应当提高。

恩姆应当首先关注什么内容？

One of the things to be implemented is tracking of parts through Radio Frequency ID's (RFID). This should help keep the production process transparent. A quick review of the current process is in order to facilitate the change to an RFID enabled process.

The CIO is asked to manage the change process. She believes this will be possible, if a DevOps approach is used to create a minimal release. Ideally, the concept for production with RFID should be developed first. As a last step, a production control system using the RFID data should be implemented. However, there is not enough time to do these steps sequentially. Therefore, these three things should be done concurrently.

The CIO assigns Em, who is a Scrum Master, to the project. Development prepares to build a Deployment Pipeline.

Em can see that Development is enthusiastic and works hard, but they could use more discipline. In addition, the release frequency needs to be higher. What should Em focus on first?

A) 恩姆应当把注意力集中在沟通方面，这是 DevOps 实践中最重要的元素。恩姆首先应当做的是打破团队中的僵局，并明确沟通规则。

B) 恩姆应当首先与团队商议如何编制价值流图，并构建单件流程，因为流程和精简进程都很重要。

C) 恩姆应当首先与团队成员讨论基础设施与工作环境问题，因为在所有工具和实践方法都良好运作时，DevOps 效率最高。

D) 恩姆应当首先召集所恩姆有利益相关者，对他们进行有关 DevOps 的培训，并请他们协助传播企业文化方面的调整，因为文化调整是 DevOps 必不可少的部分。

A) Em should focus on communication, since it is the most important thing in DevOps. Em should start with breaking the ice with the team and setting some rules for communication.

B) Em should start with discussing a value stream map and building one-piece-flow with the team, since flow and a streamlined process are very important.

C) Em should start with discussing the infrastructure and the working environment with the team members, since DevOps is most effective when all tools and practices work.

D) Em should start with gathering all stakeholders, educate them on DevOps and ask for their support in spreading the cultural change, since cultural change is required for DevOps.

解析：

A) 错误。尽管 DevOps 团队工作过程中的沟通很重要，但团队成员此前一直是相互合作的。可以考虑从较为实现的目标入手。更重要的是，必须确立客户价值为导向的思维方式。一旦形成了这样的思维方式，恩姆就能够转而关注对沟通技能的微调。

A) Incorrect. Although communication is important for a functioning DevOps team, they have been working together before. There is lower hanging fruit to start with. More importantly, the switch to thinking in terms of value for the customer must be made. Once this way of thinking is in place, Em can switch over to working on fine-tuning communication skills.

B) 正确。必须简化流程并创建价值流图，以便该团队能够尽可能以最小努力创造最多的价值。在此之后，应该确定可以改变、应当改变的项目，以及明确已经运作得很好的项目，包括工具、交流和文化在内。DevOps 的实践在每家公司的内部体验和表现形式上并非都是千篇一律的，但 DevOps 应当凝聚团队的力量，为顾客注入价值。(文献：B 第 1 章和文献 A 第 1 章和第 2 章)

C) 错误。工具与自动化都是 DevOps 的重要组成部分，不应忽略。但是，这两者并不一定是首先要关注的内容。相反，更明智的做法是通过创建价值流图及与团队进行商议，努力使整个生产或服务流程更方便、更简短、更廉价。这将开启不可避免的持续改进流程，而这也是有必要的。其他所有步骤都应当居于次要。

D) 错误。在许多企业中，文化转变是必要的。但是，这并不一定是首要完成的事项。也没必要召集利益相关者商讨这一文化上的转变。文化转变应当从如何为客户或利益相关者创造最大价值开始。要求各个利益相关者观察价值流图以了解他们所能注入的价值，这是个不错的想法。

B) Correct. The processes need to be streamlined and the Value Stream Map should be created, so that the team can start adding as much value with as little effort as possible. After this, it is time to define what could and should change and what already works great; tools, communication and culture included. DevOps does not have to look and feel the same in each company, but it does have to focus the team on adding value for the customer. (Literature: B, Chapter 1 and A, Chapters 1 and 2)

C) Incorrect. Tools and automation are important parts of DevOps and should not be forgotten. However, they are not necessarily the very first focus. Instead, it is wise to see if you can make the whole production or service process easier, shorter and cheaper by creating a Value Stream Map and discussing it with the team. This will start the inevitable and necessary cycle of Continuous Improvement. All other steps should come secondary.

D) Incorrect. In many companies, a cultural change must be made. However, this is not necessarily the first thing to do. Neither should the stakeholders be gathered to discuss this change in culture. The cultural change should follow from how the most value is created for the customers or stakeholders. It would be a great idea to ask different stakeholders to have a look at the Value Stream Map and see what they can add.

33 / 50

你的 DevOps 团队合作得很好，并且有一种可持续的开发节奏。通过在过程中预留充分缓冲时间，团队就有时间和精力来认真检查和测试构建了。目前，你的团队采用人工进行测试和部署。他们的节奏足够快，可以定期向业务交付很高的价值。

你的首席执行官就团队内部的自动化向你征求意见。

你会给出哪种意见？

A) 尽可能地实现自动化，这样团队就可以增加更多的特性，并更快地展示业务价值

B) 使验收测试自动化，但不要自动化部署，因为人工过程更加可靠

C) 自动化部署以改进周期时间，而不是测试，以允许从错误中学习

D) 不要将自动化添加到这个团队的方法中，因为团队当前执行的方法具有很不错的结果

Your DevOps team works well together at a sustainable pace. By building enough slack into the process, the team has the time and concentration to carefully check and test the builds. Currently, your team tests and deploys manually. Their pace is high enough to deliver high value to the business on a regular basis.

Your CEO has requested your advice on automation within this team.

Which advice should you give?

A) Automate as much as you can, so that the team can add more features and sooner demonstrate business value

B) Automate the acceptance tests, but not the deployments, because the manual process is more secure

C) Automate the deployments to improve cycle time, but not the tests, to allow learning from bugs

D) Do not add automation to the methods of this team, because the methods currently executed by the team are providing amazing results

解析：

A) 正确。始终将您做的事情自动化，这样您就可以对流程获得更多的控制，并更快地展示更多的业务价值。(文献：B 第 1 章和第 8 章)

B) 错误。将验收测试自动化是一个好主意，但是手动部署并不会更加安全。

C) 错误。将发行自动化是一个很好的想法，但是手动测试从错误中学习的经验并不会比自动化测试更多。

D) 错误。团队做的工作很棒，但在某种程度上，您正在浪费它的潜力，因为您没有将可以自动化的活动自动化。

34 / 50

一位首席信息官将她最信赖的员工、担任 Scrum 主管的迈克尔指派往某个项目。开发团队打算构建一条部署流水线。

迈克尔相信开发团队的好意与主动性，但希望他们更为自律。此外，发布频率也应有所提高。迈克尔希望开发团队可以实现更加频繁的发布。

A) Correct. Always automate what you can, so you gain more control over your process and sooner demonstrate more business value. (Literature: B, Chapters 1 and 8)

B) Incorrect. Automating the acceptance tests is a great idea, but manual deployments are not more secure.

C) Incorrect. Automating the releases is a great idea, but manual testing does not allow learning from bugs more than automated testing.

D) Incorrect. The team does amazing work, but in a way, you are wasting its potential by not automating the activities that can be automated.

A CIO assigns her most reliable employee, Michael, who is a Scrum Master, to a project. The Development team prepares to build a Deployment Pipeline.

Michael has confidence in the good intentions and spontaneity of the Development team, but would like them to become more disciplined. In addition, there should be a higher release frequency. Michael wants the Development team to implement more frequent releases.

有一名团队成员说:"这条部署流水线最需要的是自动化。我们首先要做的是让它自动化起来。"

这种说法对吗?

A) 是的,这是正确的。部署流水线自动化是提升效率的最重要因素。

B) 是的,这是正确的。关注自动化部署流水线的创建,克服之后可能遇到的潜在问题。

C) 不,这是错误的。完成单件流及一个可靠的部署流程是优先级最高的任务。该流程的自动化可以暂缓实施。

D) 不,这是错误的。首先应当自动化的是测试流程而非部署流水线。

解析:

A) 错误。无论何时,所有部署流水线首先应当是单件流程的部署流水线,无需自动化就可高效运行。一旦该流水线稳定确立,就有机会选择可行的流程实施自动化。但是,构建稳定的部署流水线永远比自动化更重要。

One of the team members says: "The most important thing about this new Deployment Pipeline is automating it. We should first automate the Deployment Pipeline".
Is this statement correct?

A) Yes, this is correct. Automating the Deployment Pipeline is the most important factor for increasing the efficiency.

B) Yes, this is correct. By focusing on creating a Deployment Pipeline that is automated, you overcome potential problems that you may encounter later.

C) No, this is not correct. Achieving single-piece-flow and a solid deployment process should be the first priority. Automation of the process can come later.

D) No, this is not correct. Instead of automating the Deployment Pipeline, the testing process should be automated first.

A) Incorrect. The Deployment Pipeline should always be a single-piece-flow Deployment Pipeline first. This can work well without any automation. Once it is solidly in place, there is opportunity for automating the process where feasible. However, this should always be secondary to building a solid Deployment Pipeline.

B) 错误。无论何时，所有部署流水线首先应当是单件流程的部署流水线，无需自动化就可高效运行。一旦该流水线稳定确立，就有机会选择可行的流程实施自动化。但是，构建稳定的部署流水线永远比自动化更重要。

C) 正确。无论何时，所有部署流水线首先应当是单件流程的部署流水线，无需自动化就可高效运行。一旦该流水线稳定确立，就有机会选择可行的流程实施自动化。但是，构建稳定的部署流水线永远比自动化更重要。(文献：B 第 5 章)

D) 错误。自动化测试是关键活动。但是，在面临创建稳定部署流水线和任务测试自动化之间的选择时，您应当始终把首要注意力放在创建稳定的部署流水线上。一旦部署流水线确立，就有机会通过测试自动化提升各方面的效率。

B) Incorrect. The Deployment Pipeline should always be a single-piece-flow Deployment Pipeline first. This can work well without any automation. Once it is solidly in place, there is opportunity for automating the process where feasible. However, this should always be secondary to building a solid Deployment Pipeline.

C) Correct. The Deployment Pipeline should always be a single-piece-flow Deployment Pipeline first. This can work well without any automation. Once it is solidly in place, there is opportunity for automating the process where feasible. However, this should always be secondary to building a solid Deployment Pipeline. (Literature: B, Chapter 5)

D) Incorrect. Automating tests is a key activity. However, when faced with the option of the choice for creating a solid Deployment Pipeline and automating working tests, you should always focus first on creating a solid Deployment Pipeline. Once this is in place, there is opportunity to create increased efficiencies through test automation.

35 / 50

贵公司正在尝试转变，并开始使用 DevOps 的方式开展工作。您的团队也在经历这一转变。您正在参与讨论代码提交阶段的最佳实践。

Your company is changing its ways and starting to work with DevOps. Your team is on board with this change. You are discussing best practices for the Commit stage of the code.

您的同事孙说:"当某一构建遭到破坏且无人担责时,我们应当找出造成破坏的人并要求他们展开工作,以保证他们能修复这一构建。"

这样做合适吗?

A) 是的。只有破坏构建的人才能够修复它,因此您应当找到负责人,即使这样可能会让人感觉不舒服。

B) 是的。您应当始终找到破坏构建的负责人。如果您不负责,您的同事将可能强制执行这项规定。

C) 不,DevOps 环境中不存在追责。若同事不承担责任,不要强迫他们。

D) 不,你应当首先修复构建。然后抽出时间,确定相关负责人并进行处罚。

解析:

A) 错误。让制造问题的人去找出问题可能是最简便的方法,但这没有必要。DevOps 环境中不存在追责。若你的同事不愿承担责任,不要强迫他。强迫任何人做任何事都是失敬的。

Your co-worker Sun says: "When a build breaks, and nobody takes responsibility, we should find out who did it and call them out on it, so that they can fix the build."

Is this a good idea?

A) Yes. Only the person to break a build can fix it, so you should identify them, even if this makes them uncomfortable.

B) Yes. You should always find the person responsible for breaking a build. If you do not, your co-workers may enforce this rule.

C) No. DevOps is a blame free environment. If a co-worker does not take responsibility, do not force them to.

D) No. You should fix the build first. Then make time to identify the person responsible and punish them for it.

A) Incorrect. It is probably easiest to let the person who creates a problem find the problem, but it is not necessary. DevOps is a blame free environment. If a co-worker does not take responsibility, do not force them to. Forcing anybody to do anything is not respectful.

B) 错误。DevOps 环境不存在追责。若你的同事不愿承担责任，不要强迫他。强迫任何人做任何事都是失敬的。

C) 正确。强迫任何人做任何事都是不礼貌的。犯错是可以接受的。团队成员共同协作以克服各种错误或挑战。(文献：B 第 3 章和文献 A 第 4)

D) 错误。这一构建无需修复；您可以回归先前的版本。此外，修复该构建可能不失为一个好想法，但对犯错的员工施以惩罚却不是个好主意。DevOps 环境中不存在追责。若你的同事不愿承担责任，不要强迫他。强迫任何人做任何事都是失敬的。

B) Incorrect. DevOps is a blame-free environment. If a co-worker does not take responsibility, do not force them to. Forcing anybody to do anything is not respectful.

C) Correct. Forcing anybody to do anything is not respectful. It is OK to make errors. The team members work in a collaborative manner to get through any errors or challenges. (Literature: B, Chapter 3 and A, Chapter 4)

D) Incorrect. The build does not have to be fixed; you can revert to a previous version. In addition, fixing the build might not be a bad idea, but punishing someone who made a mistake is a bad idea. DevOps is a blame free environment. If a co-worker does not take responsibility, do not force them to. Forcing anybody to do anything is not respectful.

36 / 50

X-AppGo 开发团队当前在测试中遇到诸多挑战。目前他们使用人工验收测试流程。开发者认为他们所创建的单元测试是十分周密的，可以避免回退。

The Development team at X-AppGo has been running into numerous challenges with their current testing practices. Currently, they use a manual acceptance testing process. The developers believe that the unit test suite that they have created is thorough enough to protect against regressions.

在每次发布时，开发团队都需要花费 100 万在人工验收测试环节。高级领导层要求开发团队实施自动化验收测试，以降低测试的总成本并尽可能减少引入生产环境中的代码缺陷数量和回退次数。

The Development team has to spend 1 million dollars on manual acceptance testing for every release. Senior leadership has mandated that the Development team should implement automated acceptance testing to reduce overall costs of testing and also minimize the number of code defects and regressions introduced into the production environment.

在依照自动化需求确定应用程序的验收标准时，应当遵循什么原则？

What principles must be followed when defining acceptance criteria for your application with automation in mind?

A) Agile(敏捷)原则
B) ATAM(架构权衡分析法)原则
C) INVEST 原则

A) Agile principles
B) ATAM principles
C) INVEST principles

解析：

A) 错误。INVEST 是创建可维护验收测试套件时采用的推荐原则。没有具体的信息说明为什么不推荐 ATAM 和 Agile。Agile 不提供关于测试自动化的任何具体指导或原则。

A) Incorrect. INVEST is the recommended set of principles to adopt when creating maintainable acceptance test suites. There is no specific info on why ATAM and Agile are not recommended. Agile does not provide any specific guidance or principles on test automation.

B) 错误。INVEST 是创建可维护验收测试套件时采用的推荐原则。没有具体的信息说明为什么不推荐 ATAM 和 Agile。

B) Incorrect. INVEST is the recommended set of principles to adopt when creating maintainable acceptance test suites. There is no specific info on why ATAM and Agile are not recommended.

C) 正确。验收测试源自验收标准，因此您的应用程序的验收标准的制定应当考虑自动化因素，遵循 INVEST 原则；该原则代表独立、可协商、有价值、可估计、小型与可测试。(文献：B 第 8 章)

C) Correct. Acceptance tests are derived from acceptance criteria, so the acceptance criteria for your application must be written with automation in mind and must follow the INVEST principles, which stands for independent, negotiable, valuable, estimable, small and testable. (Literature: B, Chapter 8)

37 / 50

以自动化形式迁移数据最有效的机制是什么？

What is the most effective mechanism for migrating data in an automated way?

A) 创建数据库版本控制模式，并将其置于版本控制之下。

A) Create a database versioning schema and keep it under Version Control

B) 创建与管理较小型的数据组，以使得迁移更加简单

B) Create and manage smaller datasets, so that the migration becomes easier

C) 在迁移数据之前，确保所有脚本都经过了适当的测试

C) Ensure all your scripts have been properly tested prior to migrating the data

D) 确保您具有回滚程序，以防迁移失败

D) Ensure you have a rollback procedure in place in case the migration fails

解析：

A) 正确。对数据库进行版本控制是自动迁移数据的最佳机制。(文献：B 第 12 章)

A) Correct. Versioning your database is the best mechanism to migrate data in an automated fashion. (Literature: B, Chapter 12)

B) 错误。这并没有提供支持自动迁移的最佳机制，并且主要关注的是如何更有效地管理数据库。

B) Incorrect. This does not provide the best mechanism to support automated migrations, and is primarily focused on how to more effectively manage datasets.

C) 错误。这并不是最好的答案，而且实际上更注重测试活动，而非迁移活动。

D) 错误。重点是在迁移失败时采取的恢复操作。

C) Incorrect. This is not the best answer and really is more focused on testing activities versus migration activities.

D) Incorrect. This is focused on recovery actions to take if the migration fails.

38 / 50

X-AppGo 公司在回滚过程中遇到了挑战。这常常是由于在执行回滚脚本的时候，生产应用数据库内部关键数据缺失而导致的。

Company X-AppGo has been having challenges with their roll-back processes. This often results in critical data losses within their production application databases, when executing roll-back scripts.

在什么时候不可能在不损失关键数据的情况下运行回滚脚本？

When is it not possible to run roll-back scripts without losing critical data?

A) 回滚脚本删除只有新版本使用的数据。

B) 回滚脚本涉及到在表格之间移动一列。

C) 回滚脚本将从暂存资料表中添加数据。

A) The roll-back script deletes data that only the new version uses.

B) The roll-back script involves moving a column between tables.

C) The roll-back script will add data back from temporary tables.

解析：

A) 错误。回滚脚本只删除一些只有新版本使用且在回滚时不会导致严重数据丢失的数据。

B) 错误。以一种不会导致数据丢失的方式修改数据库模式的回滚脚本。

A) Incorrect. The roll-back script is deleting only some data that only the new version uses and does not result in critical data loss when you roll-back.

B) Incorrect. The roll-back script that is modifying the database schema in a way that will not result in data loss.

C) 正确。这是一个不可能出现回滚脚本的场景。(文献：B 第 12 章)

C) Correct. This is a scenario where a roll-back script will not be possible. (Literature: B, Chapter 12)

39 / 50

在路由器和交换机部署应用软件升级和硬件刷新后，ACMECONST 遇到了很多应用和硬件故障。

ACMECONST has encountered many application and hardware failures after deploying application software upgrades and hardware refreshes to their routers and switches.

在维护窗口有了这些故障，他们很难恢复回到原本的状态。这导致了恢复时间的延长，超出正常的维护窗口，以及关键应用的停工时间延长。

It has been very difficult for them to recover back to their original state, after having these failures during their maintenance windows. This has resulted in extended hours of recovery, beyond the normal maintenance windows, and extended downtime for their critical applications.

自动化配置和自动基础架构在这种情况下会有所帮助，但是还有一些注意事项。

Automated provisioning and autonomic infrastructure can help within this situation, but some considerations apply.

哪些事项需要认真管理，以减少部署到生产环境时的中断风险？

Which items need to be managed carefully to reduce the risk of disruption when deploying to the production environment?

A) 详细记录监控日志，以排除应用程序升级失败的故障

A) Detailed monitoring logs to troubleshoot application upgrade failures

B) 外部集成点，例如外部系统和服务

B) External integration points, such as external systems and services

C) 服务器配置和基础用户帐户信息

C) Server configurations and underlying user account information

| D) 全套自动化配置工具和自主架构 | D) The set of automation provisioning tools and autonomic architecture |

解析：

A) 错误。在升级之后将会进行故障排除，因此这不是降低部署到生产环境的风险的有效项目。

A) Incorrect. Troubleshoot will happens after the upgrade so this is not a valid item to reduce risk of deployment to the production environment.

B) 正确。这个项目需要仔细管理，以减少部署到任何类似生产环境的风险。(文献：B 第 11 章)

B) Correct. This item needs to be managed carefully to reduce the risk of deployment to any production-like environment. (Literature: B, Chapter 11)

C) 错误。这在运营系统信息以及测试环境和生产环境的配置中都有涉及，因此它不是您单独管理的项目。

C) Incorrect. This is covered within the information of the operating system and its configuration for both test and production environments, so it is not an item that you manage separately.

D) 错误。管理工具本身以减少风险并不重要。作为提供适当的流程实施和背景来生成自动配置和自主基础设施的工具，它们是有帮助的。

D) Incorrect. It is not important to manage the tools itself to reduce risk. They help as a providing the proper process implementation and context to produce automated provisioning and autonomic infrastructure.

40 / 50

X-AppGo 公司在核心应用中遇到了挑战。应用与其他外部应用没有正确对接。这些外部应用需要有效获取特定的数据变量，以此执行特定调用。核心应用正由一个团队进行开发，公司处于良好业务原因希望保持这一点。

Company X-AppGo has been having challenges in their core application. The application is not properly interfacing with other external applications. These external applications need to effectively obtain specific data variables, so that specific calls can be executed. The core application is being developed by one team, and the company wants to maintain that for very good business reasons.

其中一名开发者建议分出 X-AppGo 代码库中的一个组件，以处理对接问题。

在这种情况下，分出组件有什么好的理由？

A) 将代码库中的一组插件转换为一个整体代码库

B) 限制变更的影响，并使改变代码库更简单

C) X-AppGo 代码库将必须由不同的团队进行拆分和管理

D) 没有好的理由，这将需要更多的时间来编译

解析：

A) 错误。创建一个组件是从一个整体代码库到一个基于组件的模块化代码库，所以这实际上是相反的。

B) 正确。他们鼓励我们设计并维护具有明确职责划分的软件，从而限制变更的影响，并使得我们能够更容易地理解和更改代码库。(文献：B 第 13 章)

C) 错误。由于这并不是将 X-AppGo 应用程序分离为独立的组件，因此没有必要挑战业务原因并分离团队。

One of the developers suggests to separate out a component from the X-AppGo codebase to tackle the interfacing issues.

What are good reasons to separate out a component in this case?

A) Convert a set of plugins in the codebase into a monolithic codebase

B) Limit the impact of changes and make changing the codebase easier

C) The X-AppGo codebase will have to be split and managed by different teams

D) There are no good reasons and this will require more time to compile

A) Incorrect. Creating a component is going from a monolithic codebase to a modular one based on components, so this is actually the opposite.

B) Correct. They encourage us to design and maintain software with clear delineation of responsibilities, which in turn limit the impact of change, and makes understanding and changing the codebase easier (Literature: B, Chapter 13)

C) Incorrect. Since this is not separating the X-AppGo application into independent components, there is no need to challenge business reasons and split the team.

D) 错误。有几个很好的理由，第 2 选项是其中一项。而且，创建模块化的代码库将需要更少的时间来编译和链接代码，而非更多。

D) Incorrect. There are several good reasons and option 2 is one. Also creating a modularized codebase will require less time to compile and link the code not more.

41 / 50

即使是最小的应用，也需要某种程度上依赖于其他的组件或程序库。因此，理解和管理依赖性是持续部署中的一项保持部署流水线正常运行的关键活动。

Even the smallest applications will have a dependency on other components or libraries. Therefore, understanding and managing dependencies is a key activity within Continuous Deployment in order to keep flow within the Deployment Pipeline.

你构建了一个应用，使用了两个程序库。这两个程序库每个都依赖于第三个隐含的数据库，虽然涉及的是不同的版本。这就创造了一种特定的依赖关系。

You have built an application, that uses two libraries. Each of these libraries rely on a third, underlying library, although they refer to different versions. This creates a specific dependency.

解决或防止这种依赖性最好的方案是什么？

What is the best solution to solve or prevent this dependency?

A) 将所有的库综合到一个库中，以便您可以直接引用库并防止问题的发生

A) Assemble all libraries into a single library, so that you can refer to the library directly and prevent the problem

B) 采用版本控制管理程序库，以此直接知悉是否创造了这类依赖关系

B) Manage the libraries by using Version Control, so that you see it directly if you create this type of dependency

C) 用便利贴记录您所有依赖的可视化资料并粘贴在一个大的板子上，以便跟踪流程

C) Keep a visual overview of all your dependencies on sticky notes on a big board, so you can track the flow

D) 只签入您工具链的一小部分，以便您可以轻松地调试签入时可能发生的问题

D) Only check in small parts of your toolchain, so that you can easily debug problems that may occur upon check-in

解析：

A) 错误。这不是一个好主意。相反，可以使用版本控制来引用最新的库，或者使用自动化工具来帮助您使用最新版本的库实现自动化。

A) Incorrect. This is not a good idea. Instead, use version control to refer to the latest library, or use an automation tool that can help you automate using the latest version of libraries.

B) 正确。这是一个很好的解决方案。此外，对+AX11 版本控制有助于您调试因用户运行旧版本软件而导致的问题。另一个好的解决方案是使用自动化工具来帮助您使用最新版本的库。(文献：B 第 13 章)

B) Correct. This is a good solution. In addition, Version Control on your libraries helps you debug problems from users running old versions of your software. Another good solution is to use an automation tool to help you use the latest version of libraries. (Literature: B, Chapter 13)

C) 错误。这可能有助于跟踪流程，但不是处理依赖的解决方案。看板并不能真正帮助您实现版本控制。

C) Incorrect. This may help track flow, but is not a solution for dealing with dependencies. Kanban boards do not really help you in implementing Version Control.

D) 错误。相反，您应该签入完整的工具链。这有助于您更快、更可靠地找到相互依赖性或不兼容性。

D) Incorrect. Instead, you should check-in the full toolchain. This helps you find interdependencies or incompatibilities much faster and more reliably.

42 / 50

在一个持续部署环境中，一切都受版本控制是很重要的，这样才能快速找到错误，或在必要时回滚。

Within a Continuous Deployment environment, it is important that everything is version controlled, so that you can find errors quickly, or roll back whenever necessary.

但是，不推荐在版本控制中保持二进制输出。

为什么这会是一个例外？

A) 二进制输出通常在大文件中，这些文件随每次构建而更改，并自动更新。

B) 多名团队成员做二进制文件方面的工作，所以在其中保持版本控制是不切实际的。

C) 二进制输出信息是您编译程序的输入信息，这些信息已经保存在版本控制中。

D) 不需要这样做，因为重新编译是作为正常构建过程的常规部分进行的。

However, it is not recommended to keep binary output within Version Control.

Why is this exception made?

A) Binary output tends to be in large files that change with every build and are updated automatically.

B) Multiple team members work on the binary files, so it is not practical to keep this in version control.

C) The binary output is the input for your compilers, which are already kept in version control.

D) There is no need to do this, since re-compilation is done as a regular part of the normal build process.

解析：

A) 正确。首先，输出非常大，且为每次编译并通过自动测试的签入而重新创建。其次，可以通过重新运行构建脚本从源代码重新创建。(文献：B 第 2 章)

B) 错误。这不是原因。

C) 错误。二进制输出是编译程序的输出，而非输入。其余的推理是正确的。

D) 错误。将重新编译作为正常构建过程的常规部分是不可取的。重新编译将为您提供新的二进制输出，这是正确的。

A) Correct. First, the output is very big and recreated for every check-in that is compiled and passes the automated tests. Second, they can be recreated from source code by rerunning the build script. (Literature: B, Chapter 2)

B) Incorrect. This is not the reason.

C) Incorrect. Binary output is the output of compilers, not the input. Rest of the reasoning is correct.

D) Incorrect. It is not advisable to do recompilation as a regular part of the normal build process. It is correct that recompilation would give you a new binary output.

您希望采用整体方法管理所有 IT 基础设施。

哪两条原则能在这方面帮助到你？

A）您的基础设施应具备的状态需要通过变更控制配置来确定。
您应当通过监控与事件管理，及时了解基础设施的准确状态。

B）需要通过变更控制配置来确定您的基础设施应具备的状态。
您应当通过仪器仪表及事件管理，始终了解基础设施的确切状态。

C）您的基础设施应具备的状态需要通过版本控制配置来确定。
您应当通过当前事件与事件管理，始终了解基础设施的确切状态。

D）您的基础设施应具备的状态需要通过版本控制配置来确定。
您应当通过仪表盘与监控始终了解基础设施的确切状态。

You want to take a holistic approach to managing all of your IT infrastructure.
On which two principles can this approach be based best?

A) The desired state of your infrastructure should be specified through change-controlled configuration.
You should always know the actual state of your infrastructure through monitoring and Event Management.

B) The desired state of your infrastructure should be specified through change-controlled configuration.
You should always know the actual state of your infrastructure through instrumentation and Incident Management.

C) he desired state of your infrastructure should be specified through version-controlled configuration.
You should always know the actual state through current Incident and Event Management.

D) The desired state of your infrastructure should be specified through version-controlled configuration.
You should always know the actual state of your infrastructure through instrumentation and monitoring.

解析：

A) 错误。您的基础设施的理想状态应通过版本控制配置而非变更控制配置来确定。而且第二点也是错误的：事件管理不正确，且仪表原则缺失。

B) 错误。您的基础设施的理想状态应通过版本控制配置而非变更控制配置来确定。而且第二点也是错误的：事件管理不正确，且仪表原则缺失。

C) 错误。第一点是正确的。第二点不正确：这并非整体方法可以基于的最佳原则之一。

D) 正确。这是采用整体方法来管理所有基础设施的中的两项最佳原则。
(文献：B 第 11 章)

A) Incorrect. The desired state of your infrastructure should be specified through version-controlled configuration and not change-controlled configuration. Also point 2 is incorrect: Event Management is not correct and the principle of instrumentation is missing.

B) Incorrect. The desired state of your infrastructure should be specified through version-controlled configuration and not change-controlled configuration. Also point 2 is incorrect: Incident Management is not correct and the principle of monitoring is missing.

C) Incorrect. Point 1 is correct. Point 2 is not correct: it is not one of the principles on which a holistic approach can be based best.

D) Correct. These are two of the principles on which performing a holistic approach to managing all infrastructure can be based best. (Literature: B, Chapter 11)

44 / 50

有着良好合作实践的团队具有同步的工作单。一名首席信息官使用了 Go and See 的方式调查运维团队如何工作。在发布后，运维团队总是会重新定义运维基础设施。

Teams with good collaboration practices have synchronized work tickets. A CTO used 'Go and See', to investigate how the Operations team functions. After releasing, the Operations team always redefines the Operational infrastructure.

对于在这一实践中进行改善提升，最好的建议是什么？	What is the best advice to improve upon this practice?
A) 他们什么也不应该做。没有改进的可能，因为总是会完成重新定义这一步骤。	A) They should do nothing. There is no improvement possible, because the redefinition step should always be done.
B) 他们应当检查一种构建运维基础设施模型，以及运维环境访问控制的方式。	B) They should examine a way to model the operational infrastructure and access control of the operational environment.
C) 他们应当审核运维基础设施，以使其成为自动化过程。	C) They should review the operational infrastructure, so that that becomes an automated process.
D) 他们应该开始与开发团队分享他们对部署过程的了解。	D) They should start to share their knowledge of the deployment process with the Development team.

解析：

A) 错误。这是一项不必要的工作，可以改进。	A) Incorrect. This is unnecessary work and can be improved upon.
B) 错误。虽然这可能不错，但它们将会持续重复，这是浪费。	B) Incorrect. Although this may be nice, they will keep on repeating it, which is Waste.
C) 错误。没有一种明确的方法可以在不涉及开发的情况下开始该流程的自动化。	C) Incorrect. There is no clear way to start automating this process without involving Development.
D) 正确。这是一种可行的方法：分享知识，然后采取进一步的措施。(文献：A 第 17 章)	D) Correct. This is the way to go: sharing knowledge and then taking further steps. (Literature: A, Chapter 17)

45 / 50

当有运维侧变更时，运维部门告知开发部门的最佳时间是何时？	When is a good time for Operations to inform Development of an operational change?

A) 无需告知开发团队。运维侧的变更仅运维团队知晓即可。

B) 立刻执行。应当尽快通知开发部门。

C) 次日早晨的 Scrum 会议中。

D) 当运维团队已经完成验收测试时。

A) Development does not have to be informed. Operational changes are for the Operations team only.

B) Immediately. Development must be informed as soon as possible.

C) In the Scrum of the Scrum's meeting the next morning.

D) When the Operations team has done the acceptance testing.

解析：

A) 错误。应当立即告知开发部门，使他们能够预见潜在的风险和问题。

B) 正确。应当立即告知开发部门，让他们能够预见潜在的风险和问题。（文献：C 第 5 章和第 7 章）

C) 错误。应当立即告知开发部门，让他们能够预见潜在的风险和问题。

D) 错误。应当立即告知开发部门，以使他们能够预见潜在的风险和问题。

A) Incorrect. Development must be informed immediately, so they can foresee possible risks and problems.

B) Correct. Development must be informed immediately, so they can foresee possible risks and problems. (Literature: C, Chapter 5 and 7)

C) Incorrect. Development must be informed immediately, so they can foresee possible risks and problems.

D) Incorrect. Development must be informed immediately, so they can foresee possible risks and problems.

46 / 50

您希望您的 DevOps 组织更趋成熟。有很多方法都能做到这一点。

下列哪种方法不会使您的 DevOps 组织更趋成熟？

You want your DevOps organization to mature. There are many ways to do this.

What is not a way to help your DevOps organization mature?

A) 明确定义目标定和里程碑，帮助团队成员判断其日常活动是否有价值。

B) 明确定义流程，支持并促使团队成员逐日改进流程。

C) 对会议的所有内容进行记录，使您的团队成员可以很方便的了解到每次沟通的内容信息。

D) 监控并记录每天的活动，以找出小范围内每天取得的进步并予以赞扬。

A) Clearly define targets as milestones to help your team members judge if their daily activities are valuable

B) Define processes clearly and support and enable the team members to improve the process daily

C) Keep recordings of all meetings so that your team members have easy access to all communication

D) Monitor and record daily activities to help identify small areas of day-to-day progress and celebrate them

解析：

A) 错误。这有助于促进 DevOps 组织的成熟。

B) 错误。这有助于促进 DevOps 组织的成熟。

C) 正确。这无助于 DevOps 组织的成熟。是否要对会议进行全程记录并再次审查，并没有严格的要求。有必要记录达成共识的内容，而不是记录整场会议。(文献：B 第 15 章)

D) 错误。这有助于促进 DevOps 组织的成熟。

A) Incorrect. This is helpful to help the DevOps organization mature.

B) Incorrect. This is helpful to help the DevOps organization mature.

C) Correct. This does not help your DevOps organization to mature. There is no strict need to write down all records of a meeting and revisit it. There is a need for writing down agreements, but not entire meetings. (Literature: B, Chapter 15)

D) Incorrect. This is helpful to help the DevOps organization mature.

47 / 50

您为 IT 服务提供商效力。作为您"业务连续性计划"的一部分，您希望确保自己总能达到最低要求的服务水平。

You work for an IT service provider. As a part of your business continuity plan, you want to guarantee that you can always meet the minimum agreed service levels.

您希望确保 IT 服务的连续性。

在 IT 服务连续性管理方面，DevOps 能为您提供哪些帮助？

A) DevOps 的文化价值观"亲和"与"协作"保证"服务"得到 DevOps 团队成员的高度重视。

B) 通过在体系中有意的制造一些混乱，DevOps 实践帮助团队进行日常灾难演练和作战室(Obeya)实践。

C) 因为运维部门与开发部门要协同工作，可能需要将降低风险的措施和应急预案进行编码。

D) 服务水平管理在 DevOps 中变得更为重要，因为流程主管的任务是监控这一项目。

解析：

A) 错误。文化价值观能提升员工的感受，使工作更有效率，使节奏更为稳定，在犯错后能从中吸取教训。但就其本身而言，对服务水平管理没有帮助。

B) 错误。就像 Netflix 开发的"混乱猴子"那样，故意制造混乱可能有助您着手制定降低风险的措施和恢复方式，但其本身并无助于服务水平管理。此外，该系统中的混乱情况应当通过编码来解决，而非作战室方式的解决方案。

You want to ensure IT service continuity.

How can DevOps help you with IT Service Continuity Management?

A) DevOps cultural values, affinity and collaboration, make sure that service is highly valued by the DevOps team members.

B) DevOps prepares the team's disaster routines and Obeya practices by deliberately introducing chaos in the system.

C) Risk reduction measures and recovery options are likely coded in, because Operations is working together with Development.

D) Service Level Management becomes more important in DevOps, because the Process Master's task is to monitor this.

A) Incorrect. The cultural values help people to feel better, work better, at a steady pace, make mistakes and learn from them. In itself it does not help Service Level Management.

B) Incorrect. Introducing chaos, as Netflix's Chaos Monkey does, might help you to start coding in risk reduction measures and recovery options, but in itself it does not help the Service Level Management. Furthermore, chaos in the system should be solved by coding, not by war-room style solutions.

C) 正确。预防、预测及管理基础设施和应用程序的风险是一个系统化的流程，如果不能解决这些风险，可能导致混乱与事端，进而阻碍服务。(文献：B 第 11 章和文献 C 第 4)

D) 错误。流程主管并没有一个优先级很高的任务来不断检查服务水平管理。至少这不是每支 DevOps 团队的优先选择。

C) Correct. It is a systematic process to prevent, predict and manage infrastructure and application risks that if not addressed could lead to disruptions and incidents, which have the potential to disrupt services. (Literature: B, Chapter 11 and C, Chapter 4)

D) Incorrect. The Process Master does not have a priority task to keep Service Level Management in check. At the very least, this is not a priority in every DevOps team.

48 / 50

ACMECONST 通过在世界范围内增加雇员和工程队数量积极参与国际市场竞争。该公司也一直在快速扩大客户基础，每年增长速度为 30%。

过去一个房间就可以容纳整个工程队的时候，决策相对容易；而现在需要投入大量的时间来做决策，导致整个组织的工作受阻。现在需要多层管理者的审批，这一流程变得更加宽泛，导致许多工程师对于整个决策流程大失所望。

ACMECONST has aggressively expanded its global presence by increasing the number of hires and engineering teams distributed throughout the world. It also has been increasing its customer base at a dramatic pace of 30% per year.

Decisions that were once easily made when the engineering team was in one room are now taking much longer, causing frustration across the organization. There are more layers of management approvals to go through and the process is more extensive, which is causing many of the engineers to get disenchanted with the entire decision-making process.

目前出现的众多问题的归属也愈发令人困惑，导致决策中常常踌躇不决。工程师还感觉到，额外的流程和官僚主义扼杀了他们的创造力并开始影响他们的士气。

应对这一局面的最好方法是什么？

A) 责任和归属权，明确权衡生产率与风险的有效方法，促进渐进式变化，并营造一个安全的环境尝试和实验。

B) 重新检查流程，明确哪些事项能够简化，确立每个流程的角色、责任与归属权，明确权衡生产率与风险的有效方法，促进渐进式变化，并营造一个安全的环境尝试和实验。

C) 重新检查各个流程，明确哪些事项可以简化，确立每个流程的作用、责任与归属权，明确权衡生产率与风险的有效方法，促进渐进式变化，尽可能减少实验的次数以避免出现不必要的应用程序故障。

There is also increased confusion around the ownership of the various problems that are presented, causing a hesitation on making decisions. The engineers also feel their creativity has been stifled by the additional processes and bureaucracy, which has started to impact their morale.

What is the best way to address this scenario?

A) Keep current processes, but establish clear roles, accountability and ownership for each process, establish an effective method for weighing productivity versus risk, make incremental changes and create safe places for experiments

B) Re-examine processes to identify where things can be streamlined and establish clear roles, accountability and ownership for each process, establish an effective method for weighing productivity versus risk, make incremental changes and create safe places for experiments

C) Re-examine processes to identify where things can be streamlined and establish clear roles, accountability and ownership for each process, establish an effective method for weighing productivity versus risk, make incremental changes and minimize the amount of experimentation to prevent unnecessary application failures

解析：

A) 错误。维持当前流程不是最好的办法：因为经过一定的发展后，当前流程不再适用。不过，营造一个安全的尝试和实验环境是个比较好的主意。

B) 正确。这些活动在成长型企业中效果显著。重新检查流程是有必要的，因为旧的流程不再奏效。通过营造安全的环境进行尝试和实验对于实现持续改进很有必要。(文献：A 第15章)

C) 错误。重新检查这些流程是有必要的。但是，尽可能减少实验的数量并不是个好主意：不为实验创造条件会阻碍本应发生的持续改进。

A) Incorrect. Keeping current processes is not the best idea: there has been growth and the current processes are not working anymore. Creating a safe place for experiments is a good idea, though.

B) Correct. These actions work well with a growing company. Re-examining the processes is necessary, because the old processes do not work anymore. The safe place for experiments is also necessary to facilitate Continuous Improvement. (Literature: A, Chapter 15)

C) Incorrect. Re-examining the processes is necessary. However, minimizing the amount of experimentation is a bad idea: this suffocates the Continuous Improvement that needs to happen, by not allowing for experiments.

49 / 50

在 X-AppGo 公司里，哥伦比亚的运维团队和爱尔兰的开发团队之间存在冲突，这是由于他们有不同的优先级和目标。由于这一冲突的存在，该公司就需要更多的时间和精力解决影响其业务的问题。

Within company X-AppGo there is a conflict between the Operations team in Colombia and the Development team in Ireland, caused by the fact that they have different priorities and goals. Due to this conflict, the amount of time and effort it takes to resolve issues that impact the business is increasing.

为了减少冲突并促进开发与运维团队之间的协作，X-AppGo 应当考虑采取哪些主要实践措施？

A) 如果开发与运维团队愿意，允许它们分别单独开展工作以避免相互冲突。

B) 获取董事会对开发与运维团队的全力支持。

B) 从公司董事会邀请一名支持者与 DevOps 团队商讨团结协作的重要性。

为开发团队与运维团队组织 DevOps 实践培训，以便他们学会通力协作。

C) 支持开发团队与运维团队拜访那些 DevOps 实践良好的企业。

增加经费以便更好地帮助运维团队与开发团队应对日益增长的需求。

D) 建议开发团队和运维团队之间展开实地考察，以建立融洽关系、促进互信与谅解。

在开发团队和运维团队之间传播知识，以使他们更有效地合作。

Which key practices should X-AppGo consider in order to reduce conflict and improve collaboration between the Development and Operations teams?

A) Allow Development and Operations teams to work separately from each other, if they prefer, to avoid conflicts.
Obtain complete executive board buy-in on supporting the Development and Operations teams.

B) Get a sponsor from the executive board of the company to talk to the DevOps team about the importance of working together.
Train the Development and Operations teams in DevOps practices, so they learn to do each other's work.

C) Make sure that the Development and Operations teams visit other companies where DevOps works well.
Increase funding to better support the increased demands that both the Operations and Development teams are facing.

D) Recommend site visits between the Development and Operations teams to build rapport, develop trust and understanding.
Spread knowledge between Development and Operations teams so they work together more effectively.

解析：

A) 错误。应当鼓励团队携手合作而非孤身作战。他们彼此需要，也应当相互学习。当人们互相视而不见时，就不可能产生协作。赢得董事会的支持实际上无助于团队本身相互合作。

B) 错误。尽管董事会的支持可能使各团队倍觉受到重视，但这无助于它们相互之间的协作。培训会起到一定的作用，但为使团队之间更好地合作，它们需要的只是更好地在一起工作。

C) 错误。造访其他公司可能会带来启发，但 DevOps 在不同的企业环境中具有很高的独特性。这对促进协作和减少冲突不会有直接作用。相反，团队之间应当一起工作，共享知识。增加资金可能在极少量人员从事极大量工作时起到一定作用，但在减少冲突和增强协作上还是远远不够。

D) 正确。这些是最恰当的实践方法，在当前这种情况下，能最大程度解决减少运维团队和开发团队之间的冲突、提升双方协作。(文献：A 第 15 章)

A) Incorrect. The teams should be encouraged to work together, not be allowed to work apart. They need each other and they need to learn from each other. Collaboration does not happen when you do not see each other. Buy-in from the executive board does not really help the teams themselves to work with each other.

B) Incorrect. Although teams may feel appreciated more by a sponsor from the executive board, it does not help their collaboration with each other. Training only goes so far. In order to help the teams work together better, they just need to, well, work together.

C) Incorrect. Visiting other companies can be inspirational, but DevOps is highly unique to the setting of the company. This does not directly help with collaboration and conflict reduction. Instead, the teams should work together and share knowledge. Increasing funding may help a little when there is too much work to do for too few people, but it only goes so far in reducing conflicts and increasing collaboration.

D) Correct. These are the most appropriate practices to best support the current scenario of reducing conflict and improving collaboration between the Operations and Development teams. (Literature: A, Chapter 15)

有一个开发团队对 DevOps 感兴趣。他们的兴趣主要在于持续集成(CI)。目前，他们开发和维护着 3 个主要的解决方案和 4 个较小的解决方案。他们采用 Scrum 实践。每个冲刺均需 4 周时间，平均每 10 天或 15 天完成 1 次发布提交至测试环境，平均每 1 个月完成 1 次发布提交至生产。他们希望为管理层创造定性的商业案例，以支持投资，并努力创造持续集成实践。

持续集成的哪一种有形效益可以最大程度上帮助这家公司？

A) 每天一次部署到测试环境可以增加业务收益，并大大降低开发成本。

B) 有助于培养团队精神。已经在使用 Scrum 的情况下，持续集成将不会为业务产生可衡量的利益。

C) 这能增加发布的稳定性和质量，有更好的自动测试，并且促进和增加整体发布速度。

D) 每天发布生产一次，可以增加业务效益，并大大降低开发成本。

A Development team is interested in DevOps. They are mainly interested in Continuous Integration (CI). They currently develop and maintain 3 major solutions and 4 smaller ones. They use Scrum practices. Each Sprint takes 4 weeks, creating an average of 1 committed release to the test environment each 10 or 15 days and 1 release to production per month. They want to create a qualitative business case for their management to support their investment and effort to create a CI practice.

Which tangible benefits of CI help that business case most?

A) Deploying to test environment once per day could increase business benefits and greatly decrease development costs.

B) It helps the team spirit. As they are already using Scrum, CI will not generate measurable benefits for the business.

C) It increases release stability and quality with better and automated testing, facilitating and increasing the overall release speed.

D) Releasing to production once per day could increase business benefits and greatly decrease development costs.

解析：

A) 错误。更快地部署到测试环境是可以的，这是持续集成(CI)的结果，但它不会带来任何商业利益。

B) 错误。持续集成(CI)可以帮助他们更快地交付生产，以更低的成本更快地发现错误，无论他们是否使用 Scrum 都是无关紧要的。

C) 正确。加快发布速度将是持续集成的结果，因为每一个变更都是功能性的，并且集成在主代码，准备交付到生产中，因为产品将始终处于工作状态。此外，通过自动化测试更早发现和修复错误，它还将会提高发布稳定性以及质量。(文献：B 第 3 章)

D) 错误。更快地发布到生产是持续交付的主要好处之一，而不是持续集成的直接好处，其目的旨在交付到类似生产环境中，以确保发布处于工作状态，并已通过了自动测试。

A) Incorrect. Deploying to test environment faster is OK and a consequence of CI but it won't create any business benefits.

B) Incorrect. CI can help them to deliver faster to production, finding bugs sooner with less cost, whether they use Scrum or not is irrelevant.

C) Correct. Increasing release speed will be a consequence from Continuous Integration, as each change will be functional and integrated in the main code, ready to be delivered to production, as the product will always be in working state. Also, it will increase release stability and quality out of finding and fixing bugs sooner by automated testing. (Literature: B, Chapter 3)

D) Incorrect. Faster release to production is one of the main benefits of Continuous Delivery, not the direct benefit of Continuous Integration, which aims to delivery to a production-like environment to assure the release is in working state and automated tests have been passed.

试题评分

下表为样题的正确答案选项，供参考使用。

编号	答案	编号	答案	编号	答案
1	B	18	B	35	C
2	D	19	C	36	C
3	A	20	B	37	A
4	B	21	A	38	C
5	B	22	D	39	B
6	B	23	D	40	B
7	C	24	A	41	B
8	C	25	C	42	A
9	A	26	D	43	D
10	B	27	A	44	D
11	B	28	D	45	B
12	A	29	C	46	C
13	D	30	A	47	C
14	D	31	B	48	B
15	A	32	B	49	D
16	D	33	A	50	C
17	A	34	C		

联系 EXIN

www.exin.com